I0493115

www.ingramcontent.com/pod-product-compliance
Lightning Source LLC
Chambersburg PA
CBHW070231190526
45169CB00001B/148

9781532781681

المرشد في إعداد البحوث والدراسات العلمية

إعداد

المهندس/ أبو القاسم عبد القادر صالح

الدكتور/ أحمد الشيخ حمد

الأستاذ الدكتور/ سليمان يحيى محمد عبد الله

الأستاذ المشارك/ عبد الوهاب عبد الله محمد

الأستاذ الدكتور/ على عبد الله محمد الحاكم

الدكتورة/ عفاف عبد الرحيم محمد

الدكتور/ محمد عصام محمد عبد الماجد

الأستاذ الدكتور المهندس المستشار/ عصام محمد عبد الماجد

الطبعة الثانية مزيدة ومنقحة، الخبر – خصب – الخرطوم، 2016م.

الترقيم الدولي:

ISBN-13: 978-1532781681
ISBN-10: 1532781687
Printed by CreateSpace, an Amazon.com Company

Available from Amazon.com, CreateSpace.com, and other retail outlets

الطبعة الأولى، المرشد في إعداد البحوث والدراسات العلمية، من إعداد[1]: السيد/ أبو القاسم عبد القادر صالح، والدكتور/ أحمد الشيخ حمد، والدكتور/ سليمان يحي محمد عبد الله، والأستاذ المشارك/ عبد الوهاب عبد الله محمد، والأستاذ الدكتور/ على عبد الله الحاكم، والدكتورة/ عفاف عبد الرحيم محمد، والأستاذ الدكتور المهندس المستشار/ عصام محمد عبد الماجد، الناشرون، سلسلة الأوراق العلمية رقم (1)، مركز البحث العلمي والعلاقات الخارجية، جامعة السودان للعلوم والتكنولوجيا، ص ب. 407، الخرطوم، السودان، فاكس: 24911-774559، هاتف: 775291، بريد إلكتروني: surfac@hotmail.com، الطبعة الأولى 2001م، رقم الإيداع مع المجلس الاتحادي للمصنفات الأدبية والفنية: 2001/106م

[1] رتبت الأسماء أبجدياً حسب الاسم الأول، ولا يدل هذا الترتيب على نسبة المشاركة في التأليف أو الاخراج أو العمل المشترك.

محتويات المرشد

3

5

6

قائمة الأشكال

قائمة الجداول

قائمة المرفقات

مقدمة الطبعة الثانية

البحث العلمي تتجاذبه عدة جهات ومحاور، ويُطرَق بطرق تختلف باختلاف التخصصات والعلوم والمعارف الانسانية. غير أنها في مجملها تلتقي وتتحد حول كيفية العمل، ابتداءً من اختيار الموضوع البحثي والقضية المطروحة للتداول الفكري والاستقصاء ومروراً باقتراح الحلول وتنفيذها تفعيلاً للعمل والتطبيق. ومن ثم نبعت فكرة هذا الكتاب لجذب اهتمام كافة الباحثين وتوحيد نظرتهم لإخراج البحث بالتركيز على أسلوب اختيار الموضوع، والعصف والاستمطار الذهني والعصف الكتابي من أهل التخصص والمنتمين اليهم والمهتمين بقضاياهم، مروراً باختيار أسئلة البحث، وفروضه، ومنهاجه، واستخدام طريقة SWOT-SMART لتحديد أهدافه، وتسطير الخطة التشغيلية له، والالتفاف حول طرق إجرائه وتنفيذه.

لقد وجد الكتاب استقبالاً جيداً وحفاوة من قبل طلاب العلم والدراسات العليا والباحثين مما حدا بمؤلفيه لتحديث محتواه العلمي، وتجديد مبتغاه الفكري، وزيادة معارفه الفنية، لما فيه المنفعة العامة.

من المؤمل الاتصال في الكتاب لتجويد الإصدارات والطبعات القادمة ونشر المعلومة والتصدق بما يفيد العلم والمعارف.

وبالله التوفيق

المؤلفون

الخبر-الدوحة-الخرطوم إبريل 2016

مقدمة الطبعة الأولى

تأسس مركز البحث العلمي والعلاقات الخارجية في عام 1996م، وهو عبارة عن شبكة تنسيقية للبحث العلمي وربط العلاقات الخارجية.

إن المركز متاح لكافة كليات جامعة السودان للعلوم والتكنولوجيا، وأقسامها، ووحداتها، ومؤسساتها، ومعاهدها، بالإضافة إلى مؤسسات التعليم العالي والبحث العلمي الأخرى التي لها معاهدة اتفاق وتفاهم أو بروتكولات موقعة مع الجامعة. وقد أنشئ المركز لتبني وتحريك بحث عمل الفريق، ولتأكيد التعاون، وتطوير التنسيق بين الأجسام المختلفة داخل الجامعة وخارجها.

يتولى المركز بالتنسيق والتشاور مع الجهات الأخرى ذات الاختصاص تنفيذ الأهداف والمهام الآتي نصها:

1. توثيق العلاقة بين الجامعة والمؤسسات خارجها (سواء في القطاع العام أو الخاص بالوزارات والشركات والمصانع)، ومساهمة الجامعة لتطوير الصناعة المحلية.

2. ربط الجامعة بالاستشارات الصناعية ومؤسسات التعليم العالي ومراكز البحث العلمي المحلية والخارجية ووحدات الدراسات العليا داخل السودان وخارجه للتعاون وتكامل الجهود والتنسيق في مجال التدريب والبحوث وتبادل الأساتذة والمعلومات.

3. استقطاب الدعم لمشروعات الجامعة الإنشائية والأكاديمية من داخل السودان وخارجه بالتنسيق مع الكليات والمعاهد والمراكز بالجامعة وتفعيل الاستثمار في مجال البحث العلمي.

4. استقطاب المنح الأكاديمية والمساعدات الفنية والمالية من داخل السودان وخارجه.

5. توثيق علاقة الخريجين بالجامعة وتطويرها.

6. استقطاب الدعم في تأليف وتعريب وترجمة الكتاب الجامعي ونشره وطباعته.

7. ربط قاعدة معلومات الجامعة بالشبكات المحلية والإقليمية والعالمية لتوفير المعلومات التي تشكل القاعدة البحثية للدراسات العليا والمساهمة في المشاريع التنموية واستثمارات الجامعة.

8. وضع خطط وبرامج البحث العلمي والصناعي بالجامعة وفق الخطط الاقتصادية والتنموية بالبلاد وذلك بالتنسيق مع كليات ومراكز ووحدات الجامعة الأخرى.

9. خلق صلات مع المنظمات والجمعيات العلمية والمهنية والأكاديمية والبحثية لغرض التواصل العلمي والحصول على الدوريات العلمية وتوفير إمكانات النشر في إطار عالمي.

10) تشجيع البحوث المشتركة والجماعية بين وحدات الجامعة والوحدات المماثلة الأخرى خارج الجامعة.

11) إصدار المجلات والمنشورات.

12) إعداد الندوات والمؤتمرات العلمية ذات الصلة بالبحث العلمي والصناعي بالجامعة والدولة.

هذه الورقة العلمية المنشورة بوساطة مركز البحث العلمي والعلاقات الخارجية في الخرطوم، قد وضعت لنشر المعرفة في طرق البحث العلمي ومناهجه. وقد اعد هذا المرشد بتكليف من المركز، من نخبة منتقاة من مجموعة المتخصصين لمخاطبة القضايا الساخنة، وجداول الأعمال ذات الصلة بنشاطات المركز. نحمده سبحانه وتعالى ونثني عليه ونشكر نعمائه أن يسر لنا هذا الأمر وقيض له هذه النخبة الممتازة من الباحثين لإنجازه واتمامه على أكمل وجه وأحسنه في وقت وجيز.

لقد نبعت فكرة هذا الكتاب لوضع كتاب مرشد لطالب البحث العلمي. ومن ثم فقد أصدر مدير مركز البحث العلمي والعلاقات الخارجية قراراً بتاريخ 2000/12/17م. بتكوين لجنة برئاسة الاستاذ الدكتور/ عثمان أحمد محمد عبد الوهاب (التربية) وعضوية كل من الاستاذ المشارك/ عبد الوهاب عبد الله محمد (الزراعة) (عضواً ومقرراً) والأستاذ الدكتور/ عصام محمد عبد الماجد (كلية الهندسة) والاستاذ الدكتور/ على عبد الله الحاكم (التجارة) والدكتور/ أحمد الشيخ حمد (التربية) والدكتور/ سليمان يحى محمد عبد الله (الموسيقى والدراما والفنون) والدكتورة/ عفاف عبد الرحيم محمد (التربية الرياضية) والسيد/ أبو القاسم عبد القادر صالح (الدراسات المهنية والفنية) لوضع مقترح كتاب يفيد طالب الدراسات العليا في منهج البحث العلمي، وتحديد المشكلة البحثية، وإعداد الخطة البحثية ونظم جمع المعلومات وعرضها وتحليلها، وطريقة كتابة أطروحة البحث العلمي. وقد خلصت اللجنة المذكورة إلى وضع هذا الكتاب المرشد عبر سلسة من اجتماعاتها عاكفة على رسالتها بالتنقيح والتصويب والتبسيط فلهم من الشكر أجزله للصبر والعمل المتأني المخلص والجدية في الأداء والمثابرة على إخراج جهد مفيد. والشكر متصل للفضلى/ حنان سيد أحمد العوض لمتابعة أعمال اللجنة واجتماعاتها والاطلاع بالطباعة الجيدة على الحاسوب، والشكر متصل لمؤسسة التربية للطباعة والنشر للطباعة الانيقة والإخراج الجيد.

الأستاذ الدكتور المهندس/ عصام محمد عبد الماجد

أبريل 2001م

الفصل الأول: المدخل لدراسة مناهج البحث العلمي

1-1 مفهوم البحث العلمي Scientific research concept

(انظر شكل 1-1، عبد الماجد وعبد المحمود، 2007). يعرف سامي محمـد ملحـم (2001، ص 44) البحث العلمي " بأنه عملية منظمة تهدف إلى التوصل لحلول لمشكلات محددة أو إجابة عن تسـاؤلات معينة باستخدام أساليب علمية محددة يمكن أن تؤدي إلى معرفة علمية جديدة."

والبحث العلمي "يعني الفحص الدقيق والمنظم بهدف اكتشاف حقائق ومعلومات أو علاقـات جديـدة وتفسير هذه الحقائق والمعلومات. ونمو المعرفة الحالية والتحقق منها وكذلك تعديل القوانين أو النظريات القديمة في ضوء الحقائق والمعلومات الحديثة." (كريسول، 2013). بينما ترى سهير بـدير، 1989 أن البحث العلمي " هو البحث المستمر عن المعلومات والسعي وراء المعرفة بإتباع أساليب علمية مقننة."

تختلف الطرق المستخدمة في البحوث باختلاف أنواعها ومجالاتها وأهدافها إلا أنها تشترك في أسلوب علمي له خصائص معينة مثل الصحة والدقة وضبط المتغيرات المؤثرة في البحث ونتائجه. والطريقة العلمية تعتـبر عملية مستمرة تشمل طرح الأسئلة، وفرض نظرية البحث، وجمع البيانات، واستخراج المخرجـات، ثم تستمر الحلقة إلى ما لا نهاية (شكل 1-2 وشكل 1-3).

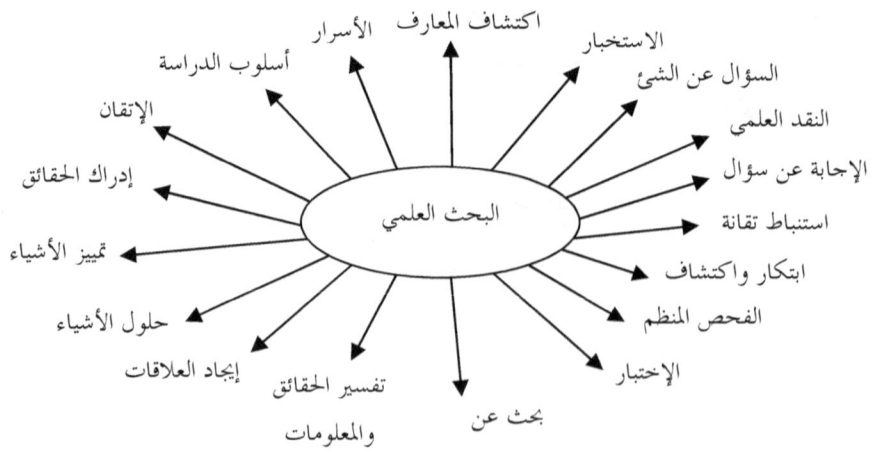

شكل (1-1): البحث العلمي في معناه

14

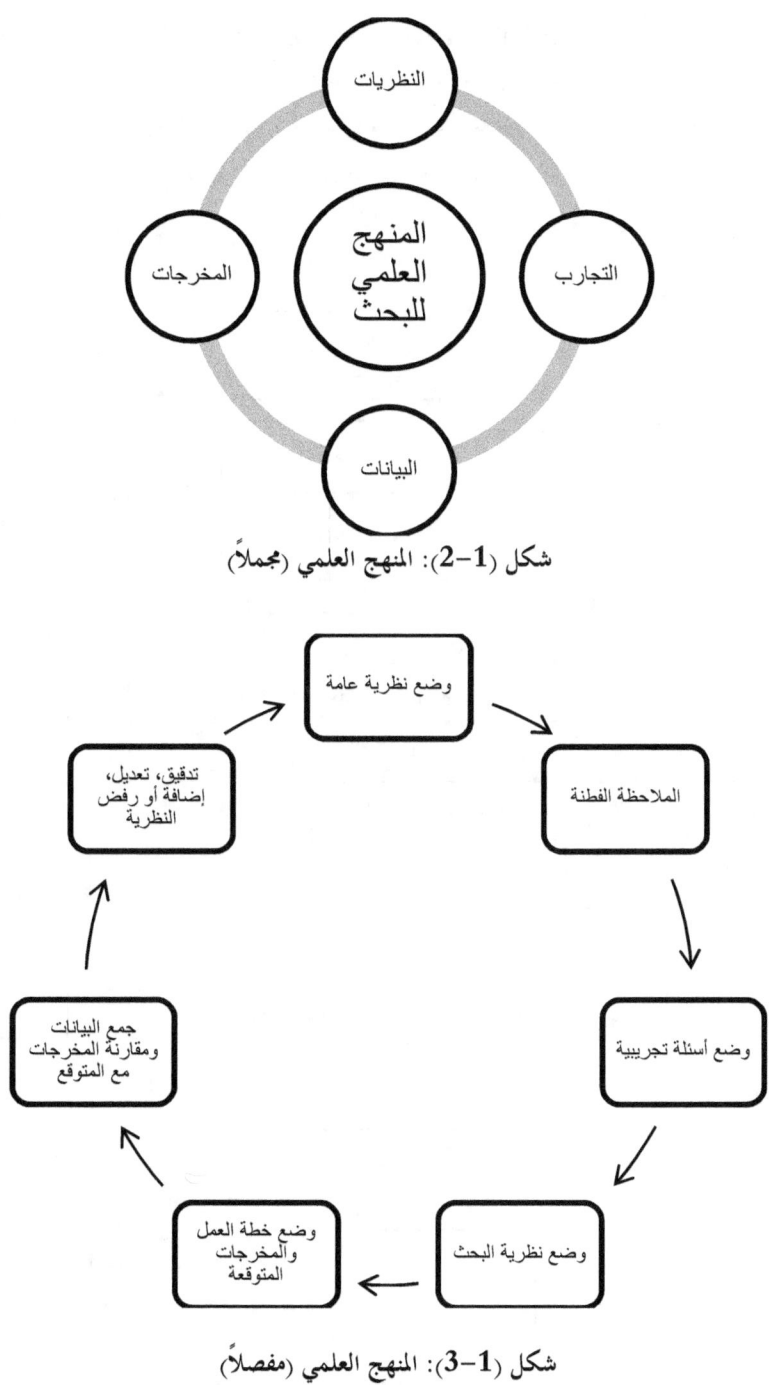

شكل (1-2): المنهج العلمي (مجملاً)

شكل (1-3): المنهج العلمي (مفصلاً)

15

1-2 مناهج البحث العلمي Research methodology

يختلف المشتغلون بمناهج البحث العلمي في تصنيفهم للبحوث ففريق صنفها على أساس الظواهر التي تدرسها البحوث، وفريق آخر صنفها طبقاً للغرض أو الهدف (محمد حسن علاوي، واسامه كامل راتب، 1999) ، وفريق ثالث صنفها طبقاً لنوع المنهج المستخدم في البحث. والتصنيف الأخير سيتناول بالشرح خاصة وانه يتميز بعدة خصائص، ويشمل الأنواع التالية: المنهج التاريخي، والمنهج الوصفي، والمنهج التجـــريبي (انظـــر شكل 1-4 وجدول 1-1).

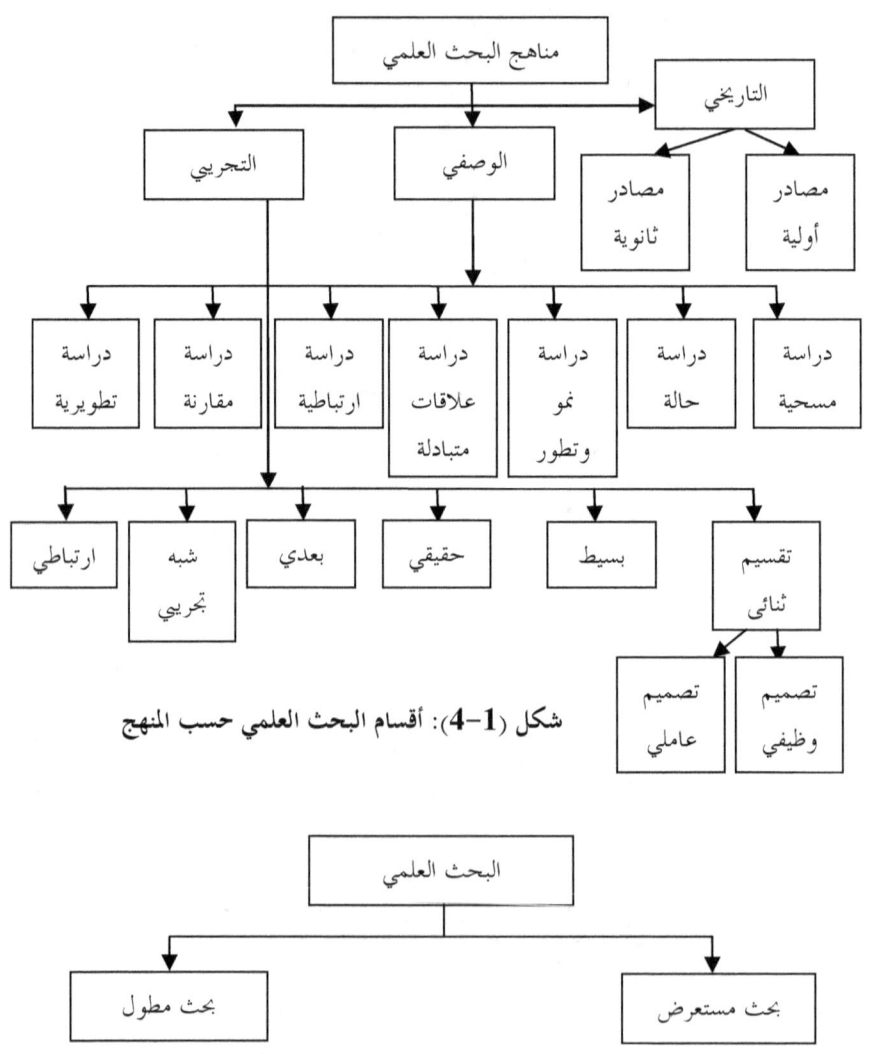

شكل (1-4): أقسام البحث العلمي حسب المنهج

شكل (1-5): أقسام البحث العلمي حسب زمن البحث

16

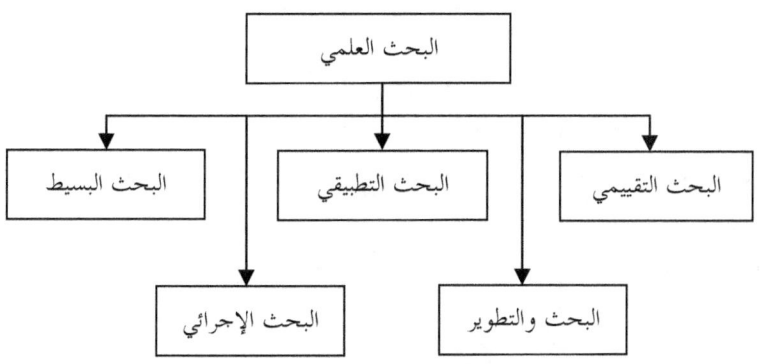

شكل (1-6): أقسام البحث العلمي حسب الغرض البحثي

جدول (1-1): مقارنة بين مناهج البحث العلمي

المنهج	الهدف	المصادر	التقويم	المميزات والمحاسن	المآخذ
التاريخي	دراسة الأحداث والوقائع الماضية	أولية	نقد خارجي، نقد مصدر	✓يحقق في الطبيعة البشرية والجوانب الاجتماعية في الماضي، ✓يساعد في فهم تطور المجتمع الانساني ومسارات تطوره، ✓يكشف عن العوامل التي أدت لحدوث الوقائع المعينة.	• البيانات قد لا تكون مناسبة لغرض البحث، • قد تكثر البيانات فيصعب تحديد أهميتها، • البيانات قد تكون غير موضوعية، • صعوبة تعميم النتائج لارتباطها بزمان ومكان معينين.
الوصفي	رصد حقائق الظاهرة والحدث و تفسيرهما	أولية، ثانوية، أخذ عينة	القياس	✓يقدم حقائق دقيقة عن ظاهرة ما، ✓يوضح العلاقة بين الأسباب والنتائج، يقدم تفسيراً للظواهر المختلفة، ✓يساعد في التنبؤ	• احتمالية الاعتماد على معلومات خاطئة من المصادر (بشرية أو سجلات)، • تحيز الباحث لمصادر تتماشى مع وجهة

				بمستقبل بعض الظواهر.	نظره، • صعوبة اثبات الفروض البحثية، • صعوبة تعميم نتائج بعض الظواهر لارتباطها بزمان ومكان معينين.
التجريبي	تغيير عمدي مضبوط لشروط محددة للحدث	متغير مستقل ومتغير تابع	القياس والإختبار وتحليل البيانات	✓ يعطي برهاناً على علاقة السبب بالنتيجة بصورة واضحة، ✓ يمكن ضبط المتغيرات الخارجية التي تؤثر على المتغير التابع، ✓ متعدد التصميمات مما يجعله مرناً ويمكن تعديله ليتكيف مع الحالات المتعددة.	• عادة يتم على عينة محدودة قد لا تمثل المجتمع الأصلي، • لا يعطي معلومات جديدة إنما يثبت صحة معلومات معينة، • دقة النتائج تتبع دقة أدوات البحث ودقة ضبط العوامل المؤثرة، • أغلب التجارب في ظروف صناعية مختلفة عن الظروف الطبيعية، • قد يواجه الباحث صعوبات أخلاقية وفنية وإدارية وعملية متعددة.

تحديد المنهج: ينبغي على الباحث أن يتخذ قراراً فيما يتعلق بمنهج البحث، وفقاً لطبيعة الدراسة التي يقـــوم بها، ويكون الاختيار بين ثلاثة المناهج وهي: المنهج التاريخي، والمنهج الوصفي، والمنهج التجريبي.

1-2-1 المنهج التاريخي Historical methodology

يتضمن البحث التاريخي دراسة تفاصيل ووقائع الأحداث الماضية، بهدف الوصول إلى حقائق وتعميمات تتعلق بمسببات الأحداث الماضية واتجاهاتها، والتي يمكن أن تفسر الأحداث الحالية ويمكن استخدامها لتوقع الأحداث المستقبلة. تنقب البحوث التاريخية عن بيانات موجودة من قبل، قد تكون مصادر هذه البيانات مصادر أولية أو ثانوية، ويقصد بالمصادر الأولية للبيانات التاريخية "المعارف والمعلومات المباشرة المرتبطة بالحدث مثل تقارير شهود العيان، والوثائق الأصلية". أما المصادر الثانوية فإنها لا تتصف بالعلاقة المباشرة بالحدث إنما تصف الحدث عن طريق مصدر آخر. من الطبيعي أن يكون المصدر الأولي أكثر دقة من المصدر الثانوي، بالرغم من صعوبة توفر المصادر الأولية في الكثير من الأحداث. ويتطلب تقويم البحث التاريخي استخدام كل من النقد الخارجي الذي يقيس مصداقية البيانات، وصحة الوثيقة. وينقد المصدر بالتحقق من صحة الوثيقة، ويتمثل في التحقق من شخصية صاحب الوثيقة والزمان والمكان اللذين كتبت فيهما الوثيقة. أما النقد الداخلي الإيجابي فهو الذي يهتم بفهم المعنى الحقيقي لنص الوثيقة، والنقد الداخلي السلبي يتمثل في تشكك الباحث في صحة الوثيقة ويستخدم كل وسيلة ممكنة للتأكد من صدق الكاتب والثقة فيما يكتبه. (سهير بدير، ص 71-75).

تضم خطوات البحث التاريخي: تحديد مشكلة البحث، وجمع البيانات، ونقد المصادر.

1-1-2-1 تحديد مشكلة البحث Research problem

يجب أن يراعى في اختيار موضوع أو مشكلة البحث التاريخي: الأهمية العلمية، وتوافر المراجع والمصادر والوثائق ذات الصلة بالبحث، والحداثة. وعلى الباحث الاسترشاد بالتساؤلات التالية:

- هل موضوع البحث يحتاج فعلاً إلى دراسة؟
- هل هذا الموضوع محاولة لإعادة عرض أو تقديم ما عُرف من قبل؟
- هل سبق دراسة موضوع البحث دراسة علمية؟ أم أجريت الدراسة بصورة غير متكاملة؟
- هل يمكن اكتشاف أصول تاريخية جديدة عند إعادة دراسة موضوع معين من زاوية معينة؟
- هل البيانات متاحة ومتوافرة عن موضوع البحث؟

وعلى ضوء الإجابة على هذه التساؤلات يمكن التعرف على مدى صلاحية الموضوع للدراسة (علاوي، وراتب ص 116).

2-1-2-1 جمع البيانات (المادة العلمية) Scientific data collection

بما أن الباحث لا يستطيع ملاحظة الأحداث الماضية بنفسه فهو يحاول حصر المصادر التي تفيده في الحصول على بيانات عن الموضوع المبحوث. تتفاوت المصادر من حيث كونها مصادر أولية أو مصادر ثانوية، وعلى

الرغم من أن المصادر الأولية هي أساس البحث التاريخي إلا أن المصادر الثانوية قد يكون لها نفس الأهمية. وفيما يلي توضيح لهذين النوعين من المصادر:

1. **المصادر الأولية primary sources**: تتمثل هذه المصادر في أقوال أفراد شهدوا الحوادث الماضية وعاشوها وهم على وعي تام بها، كما تشمل الآثار والوثائق والمخطوطات. تعتبر الآثار سجلاً وافياً لكثير من البيانات التي يحتاجها الباحث - مثال الكتب والشهادات والمخطوطات، أما الوثائق فهي تعد بقصد نقل معلومة بحيث يمكن استخدامها مستقبلاً - كالرسائل والمذكرات والنشرات الإحصائية وغيرها، وكذلك من الوثائق التاريخية السجلات الشفهية والاساطير والأمثال الشعبية والحكايات والسجلات المكتوبة في المقالات والخطب والنظم الأساسية والقوانين واللوائح والمعاهدات والكتب، وتشمل السجلات المصورة النحت والصور والطوابع والنقود، والسجلات الصوتية مثل الاسطوانات وأشرطة التسجيل. قد تؤدي الوثائق التاريخية إلى أخطاء رغم أنها مصادر أولية مادية وذلك لأنها ترتبط بما انطبع في نفس إنسان معين عن حدث من الأحداث. أما استخدام الآثار كمصدر أولي للمادة التاريخية فلا يؤدي إلى أخطاء إلا من حيث صحة نسبتها التاريخية كالمعابد ... الخ (سهير بدير، 1989، ص 73).

2. **المصادر الثانوية secondary sources**: تستخدم عند عدم توافر المصدر الأولي، ويقصد بها ما نقل أو كتب عن المصادر الأولية، فكاتب المصدر الثانوي بعيد عن الملاحظة المباشرة أو الرواية الأصلية إنما يكتب ما قاله أو كتبه شخص آخر حضر الواقعة نفسها. يفضل الاعتماد على المصادر الأولية أكثر من الثانوية حيث احتمال الأخطاء في المصادر الثانوية أكبر نتيجة انتقال البيانات من شخص لآخر. المصدر الثانوي قد يزود الباحث بمعلومات عن الظروف والآراء التي قيلت حول المصدر الأولي.

3-1-2-1 نقد المصادر Criticism of sources

بعد أن يقوم الباحث بجمع المادة العلمية، تبدأ عملية نقد المصادر، سواء كانت مصادر أولية أو مصادر ثانوية. الغرض من هذا النقد التأكد من صدق المصدر وصحة المادة التي يتضمنها. والنقد نوعان: النقد الخارجي والنقد الداخلي.

1. النقد الخارجي: يهتم بالتحقق من صحة الوثيقة، وصحة شخصية كاتبها، وزمن الوثيقة، ومكانها، وتصحيح النص والرجوع إلى الأصل. أي أن النقد الخارجي يهدف إلى التحقق من صدق النص التاريخي من جهة الشكل وليس من جهة الموضوع.

أ) التحقق من صحة الوثيقة (نقد الوثيقة) بهدف التأكد من صحة الوثائق والتأكد من أنها غير مزيفة، وقد تكون الوثائق في ثلاث حالات: الأولى منها أن تكون الوثيقة قد نسخت بخط المؤلف نفسه، وهنا يجب على الباحث دراستها كما هي دون حذف أو

إضافة. والحالة الثانية أن تكون الوثيقة مخطوطة بخط المؤلف ولا يوجد منها سوى نسخة واحدة، وقد تكون مليئة بالأخطاء نتيجة لجهل الناسخ وعدم فهمه للأصل مثلاً، وهنا يستلزم عملية تصحيح النص أمام الباحث باللغة والخطوط التي كتبت بها الوثيقة. أما الحالة الثالثة فهي أن تكون هناك أكثر من وثيقة فيجب على الباحث أن يدرس الوثائق ليتبين ما يرجع منها إلى أصل واحد (مستدلاً بوجود نفس الأخطاء في نفس المواضع). مما سبق يلاحظ إن نقد الوثائق يفيد في تصحيح النص والرجوع إلى الأصل الذي كتبه صاحبه.

ب) التحقق من شخصية صاحب الوثيقة والمكان والزمان اللذين كتبت فيهما (نقد المصدر): على الباحث أن يكون دقيقاً ويفترض إن كل الوثائق مزيفة حتى يثبت صحتها، فكثير من الوثائق قد تكون مزيفة لعدة أسباب، لذلك على الباحث أن يتوخى الحرص والدقة. أما من ناحية المكان والزمان اللذين كتبت فيهما الوثيقة، فيجب مراعاة بعض العوامل مثل اللغة والخط ونوع الورق، فبعض الحقائق اللغوية تميز عصراً عن عصر، وكذلك الخطوط ونوع الورق وصناعة الورق.

2. النقد الداخلي: يهتم بالمعنى الحقيقي الذي ترمي إليه الوثيقة، وصدق المادة الموجودة بالوثيقة، ودقة البيانات والقيمة التي تحتويها. أي أن النقد الداخلي يهتم بالنص من حيث الموضوع. وينقسم النقد الداخلي إلى قسمين هما: النقد الداخلي الإيجابي والنقد الداخلي السلبي. فالنقد الداخلي الإيجابي يهتم بفهم المعنى الحقيقي للنص كما يقصده المؤلف (معرفة لغة العصر الذي كتبت فيه الوثيقة)، والنقد الداخلي السلبي يمكن الباحث من معرفة مدى الصدق أو الخطأ أو التحريف فيما كتبه مؤلف الوثيقة، فعلى الباحث أن يتشكك دائماً في صحة الوثيقة ويحاول استخدام كل الوسائل الممكنة للتأكد من مدى صدق الكاتب والثقة فيما كتبه (سهير بدير، 78).

2-2-1 المنهج الوصفي Descriptive methodology

يعتبر منهج البحث الوصفي من أكثر مناهج البحث مناسبة للعلوم الاجتماعية. والدراسة الوصفية قائمة على وصف الحقائق الراهنة المتعلقة بطبيعة الظاهرة أو الموقف أو جماعة من الناس أو مجموعة من الأحداث مع محاولة تفسير هذه الحقائق تفسيراً كافياً (صلاح الفوال، 1982، ص 243). كما يمكن تعريفه بأنه "أحد **أشكال التحليل والتفسير العلمي المنظم لوصف ظاهرة أو مشكلة محددة وتصويرها كمياً عن طريق جمع بيانات ومعلومات مقننة عن الظاهرة أو المشكلة وتصنيفها وتحليلها وإخضاعها للدراسة الدقيقة."** (سامي ملحم، ص324). تهدف البحوث الوصفية إلى الآتي:

• جمع بيانات حقيقية ومفصلة لظاهرة أو مشكلة موجودة فعلاً لدى مجتمع معين.

21

- تحديد وتوضيح المشكلة الموجودة فعلياً.
- إجراء مقارنات لبعض الظواهر أو المشكلات وتقويمها وإيجاد العلاقات بين تلك الظواهر أو المشكلات.
- تحديد ما يفعله الأفراد في مشكلة أو ظاهرة ما، والاستفادة من آرائهم وخبراتهم في وضع تصور وخطط مستقبلة لإتخاذ القرارات المناسبة لمواقف مشابهة مستقبلاً.

إن المنهج الوصفي هو الأسلوب الوحيد الذي يمكن من دراسة بعض الموضوعات الإنسانية. ويمكن أن يستخدم في مجال الظواهر الطبعية، وجمع المعلومات وتصنيفها، والتعبير عنها كماً وكيفاً. ويمكن المنهج الوصفي من الوصول إلى استنتاجات تساهم في فهم الواقع وتطويره. تساعد نتائج الدراسات الوصفية في التخطيط التربوي والصحي والعمراني، واستطلاع الرأي العام ومعرفة الاتجاهات. تتبـع في المنهـج الوصفي الخطوات التالية:

1. الشعور بالمشكلة.
2. تحديد المشكلة.
3. وضع فرض واحد أو مجموعة فروض.
4. اختيار العينة.
5. اختيار أدوات البحث [الاستبانة أو المقابلة بأنواعها أو الملاحظة].
6. تقنين الأدوات وحساب صدقها.
7. جمع المعلومات بطريقة وصفية.
8. الوصول إلى نتائج وتنظيمها وتصنيفها.
9. تحليل النتائج وتفسيرها، وتقديم عدد من التوصيات.

من فوائد المنهج الوصفي أنه:
أ) يقدم حقائق وبيانات دقيقة عن واقع الظاهرة المعينة أو الحدث المعين أو حالة معينة.
ب) يقدم توضيحاً للعلاقات بين الظواهر المختلفة كالعلاقة بين الأسباب والنتائج، والعلاقة بين الكل والجزء.
ج) يقدم تفسيراً وتحليلاً للظواهر المختلفة، بما يساعد في فهم العوامل التي تؤثر على الظواهر المختلفة.
د) يساعد على التنبؤ بمستقبل الظواهر المختلفة، من خلال تقديم صورة عن معدل التغيير السـابق في ظاهرة بما يسمح بالتخطيط لبعض جوانب المستقبل (يستفاد من ذلك في المؤسسات التعليمية، والمؤسسات الصحية، والسكن مثلاً).

1-2-2-1 أنماط الدراسات الوصفية

لا يوجد اتفاق بين المشتغلين بمناهج البحث حول كيفية تصنيف الدراسات الوصفية، فمنهم من صنفها تحت العناوين التالية (سهير بدير، ص82): الدراسات المسحية، ودراسة الحالة، ودراسات النمو والتطور. كما صنفها علاوي وراتب (ص140) إلى: دراسات مسحية، ودراسات ارتباطية، ودراسة مقارنة. أما الشافعي ومرسي (حسن أحمد الشافعي، وسوزان أحمد علي مرسي، ص124) فقد صنفا الدراسات الوصفية تحت ثلاثة عناوين: الدراسات المسحية، ودراسات العلاقات المتبادلة، والدراسات التطورية.

أولاً – الدراسات المسحية Surveys : وتتمثل في المسح المدرسي، وتحليل العمل، وتحليل الوثائق، ومسح الرأى العام، والمسح الاجتماعي.

مما سبق نلاحظ أن هناك شبه اتفاق في الرأى بين تصنيف كل من الشافعي ومرسى وبين تصنيف علاوي وراتب. يبدأ البحث المسحي عادة بإتباع إجراءات تمهيدية للتخطيط للمسح تسبق الإجراءات الاستراتيجية المتعلقة باختيار العينة، ثم استخدام أدوات المسح المناسبة لموضوع الدراسة سواء أكان استبانة أو مقابلة أو أدوات لقياس الاتجاهات أو إستطلاع الرأي أو الملاحظة، ثم ينتهي البحث بتحليل النتائج. ويمكن تلخيص خطوات البحث المسحي في التالي: الإجراءات التمهيدية، واختيار العينة، وتحليل البيانات.

1. تتضمن الإجراءات التمهيدية تحديد الهدف من المسح، وعلى ضوء ذلك يحدد مجتمع البحث تحديداً دقيقاً، ثم يسعى جدياً لتوفير الإمكانات المادية والبشرية لتغطية التكلفة المادية، وتوفير البيانات والأفراد المساعدين لجمع البيانات.
2. ثم ينتقل الباحث إلى اختيار عينة ممثلة للمجتمع الأصل تمثيلاً صادقاً، بمعنى أن تكون العينة ممثلة لجميع الوحدات التي يتكون منها المجتمع الأصل للبحث، متبعاً أحد الأساليب العلمية المعروفة في اختيار العينة. حسب الهدف من البحث والإمكانات ونوع النتائج المتوقعة؛ فقد يكون الاختيار عشوائياً أو قصدياً، أو أي نوع من أنواع العينات التي يمكن أن يختارها الباحث. يعقب ذلك تحديد أدوات المسح: كالاستبانة التي تتخذ عدة أشكال لتفي بالغرض حسب الهدف من البحث، أو المقابلة التي تعرف بأنها الاستبيان الشفهي (علاوي، راتب، ص164). ويتخذ المسح عن طريق المقابلة شكلين أساسين: أولهما المقابلة المقننة والتي يتبع فيها الباحث تعليمات محددة لا يحيد عنها من حيث توجيه الأسئلة وترتيبها ونوعها. وثانيهما المقابلة غير المقننة والتي يسمح فيها للقائم بالمقابلة باستخدام بعض الأساليب الخاصة. ويتطلب استخدام المقابلة كأداة إعداد بعض الترتيبات الخاصة لنجاح المقابلة. ويمكن أن تكون المقابلة فردية أو جماعية (شكل 1-7). أما الأداة الثالثة التي يمكن الاستعانة بها في جمع البيانات في البحوث المسحية، فهي الملاحظة التي تعتمد على المشاهدة الدقيقة الهادفة للظواهر موضع الدراسة باستخدام الوسائل المناسبة والضبط العلمي المناسب سواء القائم بالملاحظة أو الأشياء أو المواقف موضع الملاحظة. يفضل التسجيل الفوري لما يقوم الباحث بملاحظته. (علاوي، وراتب، ص 141-166).

ثانياً – دراسات العلاقات المتبادلة Interrelationships studies (سامي ملحم ص329):
تهتم هذه الدراسات بدراسة العلاقات بين الظواهر، وتحليل الظواهر لمعرفة الارتباطات الداخلية فيهـا والارتباطات الخارجية بينها وبين الظواهر الأخرى، وتشمل التالي:

1. **دراسة الحالة Case Studies** تتمثل في دراسة حالة فرد أو جماعة أو مؤسسة ما عن طريق جمع البيانات والمعلومات في وضعيها الحالي والسابق لفهم الحالة.

2. **الدراسات العلمية المقارنة Comparative scientific studies** تركز علـى إجـراء المقارنات بين الظواهر المختلفة لاكتشاف العوامل التي تصاحب حدثاً معيناً.

3. **الدراسات الارتباطية correlation studies** تهتم بالكشف عن العلاقات بين مـتغيرين أو أكثر لمعرفة مدى الارتباط بين المتغيرات والتعبير عنها بصورة رقمية.

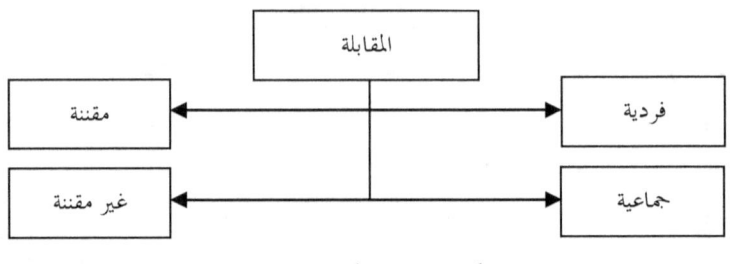

شكل (7–1): أنواع المقابلات

ثالثاً – الدراسات التطورية Developmental Studies وتهتم بدراسة التطـور في مـتغيرات السلوك في المراحل العمرية المختلفة وما يصاحب هذا السلوك من نمو ونضج، كمـا تبحـث في تسلسـل وتعاقب عدد من المتغيرات كالذكاء، والنمو البدني والانفعالي والاجتماعي (Gay 2011) وتشتمل على التالي:

1. **دراسات النمو** وتهتم بالتغيرات التي تحدث للظواهر ومعدل هذه التغيرات والعوامل التي تتأثر بها سواء كانت دراسات طولية أو عرضية.

2. **دراسات الاتجاه** وتهتم بدراسة ظاهرة ما ومتابعتها لفترة زمنية لمعرفة مدى تطور اتجاهـات هذه الظاهرة ومن ثم التنبؤ بما يمكن أن يحدث لها مستقبلاً.

3-2-1 المنهج التجريبي Experimental methodology

(انظر شكل 1-8)

المنهج التجريبي: يعرف المنهج التجريبي بأنه استخدام التجربة في إثبات الفروض، أو إثبات الفروض عن طريق التجريب (فان دالين، 1985، ص 243). ويعتبر المنهج التجريبي من أكثر وسائل البحث كفاية في الوصول إلى معرفة موثوق بها عند استخدامه في حل المشكلات.

ويمكن أيضاً تعريف البحث التجريبي على أنه "**تغيير عمدى مضبوط للشروط المحددة لحدث ما مع ملاحظة التغييرات الواقعة في ذات الحدث وتفسيرها**" (سامي ملحم ص360). واتفق كل من علاوي وراتب (محمد حسن علاوي، وأسامة كامل راتب، 1999، ص217) على أن المنهج التجريبي هو "**الملاحظة الموضوعية لظاهرة معينة تحدث في موقف يتميز بالضبط المحكم ويتضمن متغيراً أو أكثر متنوعاً بينما تثبت المتغيرات (العوامل) الأخرى.**" أما سهير بدير (1989) فترى إن المنهج التجريبي "**هو المنهج الذي يعالج ويتحكم في متغير مستقل ليشاهد تأثيره على متغير تابع وملاحظة التغييرات الناتجة وتفسيرها.**"

تتمثل الأسس العامة للبحث التجريبي وطبيعته في أنه:

أ) يستخدم التجربة، وهي إحداث تغيير ما في الواقع وملاحظة آثار هذا التغيير.

ب) محاولة ضبط كل المتغيرات التي تؤثر على الظاهرة - عدا المتغير التجريبي - وذلك لقياس أثره على الظاهرة أو الواقع.

وتتنوع التجارب في البحث التجريبي بين التجارب المعملية، والتجارب غير المعملية. كما تتنوع التجارب حسب مجموعات الدراسة، بين التجربة التي تجري على مجموعة واحدة، والتجربة التي تجري على أكثر من مجموعة. ويمكن أن يتنوع المدى التجريبي كذلك بين التجربة التي تحتاج إلى وقت طويل، والتجربة التي تحتاج إلى وقت قصير.

تستخدم في البحث التجريبي بعض المصطلحات مثل:

أ) المجموعة التجريبية: وهي المجموعة التي تتعرض للمتغير المستقل (المتغير التجريبي) لمعرفة تأثيره.

ب) المجموعة الضابطة: وهي المجموعة التي تظل تحت الظروف العادية ولا تتعرض للمتغير التجريبي. والمجموعة الضابطة تستخدم للمقارنة لمعرفة أثر المتغير التجريبي في المجموعة التجريبية، وهي التي تعرف بها نتيجة المتغير التجريبي.

ج) ضبط المتغيرات: يقصد به تثبيت كل المتغيرات والظروف الأخرى التي تؤثر على المتغير التابع على حالتها لإتاحة المجال للمتغير التجريبي وحده ليؤثر على المتغير التابع.

ويتميز المنهج التجريبي بأنه يُمكّن من تكرار ملاحظة التجربة تحت نفس الشروط، بما ييسر تحقيق الملاحظة بوساطة عدد من الملاحِظين. كما يتميز المنهج التجريبي كذلك بأنه يُمكّن الباحث من تغيير شرط واحد

إضافة أو حذفاً، زيادة أو نقصاناً مع إبقاء جميع الشروط والظروف الأخرى لمعرفة تأثير هذا المتغير. ويسمح ذلك بتحليل علاقات السبب والنتيجة بسرعة وثقة أكبر مما يتحقق باستخدام المنهج الوصفي.

1-2-3-1 خطوات البحث التجريبي

الخطوتان الأولى والثانية هما نفس الخطوات المستخدمة في البحوث الأخرى وتتمثل في: اختيار وتحديد المشكلة، واختيار أفراد العينة وتحديد وسائل الاختبار والقياس.

ولكن الاختلاف في هذه الحالة يكون في: اختيار التصميم التجريبي (الذي سيرد شرحه لاحقاً)، وتنفيذ الإجراءات، وتحليل البيانات، والاستخلاصات.

تبدأ الدراسات التجريبية باستخدام فرض واحد على الأقل، يحدد العلاقة السببية المتوقعة بين متغيرين بهدف تحقيق (أو تأكيد) أو عدم تحقيق (أو عدم تأكيد) الفرض التجريبي. في الفرض التجريبي يقوم الباحث بتكوين أو اختيار العينة، ثم يحاول ضبط كل العوامل المرتبطة. وتتمثل أنواع العوامل التي يجب ضبطها في التالي: (أ) عوامل تنشأ من المجتمع الأصل للعينة، (ب) وعوامل تنتج من إجراءات الاختبار التجريبي، (ج) وعوامل ترجع إلى مؤثرات من مصادر خارجية.

1-2-3-2 طرق ضبط المتغيرات *Adjusting variables Methods*

ابتكر الباحثون عدداً من الطرق لضبط المتغيرات، ويقترح براون تصنيفها إلى ثلاث فئات كبيرة تضم: التحكم الفيزيائي، والتحكم الإحصائي، والتحكم الانتقائي.

يكون التحكم الفيزيائي بإخضاع جميع أفراد العينة لنفس الدرجة من التعرض للمتغير المستقل، أو ضبط جمع المتغيرات غير التجريبية التي تؤثر في المتغير التابع. قد يكون ذلك باستخدام وسائل كهربائية أو وسائل ميكانيكية "محركات ذات سرعة ثابتة مثلاً" أو أساليب جراحية أو صيدلانية (فارماكولوجية) كتغيير أسلوب التغذية أو تناول عقاقير معينة مثلاً.

أما في التحكم الانتقائي فهناك بعض المتغيرات التي لا يمكن ضبطها بالتحكم الفيزيائي المباشر ويمكن عمل ذلك عن طريق التحكم غير المباشر، مثلاً عن طريق اختيار المفحوصين، أو ضبط عوامل أخرى غير عشوائية.

التحكم الاحصائي يكون حين يصعب إجراء التحكم الفيزيائي والتحكم الانتقائي، فيمكن الضبط باستخدام الطرق الإحصائية التي قد توفر مستوى عالٍ من الدقة التي لا تيسرها للباحث الطرق الأخرى حينما تستخدم في تقدير أثر متغير ما.

26

1-2-3-3 نماذج التصميمات التجريبية

(انظر محمد حسن علاوي، اسامه كامل راتب، ص229).

توجد عدة تصنيفات للتصميم التجريبي وأبسطها التقسيم الثنائي الذي يقسم التصميم إلى نوعين هما: التصميمات الوظيفية (Functional Designs)، والتصميمات العاملية (Factorial Designs) وهذا التقسيم يعتمد على أساس مدى إمكانية الضبط الجيد للمتغير المستقل، فعندما يتمكن الباحث من ضبط جميع المتغيرات فإن ذلك يؤدي للتصميم الوظيفي، وحينما يتعذر على الباحث السيطرة والتحكم في المتغير المستقل فإن ذلك يؤدي للتصميم العاملي. أما التصميم التجريبي الأكثر شيوعاً وشمولاً فقد صنف فيه التصميم التجريبي إلى أربعة أقسام: التصميم التجريبي البسيط، والتصميم التجريبي الحقيقي، والتصميم شبه التجريبي، والتصميم الارتباطي والتجريب البعدي.

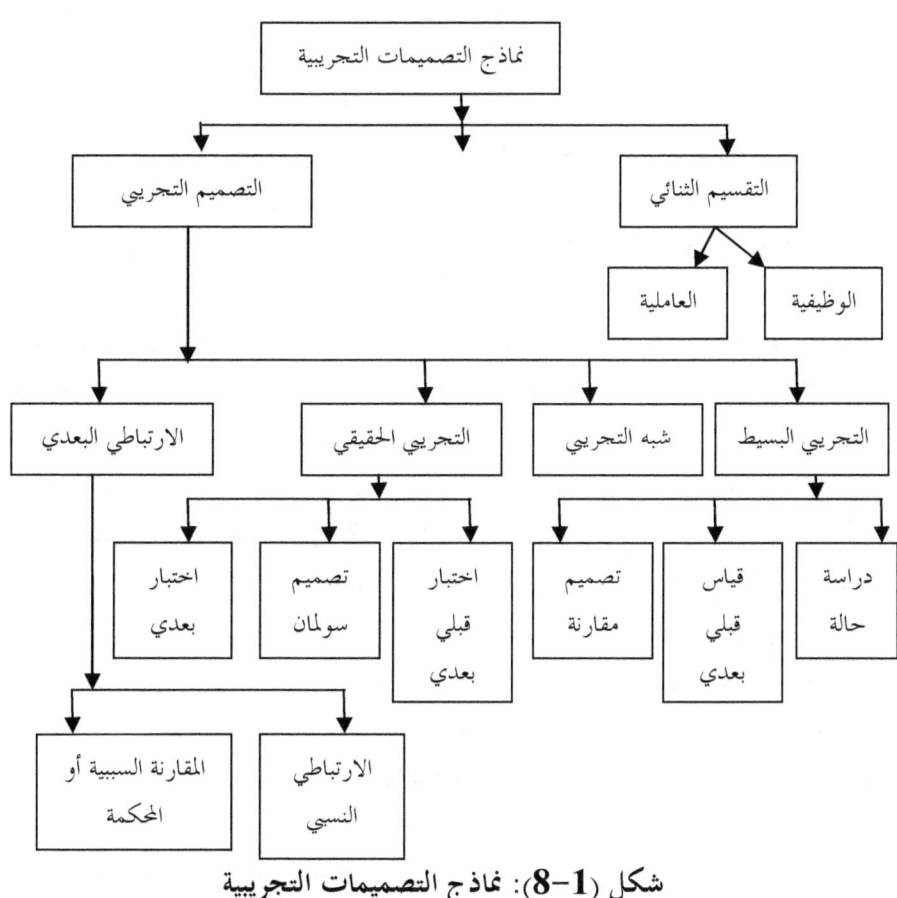

شكل (1-8): نماذج التصميمات التجريبية

1. التصميم التجريبي البسيط يحتوي هذا النوع على ثلاثة تصاميم هي: تصميم دراسة حالة لمحاولـة واحدة، والقياس القبلي والبعدي لمجموعة واحدة، وتصميم المقارنة باستخدام مجموعة ضابطة.

أ) **تصميم دراسة حالة لمحاولة واحدة:** يتطلب هذا النوع من التصميم توفير مجموعة واحدة تتعرض لمعالجة معينة أو لمتغير تجريبي معين، ثم يجرى قياس بعدي. يفتقر هذا التصميم إلى الضبط التجريبي (أو الصدق التجريبي) إذ لا يؤدي الاختبار إلى نتائج واضحة نظراً لعدم وجود اختبار قبلي يمكـن بوساطته التعرف على المستوى قبل إدخال المتغير التجريبي.

ب) **التصميم القبلي والبعدي لمجموعة واحدة:** يتضمن هذا التصميم إجراء التجريب على مجموعـة واحدة حيث تخضع إلى قياس تجريبي، ثم يدخل المتغير التجريبي المراد اختبار أثره، ثم يجـرى قيـاس بعدي. وتقارن درجات القياسين القبلي والبعدي لاختبار دلالة الفروق. يؤخذ على هذا التصميم أنه لا يراعى ضبط التأثيرات الخارجية أو الكامنة، والتي قد تؤثر على نتيجة الفرق بين القياس القبلي والبعدي، مما يتعذر معه التأكد من أن الفرق بين القياسين يرجع إلى تأثير المتغير التجريبي فقط.

ج) **تصميم المقارنة باستخدام مجموعة (مجموعات) ضابطة:** يتضمن هذا التصميم اختيار مجمـوعتين عشوائياً، بحيث تعتبر إحدى المجموعتين تجريبية والأخرى ضابطة لا تخضع للمتغير التجريبي، ثم يجري قياس بعدي ثم إجراء المقارنة بين نتائج القياسات البعدية. يلاحظ أن هذه التصميم يعالج الـنقص الذي يتميز به التصميمان السابقان حيث يسمح بالمقارنة بين مجموعة لم تتعرض للمتغير التجريبي مع ملاحظة ضرورة اختيار المجموعات بحيث تكون متكافئة.

2. التصميم التجريبي الحقيقي: يتميز هذه التصميم عن التصميم التجريبي البسيط بقدر أكبر من الـتحكم والدقة والصدق الخارجي، مما يضمن قابلية التجريب للتصميم، والصدق الخارجي بما يضمن أن التأثير الذي يحدثه المتغير التجريبي هو تأثير حقيقي نتيجة المعالجة التجريبية وليس نتيجة لعوامل أخرى. ويشمل ثلاثـة تصاميم تضم: تصميم الاختبار القبلي والبعدي لمجموعة ضابطة، وتصميم سولمان للمجموعـات الأربعـة، وتصميم الاختبار البعدي باستخدام مجموعة ضابطة.

أ) **تصميم الاختبار القبلي والبعدي لمجموعة ضابطة:** يعتمد على الاختيار العشوائي الدقيق للمجموعة التجريبية والضابطة. وتقاس المجموعة التجريبية قياساً قبلياً قبل إدخال المتغير التجريبي، وقياساً بعدياً، كذلك تطبيق نفس الإجراءات مع المجموعة الضابطة من حيث القياس القبلي والبعدي مـع عـدم تعرضها للمتغير التجريبي ولتحليل البيانات. في هذا النوع من التصميم ينصح بالمقارنة بين درجات الاختبار البعدى لكلتا المجموعتين، باعتبار أن القياس القبلي استخدم لتحديد تشابه المجموعـات في المتغير التابع. وهنا يمكن استخدام أحد اختبارات دلالة الفروق مثل اختبار (ت)، أما إذا لم يتحقق التشابه أو التكافؤ بين المجموعات فهنا يمكن تحليل درجات الاختبار البعدي باستخدام تحليل التباين المشترك.

ب) **تصميم سولمان للأربع مجموعات:** هذا التصميم عبارة عن مزيج من التصميمين السابقين حيث تمثل المجموعة التجريبية الثانية والثالثة (التصميم البعدى)، ويعتبر من أقوى وأصدق الأنواع نسبة لما يحققه من مستوى مرتفع من الصدق الداخلي الذي يتمثل في درجة عالية من الضبط المحكم الذي يستبعد أثر القياس القبلي أو المتغيرات الخارجية. يؤخذ على هذا التصميم أنه يتطلب جهداً ووقتاً، بالإضافة لكبر حجم العينة المطلوبة. كما يتضمن التصميم قياسين قبليين، وأربع قياسات بعدية، وتعالج بياناته إحصائياً باستخدام تحليل التباين لدرجات القياس البعدى الأربع.

ج) **تصميم الاختبار البعدى باستخدام المجموعة الضابطة:** هو نفس التصميم السابق لكنه يتضمن اختباراً قبلياً، وبينما تتعرض المجموعة التجريبية للمتغير التجريبي فإن المجموعة الضابطة لا تتعرض لتأثير هذا المتغير، ثم يجرى قياس بعدى للمتغير لكلتا المجموعتين. يمكن استخدام هذا التصميم في المواقف التي يصعب فيها إجراء قياس قبلى. الأسلوب الإحصائي الملائم لهذا التصميم هو استخدام اختبار (ت) للمقارنة بين القياس القبلى للمجموعة التجريبية والضابطة.

3. **التصميم شبه التجريبي:** هذا النوع يختص بدراسة المواقف التي تحدث وتحتاج أن تبحث تجريبياً، ولكن لعدم إمكانية الاختبار أو التحديد العشوائي للأفراد أو المجموعات موضع التجريب، وعدم إمكانية ضبط المتغيرات الخارجية مما يجعل هذا التصميم يعوزه الضبط الكامل؛ فقد أطلق عليه مصطلح التصميم شبه التجريبي.

4. **التصميم الارتباطي والتجريب البعدى:** هذا التصميم يدرس المواقف أو المجالات أو المجموعات التي تختلف فيما بينها في بعض العوامل أو المتغيرات بهدف التعرف على أسباب ذلك الاختلاف. هذا التصميم يشبه التصميم التجريبي الحقيقي لكن الباحث يدرس التصميم وقد حدث فعلاً، لذلك فهذا التصميم يفتقر إلى التحديد والضبط. ولكن هذا التصميم يصبح ملاءماً في الظروف التي يصعب على الباحث فيها ممارسة الضبط المحكم سواء في العينة أو المتغيرات، أو تتطلب إجراءات الضبط تكلفة مادية ووقتاً وجهداً لا يقدر الباحث على تحمله، بالإضافة إلى عدم إمكانية إجراء التجريب والضبط المحكم لاعتبارات إنسانية أو أخلاقية، فليس من المعقول أن تحدث ضرراً لمجموعة من الأفراد ثم تبحث أثره على هؤلاء الأفراد، فهذا التصميم يستخدم كثيراً في مجال الدراسات التربوية والنفسية، ويتضمن هذا القسم التصنيفين التاليين: التصميم الارتباطي أو السببي، وتصميم المجموعة المحكّية أو المقارنة السببية.

أ) **التصميم الارتباطي أو السببي:** يتطلب هذا التصميم جمع بيانات تتعلق بالمتغير المستقل والمتغير التابع لموقف سبق حدوثه، كأن يقوم الباحث بتقويم أثر استخدام أسلوب إدارة معين لإدارة إحدى المؤسسات الرياضية (القيادة الديمقراطية) على مستوى الروح المعنوية لأعضاء هذه المؤسسة بحيث يكون هذا الأسلوب القيادي قد نفذ (لمدة سنتين). المتغير التابع هنا هو عبارة عن مستوى الروح المعنوية لأعضاء المؤسسة (والذي يمكن قياسه بمقدار ما حققته هذه المؤسسة الرياضية من أهداف، أو بدرجة تفعّل العلاقات الاجتماعية بين أفرادها). وتوجد ثلاثة احتمالات لتفسير طبيعة العلاقة

لهذا التصميم هي: أن المتغير المستقل سبب للمتغير التابع، وأن المتغير التابع سبب للمتغير المستقل، واحتمال ثالث غير معروف ولم يقاس. يؤخذ على هذه التصميم أن الباحث لا يستطيع أن يجـزم بالنتيجة والعلاقة السببية بين المتغير المستقل والمتغير التابع، فالتصميم يصلح أن يكون بحثاً ارتباطياً استكشافياً، أكثر من كونه بحثاً تجريبياً يعبر عن السبب والنتيجة.

ب) تصميم المجموعة المحكّية أو المقارنة السببية: يهدف هذا التصميم إلى اكتشاف الأسباب المحتملة لحدوث ظاهرة معينة من خلال إجراء المقارنة بين موقف يتضمن المتغير المراد معرفة تأثيره (المتغير التجريبي) أو المتغير المستقل بموقف آخر لا يتضمن هذا المتغير.

1-2-3-4 مميزات المنهج التجريبي

- يعتبر أفضل منهج لمعرفة العلاقة السببية في مجال العلوم الاجتماعية والدراسات التربوية، حيث يسمح بمعرفة قيمة تأثير المتغير المستقل على المتغير التابع، من خلال ملاحظة أي تغيير يطرأ علــى المتغير التابع.

- يحقق مستوى عال من الضبط، وبالتالي يمكن تصميم النتائج بقدر أكثر مع مراعاة تنفيذ إجـراءات ذات مستوى عال للضبط.

- زيادة التجريب يعني مزيداً من الثقة في النتائج التي توصل إليها.

1-2-3-5 مآخذ المنهج التجريبي

- يجرى في بيئة مصطنعة.
- يتطلب وجود شخص يتولى إجراء التجريب، وعادة يؤثر القائم بالتجريب على نتائج التجربة.
- تزداد صعوبة استخدام المنهج التجريبي مع زيادة حجم العينة.

1-3 تعريف المفاهيم والمصطلحات

المفاهيم والمصطلحات هي "توضيح لمعنى الشئ أو اللفظ أو المصطلح أو تحديد مفهومه." تعتمـد دقـة البحث على تعريف مفاهيم ومصطلحات جميع المفردات التي تتضمنها المشكلة تحديداً دقيقاً سواء بالنسبة للمشكلة، أو المصطلحات المرتبطة بالفروق. هناك عدة طرق لتحديد المفاهيم والمصطلحات مـن أهمهـا التعريف اللغوي، والاشتراطي، والإجرائي.

أ) التعريف اللغوي (تعريف القاموس): وهو الذي يعتمد على ذكر ما يساوى الكلمة أو المصطلح أو المفهوم، وعادة يكون التعريف على أساس لغوي. ويطلق عليه الأسلوب، أو الطريقة المعجمية، أو اللغوية.

ب) التعريف الاشتراطي: يعتمد على تحديد المعنى الذي يجب أن يستخدم به المفهوم، أو مصطلح معين في سياق معين، أي أن من يقوم بالتعريف يشترط أنه سوف يستخدمه بمفهومٍ معينٍ بمعنى محدد.

ج) التعريف الإجرائي: وهو الذي يحاول تحديد المفاهيم والمصطلحات في صورة عملياتها الإجرائية التي يمكن قياسها، ومنه التجريبي والقياسي.

1. التعريف الإجرائي التجريبي: هو التعريف الذي يحدد بدقة الخطوات والعمليات التي يقـــوم بهـــا الباحث في دراسة المفهوم أو المتغير.

2. التعريف الإجرائي القياسي: هو التعريف الذي يحدد الطريقة أو الوسيلة التي يمكن بها قياس المتغير المطلوب تعريفه أو تحديثه.

فيما يلي بعض المصطلحات المستخدمة في البحث العلمي:

- **الأسلوب العلمي:** يعرف بأنه المحاولة التطبيقية لحل المشكلات التي تعترض الإنسان لانماء المعارف والتحقق منها.

- **الدراسات المرتبطة:** تعني التقريرات التي قام بها آخرون، بمعنى التعريف والتصنيف والتحليل المنظم للتقريرات أو الوثائق التي تحتوي على المعلومات أو المعارف المرتبطة بمشكلة البحث الـــتي يسعـــى الباحث لدراستها. (سهير بدير، ص49).

- **المنهج العلمي:** يقصد به "الخطوات التطبيقية لذلك الإطار الفكري الذي يدور في عقل الباحث." (انظر شكل 1-2 و1-3).

- **مفهوم المنهج:** "يشير إلى الأسلوب أو الطريقة التي يتبعها الباحث لدراسة المشكلة موضوع البحث وهو يجيب على الكلمة الاستفهامية كيف؟." (عبدالباسط محمد حسن، 1997، ص130).

- **الباحث:** هو "الشخص الذي يقوم بإجراء عملية البحث العلمي وصولاً بـــه إلى حـــل مشكلة البحث." (سامي ملحم، ص 74).

- **مشكلة البحث:** " تعرف بأنها صعوبة ما أو موقف غامض أو حاجة لم تشبع يواجهها الباحث." (سامي ملحم، ص 83).

- **مراجعة الدراسات المرتبطة:** " تعني التعريف والتصنيف والتحليل المنظم للتقارير أو الوثائق الـــتي تحتوى على معلومات أو معارف مرتبطة بمشكلة البحث التي يتصدى الباحث لدراستها." وقـــد يطلق عليها أحياناً الدراسات السابقة، أو الدراسات المرتبطة. (علاوي، راتب، ص49).

- **الفروض:** " تخمين ذكي أو إيضاح مؤقت لأنواع معينة من السلوك أو المظاهر أو الأحداث الـــتي حدثت أو التي سوف تحدث."

31

- **الظاهرة:** تعرف بأنها حقيقة أو حدث قابل للملاحظة. وفي مجال التجريب تعنى سلوك يمكن ملاحظته وتسجيله سواء عن طريق استجابات حركية أو لفظية أو انفعالية معينة أو تغيرات جسمية معينة. (علاوي، وراتب، ص219).
- **خطة البحث:** Research Plan أو **مقترح البحث** Research Proposal هي وصف تفصيلي لدراسة مقترحة تصمم لمحاولة بحث أو دراسة أو استقصاء مشكلة معينة." (علاوي، وراتب 1989، ص49).
- **المتغير المستقل:** يسمى أحياناً بالمتغير التجريبي، وهو عبارة عن المتغير الذي يفترض أنه السبب أو أحد الأسباب لنتيجة معينة.
- **المتغير التابع:** يعرف بأنه المتغير الذي يتغير نتيجة تأثير المتغير المستقل.
- **الضبط التجريبي:** يقصد به المحاولات المبذولة لإزالة تأثير أي متغير (عدا المتغير المستقل) الذي يمكن أن يؤثر على المتغير التابع، وهو نوع من التثبيت أو العزل للمتغيرات التي يرى الباحث أنها قد تؤثر على نتائج التجريبي. (علاوي، وراتب).
- **الموضوعية:** تعني تحرر الباحث من التحيز.

4-1 صفات الباحث العلمي

يتميز الباحث العلمي بعدد من الصفات والخصائص الأساسية من أهمها ما يلي:

- الفحص العميق لكل ما يقرأ، وعدم التسليم بما يقرره الغير من نتائج بل وجوب خضوعها للدراسة.
- حب العلم وحب الاستطلاع الذي لا يقف عند حد، فحب العلم ضروري لتمكين الفرد من الصمود في وجه الفشل.
- العزيمة والتأهب لمجابهة الصعاب والتغلب عليها. والمثابرة والصمود والإصرار والشجاعة في وجه الفشل المتكرر.
- الاصغاء إلى الآخرين، وإحترام رأيهم حتى لو تعارض مع الآراء الشخصية، وتقبل النقد الموجه إلى الرأي الشخصي، والاستعداد لتغيير الفكرة أو الرأى إذا ثبت خطؤها في ضوء حقائق وأدلة مقنعة.
- درجة معقولة من الذكاء وحماسة ذاتية ورغبة في العمل.
- الدقة في جمع الأدلة والملاحظات وعدم التسرع في الوصول إلى قرارات ما – لم تدعمها الأدلة الدقيقة الكافية.
- سعة الخيال والملكة الإبداعية والاستقلال الفكري.
- الأمانة الكاملة في إثبات آراء الآخرين، والتشكك بدرجة معقولة. والوثوق من النفس والقدرات.
- الإيمان بدور العلم والبحث العلمي في حل المشكلات التي تواجه الحياة الاجتماعية والتربوية والاقتصادية والإنسانية والعلمية، وتوجيه البحث لتحقيق الرفاهية البشرية.

• التميز بالقدرة على الابتكار، وسعة الاطلاع وعمق التفكير والتبصر في الأمور.

ويرى عبد الماجد (2016) أهمية أن يخطط الباحث لنفسه بنفسه حاضنة بحثيه تنظر في امكانية العمل واحتضان كافة فروع البحث العلمي وتوجهاته من: البحث المخطط له، والبحث العاجل، وبحوث الطوارئ، والبحوث التي تقود لاختراع واكتشاف، وبحوث المعلومات، والبحث النشط، والبحث المنقاد، والبحث المكثف، والبحث التعاقدي والبحث المستند على البرهان، والبحوث التطبيقية وغيرها من المشاريع البحثية. على أن تمثل حاضنة الأعمال البحثية خط إنتاج متكامل سيما وتستغل الامكانات والبنى التحتية المتواجدة بداخل الوحدة أو المؤسسة التي ينتمي اليها الباحث (التهيئة، وورش العمل، والمختبرات ... الخ). من ثم تعمل الحاضنة وفق معينات: بناء القدرات[2]، ومدخلات الانتاج[3] ومعيناته[4]، وامكانيات الشركاء المتعاونين وأصحاب المصلحة[5]، والعاملين والفريق الداعم للبحث[6] لتشرف في مجملها على معايير التقويم ومتابعة الرصد وتجويد التدقيق والمراجعة المستمرة. بهذا النهج تتمكن الحاضنة من تصدير منتجاتها[7] والايفاء بمخرجاتها المتوقعة حسب مراميها وأهدافها الموضوعة وفق مجمل المشاريع البحثية قيد التنفيذ. من المؤمل أن

[2] لشمل بناء القدرات والتنمية البشرية والتدريب المؤقت، أو المستمر، او الدائم، أو على رأس العمل.

[3] مدخلات الانتاج يعززها عمل مقياس هيرمان للسيطرة الدماغية HBDI، والتفكير النقدي، والتفكير الابتكاري، والخبرة العملية، والدراية التقنية، والإشراف العلمي، والقيادة الرشيدة.

[4] معينات الانتاج تضم: الأموال والدعم اللوجستي والعيني والمالي، والمواد الأولية، ومصادر المعلومات، والمختبر المتكامل، والورشة المجهزة، والحصول على العضوية (المهنية والأكاديمية) وما ماثل ذلك.

[5] مما يستوجب معه الشراكة الذكية مع النقابات واتحادات الجامعات (العربية والاسلامية والإيسيسكو واليونسكو والأوروبية .. الخ)، واتحادات مجالس البحوث، وهيئات البحث المحلية والاقليمية والعالمية، ومنظومات الملكية الفكرية والملكية الصناعية (الويبو)، والسلطات القضائية والعدلية، ومؤسسات التعليم العالي والمؤسسات الأكاديمية ذات الصلة، وجمعيات وجماعات الباحثين، والبرلمان الوطني (الجمعية الوطنية)، والمنظمات غير الحكومية، ومنظمات المجتمع المدني المتاحة والمرجوة.

[6] ممن يدعم البحث العلمي ويعين على اكمال الحاضنة وترفيع عملها لعمال المهرة، والفنيين، والخبراء التقنيين، والباحثين المساعدين، وطلاب وطالبات الدراسات العليا.

[7] تضم هذه المنتجات والمخرجات من الحاضنة: الأوراق العلمية المحكمة، والتقارير البحثية، والكتب المهنية المتخصصة، والمؤتمرات وورش العمل وحلقات الدرس، والاكتشافات العلمية والابتكارات النظرية، وصناعة الأجهزة والروبوت، والمنتجات والسلع، والبرامج الحاسوبية، والأفلام، واستقطاب الجوائز المحلية والاقليمية والعالمية المتخصصة، وقيام المنتديات العلمية والبحثية والتوعوية، وتأسيس لمرافق علمية ومنشآت مستحدثة، وتقديم الاستشارات الفنية والمهنية والصناعية وغيرها، ودراسات الجدوى، وإعادة تقويم الدراسات، والتدريب على رأس العمل، والتصميم والتكليف، وإعادة تأهيل المشاريع القائمة، واستكشاف الأخطاء وإصلاحها وإدارتها، والفحوصات المخبرية، وتقييم الأثر البيئي EIA أو الصحي، HIA ... الخ.

يتخرج من منافذ وموانئ ports الحاضنة ومعابرها وجسورها التي تضم: المنفذ الأولي (للعمالة الماهرة والتدريب)، والمنفذ الوسيط (لشهادات الدبلوم HND، BTEC، EngTech، وتكنولوجيا المعلومات والاتصالات)، ومنفذ الدراسات الجامعية المتقدمة (لشهادة البكالريوس B.Sc., B.Eng, BESc., BASc)، ومنفذ الدراسات الجامعية العليا (لشهادات الماجستير والدكتوراة M.Sc, M.Eng, Ph.D. D.Eng., D.Sc والاجازة السبتية)، والمنفذ المهني (للتقنيين والفنيين)، ومنفذ التدريب وخدمة المجتمع والتنمية البشرية. تصدر نواتج الحاضنة للمنصات[8] المستقبلة والأنظمة الأساسية المستوعبة والمنشآت الراعية والبرامج المتطلعة لها. ولابد من تعظيم الاستفادة من وسائل الإعلام المرئية والمسموعة والمقروءة والمحسوسة للحشد والتطوير والترقي في سلم العمل والاستقطاب والدعم والتمويل والتسويق والتجارة وغيرها مما تنشده الحاضنة وتسعى لتحقيقه. ويمثل الشكل (1-9) حاضنة الأعمال البحثية في محيطها. بهذه الكيفية يسهل إنشاء اسم محترم للباحث والحصول على شهرة عالمية من خلال حاضنة الأعمال التفاعلية للباحث.

يبين الشكل (1-10) مثال معاش لحاضنة للشهرة والاسم مثلت أعمال باحث لحقبة أعماله الوظيفية. وباتباع الشكل في اتجاه الطواف هنالك تقويم للذات لبعض المقاييس والمعايير الجوهرية لبناء القدرات الفردية بغرض احترافية التدريب واعتماديته محليا ودوليا، ثم يرفد اتجاه الدوران للوسائل التعليمية[9]، ومحركات البحث[10]، وجدارة الاستشهاد العلمي[11]، و كشف الانتحال[12]، والاعتراف بخبرة الباحث في تقويم الأعمال

[8] تضم هذه المنصات: نقطة التجارة (الصناعية والأكاديمية)، والمعارض (المحلية والإقليمية)، والمدارس والجامعات، ومتاحف الأبحاث والأندية البحثية، والمجلات والدوريات، والجماعات والمنظمات، والمجتمع الرقمي، ودور النشر، والجمعيات العلمية والاجتماعية (الخاصة والمهنية).

[9] للحصول على المقررات الدراسية والتدريسية والتدريبية من: www.coursera.org، والفيديوهات، والتقويم من http://www.evaluationkit.com، واستخدام النت لاجراء العلميات الحسابية المعقدة من: www.wolframalpha.com، ولاجراء استطلاعات الرأي Poll voting من: https://telegram.me/pollbot، ولعروض البيانات والتقديم من: www.slideshare.net.

[10] حيث تضم محركات بحث الحاضنة تلك المحركات المتاحة بالوحدة البحثية مثل محرك مكتبة جامعة الدمام حيث كانت هذه الحاضنة لحقبة من عمرها الفعال: ezp.uod.edu.sa، وللبحث في المكتبة المفتوحة المصدر Open Access Library مثل: https://browzine.com، وللبحث عن أطروحات الدراسات العليا من ماجستير ودكتوراة وغيرها في دول بعينها مثل: www.ethos.bl.uk، و http://shodhganga.inflibnet.ac.in/; www.dissertation.com، وwww.worldcat.org، وhttp://www.husi.hr، وhttp://cedb.asce.org/cgi، وhttp://journalseek.net.

[11] جدارة الاستشهاد والاستدلال العلمي بالمجلة أو الدورية الناشرة للأوراق العلمية ومقدار معيار التأثير Journal Impact Factor, JIF، و الفهرسة العلمية الدولية لها – ISI International Scientific Indexing

البحثية لآخرين والمهنية العلمية عند تحكيم البحوث[13]، وسمعة البحث العلمي[14]، والعمل على تكوين وسائل الإعلام والموقع الخاصين بالباحث[15].

بمثل هذه الحاضنة يمكن أن يحدد الباحث المخطط المستقبل للبحوث بمنظومة الحاضنة البحثية الافتراضية، والتمكن من صياغة استراتيجية البحوث الخاصة، أو مساعدة الفرد للعمل وفق خطة بحثية محددة مسبقا ما إن كانت وطنية أو غير ذلك. كما وأن اطار الحاضنة يمكن من تحديد الأهداف بما يتماشى مع الرؤية والرسالة، ويستهدف أعمال براءات الاختراع، وينشد شهادات الاعتماد والترخيص، ويتيح العمل وفق فرق العمل والمجاميع البحثية، ويرفع من المكانة العلمية بين النظراء، ويرفد تركيز التوعية والارتباطات الخارجية، ويساعد للنشر في المجالات المعترف بها، ويهدف لنيل الجوائز الدولية والاعتراف المهني الرائد.

ISIndexing، وورودها في قوائم تومسون رويترز Thomson Reuters وغيرها من مفرزات التقدم العلمي والتميز في النشر.

12 ربما باستخدام البرامج الحاسوبية الجاهزة والجيدة مثل آيثنتكيت وتيرن إت إن: https://app.ithenticate.com/en_us/folder; turnitin.com.

13 في هذا الصدد يفضل الاشتراك مع برامج راصدة للأعمال للحصول على سجل التحقق من عمل مراجعة النظراء الخاص بالباحث مما يمكن استخدامه للترقية وغيرها مما يفيد الباحث مثل: https://publons.com ، كما وللبرنامج شراكة مع عدة ناشرين في العالم للإضافة والاعتماد التلقائي للباحث المقيم لآخرين .

14 من ثم ينبغي على الباحث التسجيل مع الكيانات البحثية العالمية والحصول على اعترافها وأرقامها ومتابعة درجات صعوده على منابرها من مثل:

ResearchGate (https://www.researchgate.net/profile/Isam_Abdel-Magid) (RG Score, DOI); Google Scholar (https://scholar.google.com/citations?user=9JvM5HQAAAAJ&hl=en) (h-index; i10-index); LinkedIn (https://www.linkedin.com/nhome/?trk=Isam%20Abdel-Magid); Academia (www.academia.edu/).

15 Website (http://www.sites.google.com\site\isamabdelmagid; http://www.isamabdelmagid.net) (http://www.isamabdelmagid.net); Amazon: (https://authorcentral.amazon.com/author/isamabdelmagid); YouTube (https://www.youtube.com/channel/UCIrjtr4AamkaR4dKwJT1LPg); Telegram (Isam Abdelmagid); WhatsApp (Isam Abdel-magid); SnapChat; Twitter: (@IsamAbdelmagid); Facebook: (https://www.facebook.com/isam.m.abdelmagid); Blackboard: (https://vle.uod.edu.sa/webapps/blackboard/execute/modulepage/view?course_id=_120873_1&cmp_tab_id=_109449_1&editMode=true&mode=cpview); Skype (isam.abdelmagid); TED/TEDx; Insagram (isamabdelmagid); InstaSize

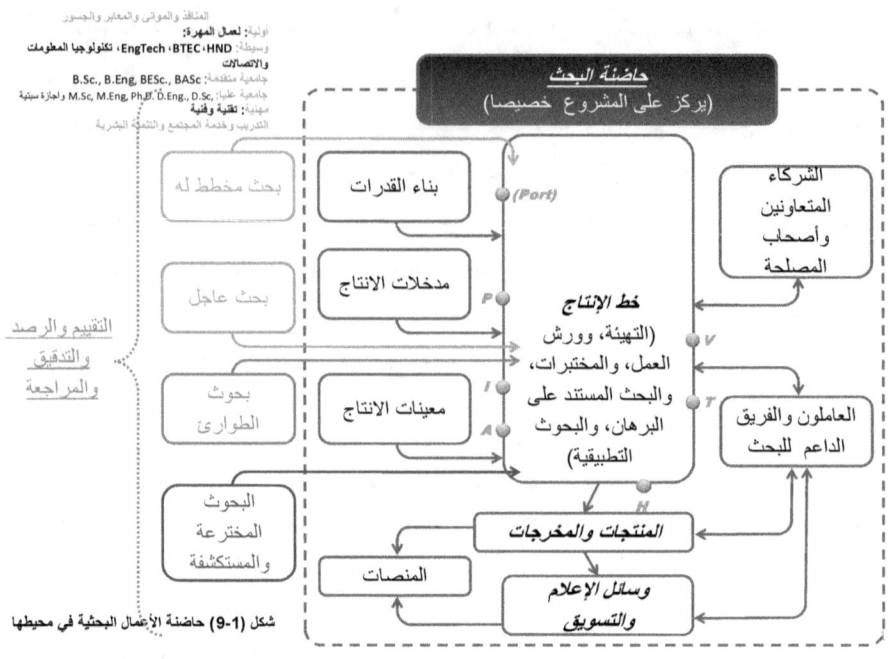

شكل (1-9) حاضنة الأعمال البحثية في محيطها

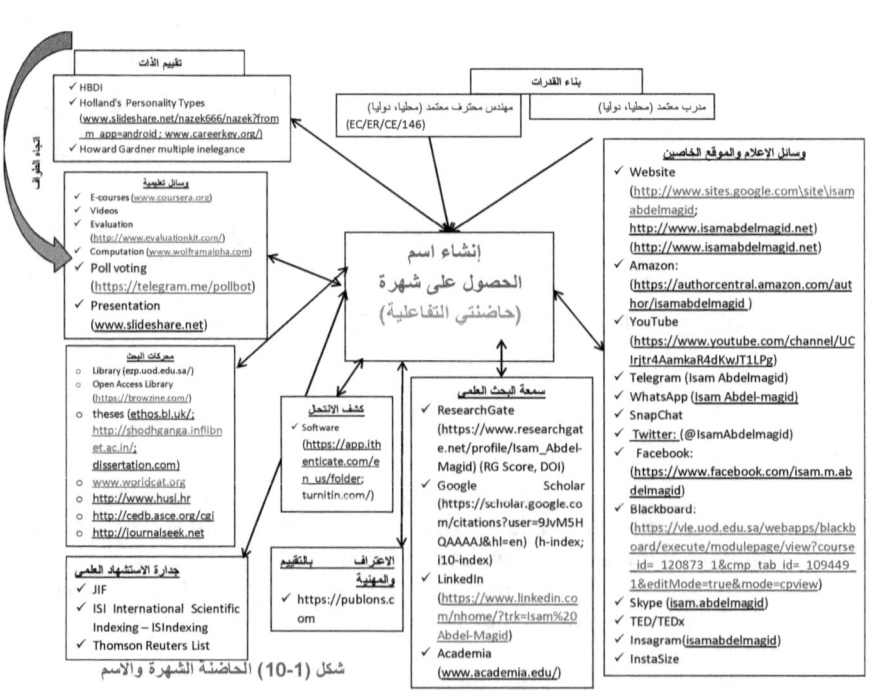

شكل (1-10) الحاضنة الشهرة والاسم

5-1 صفات البحث العلمي الجيد (سامي محمد ملحم، 2000، ص46)

يتميز البحث العلمي الجيد بالخصائص التالية:

- أنه عملية منظمة تسعى وراء الحقيقة للحصول على الحلول المطلوبة لمشكلة علمية أو اجتماعيـــة أو تطبيقية.

- عملية منطقية يأخذ الباحث خلالها على العاتق التقدم في حل مشكلته بحقائق وخطـــوات متتابعـــة متناغمة يدعم بعضها البعض.

- عملية تجريبية تنبع من الواقع وتنتهي به، من حيث ملاحظاته وعملياته وتنفيذه وتطبيق نتائجه.

- عملية موثوقة قابلة للتكرار والوصول لنفس النتائج أو نتائج متشابهة.

- عملية موجهة لتحديث المعرفة الإنسانية أو تعديلها أو زيادتها.

- عملية نشطة موضوعية وجادة ومتأنية تتطلب من الباحث خبرة عالية ليكون قادراً علـــى تخطـــيط البحث وتنفيذه وتقويم نتائجه، وعدم الانانية بل يتطلب التضحية وإنكار الذات.

من ثم أصبح هدف البحث العلمي هو حل مشكلات الأنسان الواقعية وتسخير قوى الطبيعه لخدمة الانسان واسعاده وأصبح العلم في خدمة التكنولوجيا (انظر شكل 1-11) (مسعود وآخرين، 2016).

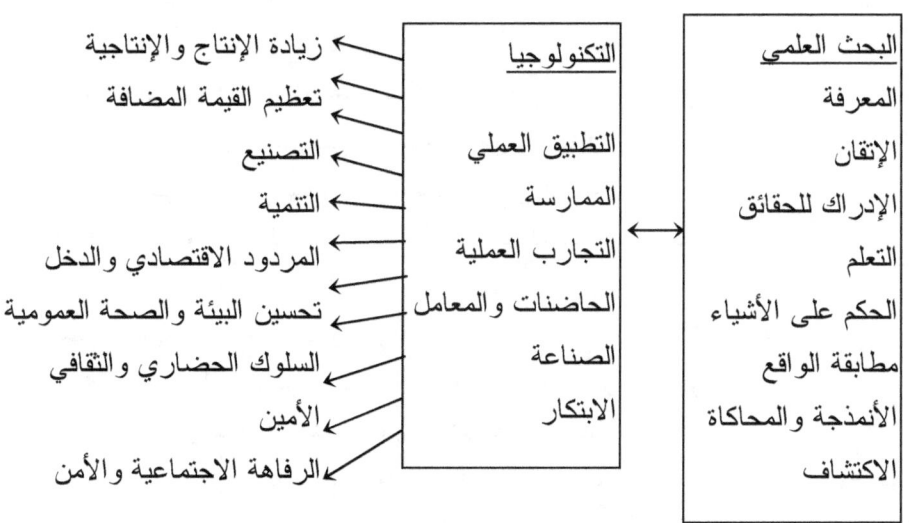

شكل (1-11) البحث العلمي والتكنولوجيا والإنسان

6-1 أخلاقيات البحث العلمي Ethics of Scientific Research

على الباحث مراعاة عدة اعتبارات عامة مرتبطة بالبحث والتي يمكن تلخيصها في الآتي:

- عدم إيذاء المفحوصين بأي طريقة، سواء أكانت بدنية أو نفسية أو غيره، في سبيل العلم.
- احترام حق الفرد في رفض المشاركة في عينة البحث.
- أخذ موافقة أولياء الأمور أو المعلمين حول مشاركة الصغار والأحداث في البحوث.
- الحفاظ على سرية الإجابة الفردية.
- تعريف أفراد العينة بالرموز لا بالأسماء.
- للفرد المشترك الحق في معرفة أهداف البحث قبل المشاركة أو بعدها، حسب اتفاق الباحث مـــع المشترك ومدى تأثير ذلك على النتائج في البحث.
- حق الفرد في تحديد الوقت الذي يلائمه للمشاركة في البحث.

هناك بعد آخر لأخلاقيات البحث التربوي وهو العلاقات الإنسانية بين الأطراف المشاركة في البحث بصورة مباشرة أو غير مباشرة. فلابد للباحث أن يأخذ في الحسبان النقاط التالية وأن يكون مستعداً للإجابة عـــن الإستفسارات التي توجه اليه من المسؤلين:

- توضيح الغرض من الدراسة.
- القيمة المتوقعة لنتائج البحث.
- أثر نتائج البحث على المجتمع بشكل عام أو على قطاع محدد بشكل خاص.
- الوقت الذى سوف تجمع فيه المعلومات "من المؤسسة".
- الفترة الزمنية التي يستغرقها جمع المعلومات "من المؤسسة ".
- مدى مشاركة المسئولين في تطبيق أدوات جمع البيانات والمعلومات.

بعض الجوانب الأخلاقية التي تتعلق بإجراءات البحث (عبد الله زيد الكيلاني 1994):

- تزييف البيانات التي جمعها الباحث تلغي صحة البحث وتجعله مرفوضاً.
- لا يجوز صياغة الفروض عقب إستخلاص نتائج البحث.
- أن تتضمن إجراءات البحث ما يبرر الثقـــة في البيانات، كاستخدام الأسـاليب الموضـــوعية في الملاحظة، وجمع البيانات، وتوفير المعاملات العلمية من صدق وثبات وموضوعية.
- الأمانة العلمية هي المبدأ الأساسي في تقرير نتائج البحث.
- البحث الموضوعي يهدف الى تقديم المعرفة دون أن يسيء الى الأعراف والتقاليد والمعتقدات والقيم والحقوق وما ماثلها.

- لكل فرد مشارك في البحث الحق كاملاً في أن يبقى مجهول الهوية، وأن تبقى البيانات المتجمعة عنه سرية، ولا تقع في متناول أي جهة رسمية كانت او غير رسمية.

7-1 مؤسسات البحث العلمي Scientific research institutions

هناك عدد من المؤسسات البحثية التي تقوم بإجراء البحوث العلمية المتخصصة في عدة مجالات (سامي محمد ملحم، ص52):

- مؤسسات التعليم العام والعالي من جامعات وكليات ومعاهد ... الخ.
- مراكز البحث الحكومية.
- مؤسسات البحث التجارية والخاصة.
- مراكز البحوث التابعة لبعض المؤسسات والهيئات المهنية المتخصصة.
- مراكز البحوث التابعة لمؤسسات الخدمة الإجتماعية والرعاية المجتمعية.
- مراكز البحث الحرة.

8-1 قائمة مراجع الفصل الأول

ديوبولد فان دالين. (1994م) مناهج البحث في التربية وعلم النفس. ترجمة محمد نبيل نوفل وآخرون، القاهرة: مكتبة الانجلو المصرية.

حسن أحمد الشافعي، وسوزان أحمد على مرسى. (1990م) مبادئ البحث العلمي في الترية البدنية والرياضية، الاسكندرية: منشأة المعارف.

محمد حسن علاوي، اسامه كامل راتب. (1999م) البحث العلمي في التربية الرياضية وعلم النفس، القاهرة، دار الفكر العربي.

مسعود جميل أحمد، جلال عبد الله علي وعصام محمد عبد الماجد، (2016) العلم والبحث العلمي (تطبيقات علي العلوم والهندسة)، كتاب غير منشور.

سامي محمد ملحم. (2000م) مناهج البحث في التربية وعلم النفس، الاردن: دار المسير للنشر والتوزيع.

سهير بدير. (1989م) البحث العلمي تعريفه، خطواته، مناهجه، الاسكندرية: دار المعارف.

عبد الباسط محمد حسن. (1997م) أصول البحث الاجتماعي، ط6 القاهرة: مكتبة وهبة.

عبد الله زيد الكيلاني. أساسيات البحث التربوى، ط3، عمان، دائرة التربية.

عصام محمد عبد الماجد و محمد آدم أبو حسين البحث العلمي والتنمية التكنولوجية: الواقع والمستقبل، ورقة علمية قدمت لندوة البحث العلمي في العالم العربي وآفاق الألفية الثالثة: علوم وتكنولوجيا، التي عقدت بالشارقة بالإمارات العربية المتحدة في الفترة 24 إبريل إلى 26 إبريل 2000 م. (DOI:10.13140/RG.2.1.1233.2006)

عصام محمد عبد الماجد وفاطمة عبد المحمود، آليات التعاون والتنسيق بين الجامعات والمراكز البحثية والمؤسسات ذات الصلة، ورقة علمية قدمت لورشة عمل: نتائج البحوث ودورها في التنمية: تجربة معهد أبحاث التقانة، المزمع عقدها بقاعة المنظمة العربية للتنمية الزراعية، في 5 مارس 2007 م (DOI: 10.13140 / RG.2.1.2718.0009)

Abdel-Magid, I.M. (2016), Stepping strides along scientific research road, talk delivered to Scientific Research Unit presentations, College of Eng., UoD, Tuesday, 12th April 2016, 11:00 – 11:45 am, Bld. 500, Hall 502, (DOI: 10.13140/RG.2.1.3752.2323).

Creswell, J. W., (, 2013) Research Design: Qualitative, Quantitative, and Mixed Methods Approaches, SAGE Publications, Inc; 4th Edi.

Gay, L. R. and Mills, G. E., (2011) Educational Research: Competencies for Analysis and Applications, Pearson,10th Edi.

Morrison, G. R. Ross, S. M. Kemp, J. E. and Kalman, H., (2010) Designing Effective Instruction, Wiley; 6 edi.

الفصل الثاني: مفهوم المشكلة في البحث العلمي

1-2 تمهيد

تطلق كلمة مشكلة على كثير من المواقف التي يمر بها الإنسان، أو تصادفه في حياته. فمثلاً إذا واجهته صعوبة ما يقول: هذه مشكلة، أو إن لاحظ خطأً ما يقول: هذه مشكلة، أو إن صادف موقفاً غامضاً لا يستطيع تفسيره، يقول: هذه مشكلة. أو إن شك في حقيقة ولدت لديه الرغبة لاستقصاء كنهها، يقول: هذه مشكلة. أو إن كان هناك نقص في شئ يحتاج إليه، وكانت هناك عقبة تحول دون تحقيقه فإنه يقول: هذه مشكلة. أو إن واجهه موقف أثار توتره، يقول هذه مشكلة. فصعوبة السؤال، وملاحظة الخطأ والموقف الغامض، والشك في حقيقة، والنقص في شئ ووجود عقبة تحول دون تحقيقه، والموقف الذي يثير التوتر؛ كل هذه الأشياء تبين لنا أن (المشكلة) لا تعدو إلا أن تكون حاجة لم تشبع مع وجود عقبة تحول دون إشباعها أو وجود صعوبات أمام الإنسان، أو وجود غموض في موقف ما مع وجود رغبة أكيدة تدفع الإنسان للوصول إلي الحقيقة. فما معنى "المشكلة" في البحث العلمي؟ المشكلة في البحث العلمي تعني " **وجود الباحث أمام تساؤلات أو غموض مع وجود رغبة لديه في الوصول إلى الحقيقة**" (ذوقان ص.49).

فـ"المشكلة" هي الشرط المسبق لقيام البحث العلمي وأساسه وأولى الخطوات العلمية للسير فيه.

البحث العلمي كما يرى زيدان هو "**تقصي أو فحص دقيق لاكتشاف معلومات أو علاقات جديدة، ونمو المعرفة الحالية والتحقق منها**" أو "**أنه المحاولة الدقيقة الناقدة للتوصل إلى حلول للمشكلات التي تؤرق الإنسان وتحيره**"(محمد زيدان 1999 ص18).

2-2 مجالات اختيار مشكلة البحث research problem selection areas

من أهم مجالات اختيار المشكلة البحثية الخبرة العملية والقراءات والدراسات والأبحاث والأطروحات وتخصص الباحث والمشكلات والأزمات الاجتماعية.

أ) **الخبرة العملية**: إن الإنسان بطبيعته يعيش في بيئة يتفاعل معها ويقوم فيها بنشاطات متعددة في مجالات مختلفة. فالإنسان في مجال عمله تتكون لديه خبرات وتراكم، ويمر بمواقف وصعوبات. كثير من الناس يتلاءمون مع ما يعتريهم من أحداث في مواقع أعمالهم فتصبح الصعوبات التي يمرون بها عملاً عارضاً لا يولد لديهم اهتماماً يحثهم على التفكير العميق، ولا تثير الصعوبات فيهم اهتماماً لتتبعها والوقوف عندها أو التأمل فيها. ولكن هذه الصعاب تثير في بعض الناس الاهتمام وتولد لديهم الرغبة الأكيدة للبحث فيها. فالخبرة العملية مصدر زاخر للباحث يستمد منه معرفة مصادر

المشكلات، إذا توفرت لديه عناصر النقد والحساسية، وتوفر له الحماس الدافق وتولدت لديه الرغبة والإصرار لمعرفة الأسباب والعوامل التي تؤدي إليها.

ب) **القراءات والدراسات**: الباحث واسع الإطلاع يقرأ الكتب والمنشورات قراءة جادة وبعين فاحصة وذهن حاضر متقد. قد يجد الباحث فيما يقرأه أفكاراً غير واضحة، أو أشياء عرضت كمسلمات دون أن يقوم عليها دليل يؤكد صحتها، أو قد يشك الباحث أثناء قراءاته، في حقيقة وردت في السفر الذي بين يديه، أو قد تستوقفه رواية يشك في صحتها؛ كل هذه الأشياء تكون مصدراً ثراً يستلهم منها الباحث مشكلة تستحق البحث والدراسة.

ج) **الأبحاث والأطروحات**: يلجأ عادة طلاب الدراسات العليا والباحثين إلى مكتبات مؤسسات التعليم العالي ومراكز البحث العلمي ليدرسوا الأبحاث والأطروحات السابقة وينقبوا فيها، فالإطلاع على هذه الأطروحات للبحوث السابقة يتيح للباحث فرصة عظيمة في مجالات شتى منها:

1- بلورة مشكلة البحث التي يفكر فيها الباحث، وتحديد أبعادها ومجالاتها بما يمكنه من الاختيار السليم لموضوع بحثه من ناحية، ويبعده عن التكرار والصعوبات والمزالق التي تعرض لها الباحثون السابقون من ناحية أخرى.

2- معرفة الأطر النظرية والفروض التي اعتمدتها تلك البحوث، والإجراءات والأدوات والاختبارات التي أجريت، والنتائج التي توصلت إليها، مما يثير أفكاراً تفيد الباحث في سيره لحل مشكلة البحث.

3- تزويد الباحث برصيد معتبر من المراجع التي يمكن أن يستفيد منها، فتغني البحث وتثريه. كما قد يجد الباحث إشارة إلى وثائق ذات صلة بالموضوع الذي يبحث فيه فتوفر له كثيراً من الزمن.

د) **تخصص الباحث**: إن تخصص الباحث يتيح له فرصة واسعة لتفهم أعمق للموضوعات التي تحتاج لمزيد من الدراسة والبحث والاستقصاء. هذا الفهم يولد في نفس الباحث الإحساس بالمشكلة ويصبح دافعاً ذاتياً قوياً لاختيار مشكلة البحث.

هـ) **المشكلات والأزمات الاجتماعية**: الأزمات والمشكلات الاجتماعية تدفع كثيراً من الباحثين دفعاً للبحث فيها سعياً وراء حلول علمية لتلك المشكلات.

3-2 أسس اختيار مشكلة البحث

هناك بعض الأسس التي تنير الطريق أمام الباحث لاختيار مشكلة البحث. تقع هذه الأسس بصفة عامة في إطارين هما: الإطار الشخصي للباحث، والإطار الاجتماعي.

2-3-1 الإطار الشخصي

يتعلق الإطار الشخصي في المقام الأول باهتمام الباحث اهتماما شخصياً بالمشكلة التي يختارها للموضوع المبحوث، والتحقق من أنها تستحق أن يبذل جهداً في البحث فيها والوصول إلى حلول لها. لا يشكل اهتمام الباحث وحده أساسا سليماً لاختيار مشكلة البحث بل لا بد من أن يكون للباحث القدرة الفنية والمهارات العلمية للقيام بهذا البحث. فالقدرة الفنية والمهارة العلمية هما الأساس الثاني بجانب اهتمام الباحث الشخصي بالمشكلة. ومن ناحية ثالثة في الجانب الشخصي لا بد من توفر الإمكانات المادية التي تعين الباحث لإجراء بحثه. ولا تعني الإمكانات المادية توفر المال اللازم وحده، ولكن تعني توفر الوقت اللازم لإجراء البحث كذلك. والتأكد من توفر الوقت لإجراء البحث هو الأمر الذي جعل الكثير من مؤسسات التعليم العالي في السودان تشترط التفرغ التام شرطاً أساسياً للتسجيل للدراسات العليا. ويقع في الإطار الشخصي كذلك من ناحية رابعة توفر المعلومات والبيانات والإحصاءات المتعلقة بموضوع البحث. قد تكون هـــذه المعلومــات والبيانات في شكل كتب ومراجع أو وثائق أو مخطوطات، أو في صدور أناس ثقات. هذه المعلومات تسهـل مهمة الباحث ليسبر غور المشكلة، وتكون له رؤية ثاقبة تمكنه من معالجة موضوع البحث. لذلك ينبغـي للباحث أن يتأكد من توفر المعلومات والمراجع التي تتعلق بموضوع البحث. ويقع في الإطـار الشخصـي كذلك من ناحية خامسة توفر المساعدة الإدارية من أنظمة وقوانين، خاصة في البحوث التي تتطلب عمـلا ميدانياً كالبحوث التربوية التي تتطلب العمل في المدارس. فالسند والتأييد والتسهيلات الضرورية أمور لازمة لتكملة البحث. فالرغبة الصادقة، والقدرة العلمية والمهارة الفنية، وتوفر الإمكانات المادية، وتوفر المعلومات والبيانات وإمكانية الحصول عليها، وإمكانية المساعدة الإدارية والسند والتسهيلات هذه الأشياء الخمسـة تشكل في مجملها الإطار الشخصي من أساس اختيار مشكلة البحث.

2-3-2 الإطار الاجتماعي

الإطار الاجتماعي يتعلق بمدى أهمية المشكلة وفائدتها للمجتمع، وبمدى ما تقدمه في مضمار المعرفة ومـا تضيفه إلى العلم والمعارف، أو ما تحققه من إنجاز علمي أو تكنولوجي. وأهم الأسس الاجتماعيـة تضـم: الفائدة العلمية للبحث، ومساهمة البحث في تقدم المعرفة، وتعميم نتائج الدراسة، وإثارة البحث لمواضـيع تنشئ بحوثاً أخرى.

1- **الفائدة العلمية للبحث:** بالرغم من أن للبحث العلمي أهدافا نظرية تتمثل في المعرفة والوصول إلى الحقيقة، إلا أن الجانب العملي للبحث العلمي عامل مهم في اختيار مشكلة البحث. لـذلك فإنه من المهم جداً أن تكون نتائج البحث العلمي ممكنة التطبيق حتى لا تصبح البحوث العلميـة كلها مجالاً لارتياد الآفاق التجريدية تتحدث عن الأفكار والنظريات بعيداً عـن دنيـا الواقـع (ذوقان، ص 49).

43

2- **مساهمة البحث في تقدم المعرفة:** إن هدف البحث العلمي هو الوصول الى حقائق ومعلومات لم يكشف عنها قبل ذلك. وبهذا المعنى فإن البحث لا بد أن يضيف شيئاً جديداً في مجال المعرفة. قد تجري بعض البحوث لتأكيد نتائج بحوث سابقة أو نفي ما توصلت إليه، وبهذا فإن هذه البحوث تكون قد أضافت شيئاً جديداً، هو التأكيد على حقيقة ما توصلت إليه البحوث السابقة في هذا المضمار أو نفي ذلك. إن إضافة الشيء الجديد للمعرفة هو وضع لبنة في بنائها المتنامي، وإن هذه الإضافة هي المبرر الكافي للجهد والوقت والمال الذي يبذله الباحث في بحثه.

3- **تعميم نتائج الدراسة:** عامل آخر مهم من العوامل الاجتماعية التي تشكل أساساً لاختيار مشكلة البحث العلمي هو إمكانية تعميم نتائج الدراسة على مجتمع عريض. فكلما كانت نتائج الدراسة يمكن أن تعمم على قطاع كبير من الأشخاص او المواقف كان للبحث قيمة علمية واجتماعية أكبر.

4- **إثارة البحث لمواضيع تنشئ بحوثاً أخرى:** إن البحوث والدراسات السابقة تعد مصدراً غنياً لاختيار مشكلة البحث. وعليه فإن واحداً من مكونات العامل الاجتماعي لاختيار مشكلة البحث هو ما يقدمه البحث العلمي من تساؤلات تثير اهتمامات الباحثين، وتفتح آفاقا لبحوث أخرى، وألا تكون نتائجه محددة فيصبح البحث مغلقاً.

وعليه فإن الفائدة العملية للبحث؛ ومساهمة البحث في تقدم المعرفة؛ وتعميم نتائج الدراسة على مجتمع عريض، وإثارة مواضيع قد توجه الاهتمام، وتدفع إلى إجراء بحوث أخرى تعتبر هي الأسس التي تقع في الإطار الاجتماعي لاختيار مشكلة البحث.

4-2 تحديد المشكلة Problem identification

تحدد فيما سبق تعريف المشكلة، وأشير إلى مختلف المصادر التي تستمد منها المشكلات وموضوعات الأبحاث. كما عرضت الأسس والمعايير التي يختار بموجبها مشكلة البحث. بعد الوصول إلى اختيار سليم لمشكلة البحث، يقف الباحث أمام أمر مهم وأساس، هو "تحديد مشكلة البحث". إن مفهوم تحديد مشكلة البحث يعني أن تصاغ المشكلة في عبارات واضحة ومحددة ومفهومة، تعبر عن مضمون المشكلة ومجالها، وتفصلها عن سائر المجالات الأخرى (ذوقان،ص 49) . يفيد تحديد المشكلة بشكل قاطع الباحث في العناية المباشرة بمشكلة البحث، وجمع المعلومات والبيانات المتصلة بها فقط. كما يفيد تحديد المشكلة كذلك في إرشاد الباحث إلى المصادر الحقيقية المرتبطة بمشكلة البحث، والتي تزود الباحث بالمعلومات اللازمة.

وتصاغ مشكلة البحث عادة بواحد من طريقتين: عبارة لفظية تقريرية، أو في شكل سؤال.

أ) يمكن أن تصاغ المشكلة في عبارة لفظية تقريرية. مثلاً إذا أراد باحث أن يبحث في علاقة بين متغيرين كالذكاء والتحصيل الدراسي مثلاً، وصاغ عنوان البحث على النحو التالي :"**علاقة الذكاء بالتحصيل الدراسي**" (المصدر السابق ص 57) فلا تعتبر هذه الصياغة صياغةً محددة للمشكلة بالرغم من

وضوحها، وينبغي على الباحث أن يتقدم خطوة في تحديد صياغة المشكلة بأن يحدد العلاقة بين الذكاء والتحصيل في مستوى دراسي معين فيمكن أن يعيد صياغه المشكلة على النحو التالي: "**علاقة الذكاء بالتحصيل الدراسي عند طلاب المرحلة الثانوية**"

ب) ويمكن أن تصاغ المشكلة كذلك في شكل سؤال على النحو التالي: **ما أثر الذكاء على التحصيل الدراسي لطلاب المرحلة الثانوية؟** يفضل معظم علماء المنهجية هذه الصيغة على الصيغة الأولى، ويقرورن أن صياغة المشكلة على شكل سؤال ـ أو أكثر من سؤال ـ تبرز بوضوح العلاقة بين المتغيرين الأساسين الذين تعنى بهما الدراسة. والصياغة بهذه الطريقة تعني أن الجواب على السؤال أو الأسئلة، هو الغرض من البحث العلمي (ذوقان،ص 57).

5-2 دواعي اختيار مشكلة البحث

من أهم دواعي اختيار مشكلة البحث، اهتمام الباحث اهتماماً شخصياً بمشكلة البحث؛ اهتماماً يؤرق ويولد لدى الباحث الرغبة الأكيدة لتقصي المشكلة، ويدفع إلى الصبر والبحث لحل لها. وفي ذات الوقت يجب أن يتجرد الباحث من التعصبات القوية التي تشكل حاجباً يحجب عن ارتياد آفاق التفكير العلمي المتجرد (الابداع المميز). قد ينبعث هذا الاهتمام من خلال خبرة الباحث وعمله، وقد ينبعث هذا الاهتمام من خلال ملاحظات الباحث غير المباشرة. وأمر ثاني له أهمية قد يكون هو الداعي والمؤثر القوى الذي دفع الباحث لاختيار المشكلة البحثية أو يعزز العامل الأول، وهو أهمية الموضوع نفسه. وبالإضافة إلى رغبة الباحث وأهمية المشكلة، فإن حداثة الموضوع نفسه وقلة البحث فيه يعتبر دافعاً قوياً يعزز العاملين الأولين لاختيار مشكلة البحث. وعامل رابع هو جانب إثراء المعرفة من جهة، وإمكانية تطبيق ما تكشف عنه نتائج البحث على مجتمع عريض، قد يكون واحداً من الدواعي لاختيار مشكلة البحث. وعامل أخير هو أهمية وفائدة هذا البحث للجهة التي تساعده.

6-2 تحديد الظواهر

كل إنسان يستطيع أن يستخدم ما لديه من إمكانات حسية لإدراك ما يقابله من ظواهر في بيئته التي يعيش أو يعمل فيها، إلا أن نظرة الباحث لهذه الظواهر تختلف عن غيره، إذ أنه يستخدم الأسلوب العلمي للتعرف على الظاهرة أو ملاحظتها. فالملاحظة عنصر أساس في البحث العلمي، إذا أنها توصل إلى حقائق يوثق بها وتكون ذات درجة عالية من الكفاية. تتبع ملاحظة الظواهر من ناحية علمية تتضمن عوامل أربعة هي "**الانتباه والإحساس والإدراك والتصور**" (فان دالين، 1985، ص 73) على النحو المفصل التالي:

(أ) **الانتباه:** الانتباه شرط أساس من شروط الملاحظة، وهو يتطلب حالة من اليقظة والتركيز؛ فالإنسان لا يستطيع ملاحظة الظاهرة ملاحظة دقيقة ما لم يكن انتباهه مركزاً عن قصد.

والتركيز يعني في مجال البحث، ملاحظة جانبٍ واحد صغير من ظاهرة ذات قدرٍ من الاستقرار وفي وقت واحد، وذات صلة بموضوع البحث بدرجة تمكن الباحث من الإحاطة به.

(ب) **الإحساس:** تعتمد دقة الملاحظة على حدة الإحساس. فالإنسان ذي الحواس السليمة يستطيع أن يتبين ما يلاحظه من أحداث سمعية او بصرية، وأن يميز بين الألوان وأن يفرق بين طعم ما يذوقه، ونوع ما يلمسه، وأن يحس بالضغط والألم والبرد والحر. وبما أن للحواس الطبعية من لمس وشم وبصر وسمع وذوق حدوداً معينة لا تتعداها، فإن الباحث يستطيع أن يزيد من المدى الذي تعمل فيه الحواس الطبعية إلى قدر كبير باستخدام الآلات والمعدات التقنية كالسماعات ومكبرات الصوت والمجاهر إلى غير ذلك من الآلات التي تحسن من مجالات عمل الحواس، وتضيف إليها بعداً وعمقاً يضفي على الملاحظة وضوحاً وتوهجاً. وينبغي على الباحث أن يتوصل إلى دلائل غير محرفة من الظواهر التي يلاحظها. ولا يحدث ذلك إلا إذا كان الباحث قادراً على ملاحظة الظاهرة على طبيعتها دون أن يؤثر فيها أي مؤثر.

(ج) **الإدراك:** إن الانتباه والإحساس وحدهما لا يكفيان في مجال ملاحظة الظواهر، فليس الغرض هو معرفة الظاهرة والإحساس بها وإنما ينبغي أن يدرك الباحث ما يلاحظه من ظواهر. فالإدراك هو **"فن الربط بين ما يحسه المرء، وبعض خبراته الماضية لكي يعطي الإحساس معنى"** (فان دالين، 1985، ص 78). طالما أن الإدراك هو الربط بين ما يلاحظه الإنسان من الظاهرة في انتباه وما يحس به، وبين تجاربه الماضية؛ فإن الوقوع في خطأ تفسير الظاهرة لا يكون بعيداً إلا إذا تجرد الباحث من عواطفه الخاصة وتصوراته السابقة حيال الظاهرة التي أمامه.

ويمكن تحسين قوة الإدراك لدى الباحث بإكساب قدر واسع من المعرفة والإطلاع في الميدان الذي يكون فيه المجال المبحوث. هذه المعرفة الواسعة تمكن الباحث من تحديد الوقائع التي ينبغي البحث فيها. ويمكن أن يزيد الباحث من حدة القوى الإدراكية عبر حسن اختيار آليات ملاحظة الظواهر وتحسينها وحسن استخدامها، ثم فحص الظواهر دون تحيز، والنظر إليها بعقل متفتح. ومما يُحسِّن من عملية الإدراك كذلك ويمكن من استرجاعها استرجاعاً صحيحاً، عملية تسجيل البيانات ورصدها وفق نظام دقيق (معد مسبقاً) بمجرد ملاحظة الظاهرة، وتضمين ذلك كل التفصيلات المهمة والوسائل التي استعان بها الباحث، والإجراءات التي اتبعها، والصعوبات التي واجهته.

(د) **التصور الذهني:** لقد أتضح من العرض السابق أن الإدراك عملية مهمة جداً لتعطي إحساس الباحث المنتبه لملاحظة الظاهرة معنى. إلا أن هناك بعض المواقف المحيرة التي تواجه الباحث فلا يستطيع إدراك كل الجوانب المتعلقة بتلك المواقف. في مثل هذه المواقف المحيرة لا يسعف الباحث إلا أن يقوم بتخمينات مختلفة لما يحتمل حدوثه في الموقف المعين، هذه التخمينات يطلق عليها

"التصورات الذهنية" وهي التي يتغلب بها الباحث على المواقف المحيرة التي يعجز فيها عن ربط الإحساس بالخبرة الماضية (فان دالين، 1985، ص 86).

7-2 البحث عن القوانين

يقوم الباحث بملاحظة الظواهر بغرض التوصل إلى حقائق. الحقائق بالنسبة للباحث ليست شيئاً واضحاً بذاته، ولكنها بيانات يكشف عنها البحث الهادف، وهي ليست دائمة ولا نهائية، فهي تخضع إلى التنقيح أو إعادة التفسير. كما وقد تخضع كذلك إلى التغيير المستمر أثناء تطور البحث ونموه، حينما يتوصل الباحث إلى استبصار افضل بالظواهر المبحوثة. الحقائق كذلك لا تتساوي جميعها في ثباتها ودقتها وإمكانية التوصل إليها. كما أنه يمكن التعبير عن بعض هذه الحقائق كمياً، ويعبر عن بعض منها لفظياً. ويكون التعبير اللغوي أو الكمي صعباً جداً عن البعض الآخر. فالحقائق عند الباحث هي خبرة، أو حدث أو واقعة تتصف بدرجة كبيرة من الثبات تؤيدها أدلة كافية. (فان دالين، 1985، ص 86).

تنقسم الحقائق إلي نوعين أساسيين، يعرف النوع الأول بالحقائق الشخصية أو الذاتية. ويعرف النوع الثاني بالحقائق العامة أو الموضوعية. الحقائق الذاتية أصعب عند التفسير نظراً لما تتصف به من طبيعة دفينة أو مضمرة. أما الحقائق العامة أو الموضوعية فإنها قابلة للاختبار والتجريب والبحث، وتتسم بالثبات والدقة، ويمكن فحصها والتأكد منها بوساطة باحثين متعددين (صلاح الفوال،1982، ص 54).

إن الحقائق وحدها تعتبر مجرد كومة من الأحجار غير قادرة على التعبير والإفصاح عن نفسها، وعلى الباحث أن يحاول رؤية العلاقات بينها، وأن يقوم ببناء مفاهيم تخيلية تمده بالحلقات المفقودة، حتى يعثر على مفهوم جوهري يمكن تنظيم كثير منها في نمط ذي معنى. وبهذه الطريقة وعن طريق الاستدلال الدقيق، يستطيع الباحث أن يقيم بناءاً نظرياً يوضح الحقائق والعلاقات السببية المتبادلة بينها. فالحقائق أمر ضروري لصياغة نظرية علمية، وهي كذلك تمكن الباحث من تأييد نظرية قائمة أو رفضها أو إعادة صياغتها.

8-2 تحليل المشكلة Problem Analysis

لا يمكن أن يسير البحث في الاتجاه الصحيح لحل المشكلة ما لم يحدد الباحث المشكلة بشكل قاطع، ويقوم بتحليلها. فتحليل المشكلة خطوة حاسمة في البحث. تتنوع الإجراءات التي يستخدمها الباحث بتنوع المشكلة موضوع البحث. قد يهدف الباحث إلى فهم العلاقات التركيبية أو الوظيفية في موقف ما، بينما يهدف إلى محاولة تحديد الارتباطات السببية بين متغيرات معينة في موضوع آخر، أو قد يسعى في مشكلة بحثية أخرى إلى التحقق من نسبة وثيقة موضع جدل إلى مؤلفها (فان دالين، 1985، ص 205) . فتحديد المشكلة بشكل قاطع، ومعرفة الأسباب، أو الظروف أو الشروط التي تسببها تحدد الآتي: الوجهة التي ينبغي سلوكها في انتقاء الحقائق اللازمة للحل، وأنسب طرق البحث وإجراءاته، وابتعاد الباحث عن التحيز، وارساء الأساس الفلسفي للدراسة.

إن تحليل المشكلة يستلزم المعرفة الواسعة بالمشكلة، ويتطلب التعمق الدقيق والتأني والاستغراق في جوانبها المختلفة، كما يتطلب جمع المعلومات التي قد تتعلق بالمشكلة وإدراك خصائصها، واستبصار المواقف التي تبدو أنها مرتبطة بها، وتحليل عناصر كل من ذلك ليصل الباحث إلى حقائق.

- استنباط العلاقة: يتجه الباحث بعد ذلك إلى النظر في علاقة الحقائق مع بعضها، وتفسير تلك الحقائق. وبقدر تعمق الباحث في المشكلة والتأني في النظر إلى ما جمعه من حقائق وتفسيرها في روية والنظر إلى العلاقة بين الحقائق والتفسيرات، والعلاقة بين التفسيرات والتفسيرات، بقدر ما يستبين الباحث معالم حل المشكلة. قد يتكشف للباحث بوضوح أن بعض الظروف التي ظهرت في بداية البحث على أنها أسباب حقيقية ومهمة تكمن وراء المشكلة، ليست هي العوامل المحددة المسئولة عن المشكلة، وأن بعض العوامل التي كانت تبدو مهمة عند بداية التحليل أصبحت الآن مجرد مؤشرات تقود إلى الأسباب الحقيقية للمشكلة. كما يستطيع الباحث نتيجة لهذا التحليل أن يتبين ما إذا كانت هناك عيوب في تفكيره فيما يتعلق بطبيعة المشكلة، وهل هناك حقائق أو تفسيرات أو علاقات أخرى لها دور محدد في مشكلة البحث.
- رصد الحقائق: يقوم الباحث بعد ذلك برصد المجموع الكلي للحقائق المتعلقة بالمشكلة وتفسيراتها، ثم إعادة التفسير، وتوضيح علاقاتها مع بعضها وتصنيفها إلى مجموعات اساسية ومجموعات ثانوية.
- السؤال البحثي: من هذه التصنيفات يستطيع الباحث أن يصيغ سؤالاً أو أسئلة محددة يعمد إلى الإجابة عليها لحل مشكلة البحث.
- الاستبعاد: يستبعد الباحث أثناء عملية التصنيف بالتدريج الأفكار التي لا تتعلق بالمشكلة، بينما يبرز بوضوح الحقائق والتفسيرات الملائمة والمتضمنة في مشكلة البحث.

والباحث حينما يقوم بهذه الإجراءات عليه أن يحدد معاني المصطلحات التي يستخدمها ويلتزم بها في سير البحث كله.

9-2 الحاجة الى فروض البحث need to research hypotheses

يحاول الباحث بعد أن حدد مشكلة البحث وصاغها بطريقة علمية، أن يتصور لها حلولاً بصفة مؤقتة. هذه الحلول عبارة عن تخمين علمي، أو استنتاج ذكي، يعتمد على معرفة الباحث وإلمامه بالموضوع وسعة إطلاعه. تخضع هذه الحلول للاختبار والتجريب ويتمسك بها الباحث بصفة مؤقتة أثناء سيره في البحث لحل المشكلة. هذه الحلول المقترحة تسمى فروضاً، ولا يمكن لأي بحث علمي أن يحقق أهدافه ما لم يكن منطلقاً من فروض مناسبة. فالفروض أدوات "**تمكن الباحث من تحديد معالم الكشف عن الظاهرة المبحوثة، على اعتبار أن الفروض تتيح انتقاء ووزن العوامل الملاحظة ونظامها التصوري**" (صلاح الفوال، 1982، ص 63). **وتمثل الفروض علاقة بين متغيرين، متغير مستقل ومتغير تابع**. فمثال على ذلك: توجد علاقة بين

مدة التدريب وفاعلية المتدربين. هذا الفرض يصور علاقة بين متغيرين، هما مدة التدريب (متغير مستقل) وفاعلية التدريب (متغير تابع). ويصور الفرض العلاقة بين المتغيرين في واحدة من وجوه ثلاثة:

أ) إما أن تكون العلاقة بين المتغيرين علاقة طردية ، بمعنى أن كل زيادة أو نقص في المتغير المستقل تكون مصحوبة بزيادة في المتغير التابع.

ب) أو أن يصور الفرض علاقة عكسية بين المتغيرين بمعنى أن كل زيادة في المتغير المستقل تؤدي إلى نقص في المتغير التابع والعكس صحيح.

ج) أن لا يصور الفرض علاقة بين المتغيرين.

10-2 وظيفة الفروض

تقوم الفروض في البحوث العلمية بالوظائف التالية:

(أ) **الفروض تمكن من تحديد المشكلة:** إذا انطلق الباحث نحو حل مشكلة البحث من غير فروض يهتدي بها فهذه تماثل السباحة في بحر متلاطم الأمواج، أو السير في طريق مظلم لا يدرك منتهاه اعتماداً على الصدفة، فلا يمكن أن يتحقق الهدف بطريقة علمية، وهذا أمر يقود إلى إهدار الوقت والجهد والإمكانات المبذولة في البحث. كما أن عدم وجود الفروض يدفع الباحث إلي معالجة مشكلة البحث بطريقة سطحية، ولا يجد فرصة لتحليل العناصر المتصلة بالمشكلة، كما لا يستطيع تحديد العوامل والمعلومات المتصلة بموضوع البحث وربطها في صياغ تصوري منتظم.

(ب) **الفروض توجه سير البحث:** إن اختيار الحقائق اللازمة للقيام ببحث ما، أمر لازم وضروري. ولكن جمع مجموعة كبيرة من الحقائق التي تجمعها وحدة منطقية ودون هدف، أمر لا يستقيم من ناحية علمية، ويعتبر إعاقة للجهود المبذولة لحل المشكلة. كما أن الحقائق لا تفصح عن نفسها بأنها ذات صلة بموضوع البحث. لذلك تستخدم الفروض لتحديد وانتقاء الحقائق ذات الصلة بالموضوع بعناية.

(ت) **الفروض مؤشر لتصميم البحث:** إن الفروض تساعد الباحث على تحديد مختلف الإجراءات، وطرق البحث التي تكون مناسبة لاختيار الحل المقترح للمشكلة. وتساعد في تحديد الأدوات الملائمة لجمع المعلومات واختيارها. وتساعد في توضيح الطرق الإحصائية المناسبة، ومعالجة المعطيات، وتبين الظروف التي تتطلبها عملية تقويم النتائج. كما وأن الفروض تنير الطريق أمام الباحث للمضي قدماً في البحث.

(ث) **الفروض تقدم تفسيرات محتملة لحل المشكلة:** لا تقوم الفروض بتحديد مشكلة البحث، ولا بتحديد نوعية الحقائق المتصلة بها وانتقائها ، ولا بتحديد أنسب الطرق لجمع المعلومات، ولا بتبيان الطريق الذي يسلكه الباحث للسير في البحث فقط، وإنما تقدم كذلك تفسيرات معقولة للأسباب التي أدت إلى حدوث الظاهرة بالصورة التي حدثت بها. فالفروض إذن هي "البوتقة

التي تنصهر فيها الحقائق مع التصورات الذهنية، لتزود الباحث بأكثر الأدوات نفعاً في استكشاف المجهول وتفسيره" (فان دالين، 1985، ص 86).

(ج) **الفروض تقدم الإطار المناسب لمعطيات البحث:** بما أن الفروض تعتبر احتمالات مبدئية لتفسير الظاهرة المبحوثة، فإنها تدفع الباحث إلى جمع المعلومات اللازمة، مستعيناً بطرق البحث وأدواته المناسبة، لإثبات صحة الفرض أو نفيه. عملية إثبات الفرض أو نفيه تستوجب وضع معطيات البحث وبياناته في إطار ذى معنى، يمكن من استخلاص النتائج منه لتجيب على الفرض باعتباره حلا ظنياً لمشكلة البحث الذي يحتاج إلى دليل.

(ح) **الفروض مصدر إلهام لبحوث جديدة:** توسع الفروض التفسيرية من معرفة الباحث وتوجيهه. فالفرض الجيد يعطي فهماً أفضل لموضوع الظاهرة المبحوثة. لم تكن الفروض غاية في حد ذاتها، ولكنها وسيلة تفسيرية، لاكتشاف الأسباب التي أدت إلي تلك الظاهرة. الفروض قد تفسر الظاهرة أو لا تفسرها ولكن في كلتا الحالتين، تثير تساؤلات حول طبيعة مشكلة البحث، أو حول طبيعة الفروض ذاتها. هذه التساؤلات نفسها تعتبر فروضاً احتمالية أخرى تشير إلي أن بعض الجوانب في المشكلة تحتاج إلى بحث يكشف عنها الغموض. ومن هذا المنطلق فإن البحوث الجيدة هي التي تقدم ضمن نتائجها تساؤلات تكون مصدر إلهام لبحوث أخرى.

11-2 أنواع الفروض Types of hypotheses (انظر شكل 2-1)

تصنف الفروض عادة وفقاً لطريقة صياغتها مثل الفروض المباشرة والفروض الصفرية.

فالفروض التي تشير إلى وجود علاقة بين المتغيرين **تسمى الفروض المباشرة** (**Directional**). **مثال:** توجد فروق بين الجنسين من المعلمين والمعلمات في الضغوط النفسية وما يترتب عليها من حاجات إرشادية لديهم. إن مثل هذا الفرض يؤيد وجود الفروق بين الجنسين من المعلمين والمعلمات في الضغوط النفسية، وما يترتب عليها من حاجات، ولعل الباحث من خلال خبرته الواسعة وتعايشه مع المعلمين والمعلمات صار أكثر ميلاً للتفكير بوجود مثل هذه الفروق، ولذلك وضع فرضاً مباشراً يؤيد وجود هذه الفروق.

أما الفرض الذي ينفي العلاقة بين المتغير المستقل والمتغير التابع فيسمى **الفرض الصفري** (**Null hypothesis**). **مثال** : لا يوجد فرق كبير بين التلميذ السوداني وتلاميذ الدول المتقدمة في سرعة القراءة وفهم المادة المقروءة. فالباحث هنا ينفى وجود فرق كبير بين التلميذ السوداني وتلاميذ الدول المتقدمة في سرعة القراءة وفهم المادة المقروءة. كما أنه ليس لديه ما يدفعه إلي الاعتراف بوجود هذا الفرق. وبالرغم من أن الباحث هنا ينفى هذا الفرق منذ البداية لأنه غير قادر على التحدث عنه من بداية البحث، إلا أنه يعطي نفسه الحق في متابعة البحث.

الفرق بين الفرض المباشر والفرض الصفري هو أن الفرض الصفري أكثر سهولة، فهو أكثر تحديداً، ولذلك يمكن قياسه والتحقق من صدقه (ذوقان، 1985، ص 77) .

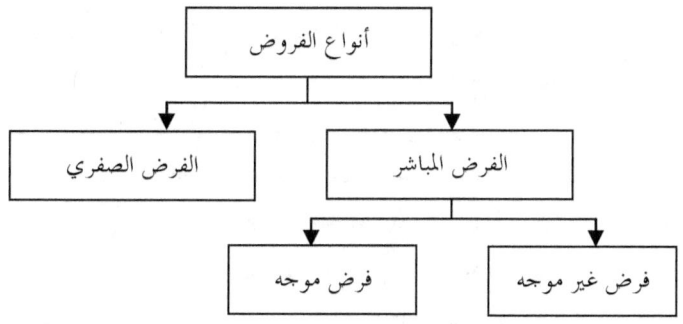

شكل (2–1): أنواع الفروض العلمية

12-2 شروط بناء الفروض العلمية

يجب أن يتبع الباحث بعض الشروط والضوابط المنهجية التي تحدد مدى صلاحية الفروض التفسيرية للأسباب التي تؤثر في المشكلة المطروحة للبحث. فيما يلي تعداد لهذه الشروط في اقتضاب شديد:

- أن تقدم الفروض تفسيرات معقولة وملائمة، بمعنى أن تكون الحلول غير خيالية وممكنة التطبيق، كما ينبغي أن تكون التفسيرات التي تقدمها الفروض ملائمة لطبيعة المشكلة موضوع البحث.
- يمكن التحقق من التفسيرات التي تقدمها الفروض عن طريق التجريب أو الملاحظة أو أي دليل عقلي آخر.
- أن تتواءم الفروض مع حقائق المشكلة. بمعنى أن تتكامل الفروض في تقديم تفسيرات منطقية ومعقولة وممكنة الاثبات للحقائق المتصلة بمشكلة البحث، وأن لا تغفل جانباً من جوانب المشكلة.

13-2 صياغة الفروض

ينبغي أن تكون الفروض واضحة الصياغة ومتناسقة البنيان ومتكاملة فيما بينها ويستلزم ذلك الآتي:

أ) أن تصاغ الفروض في عبارات محددة وواضحة، لا تحتمل الكلمات المصاغ منها الفروض أكثر من معنى، بصورة تمكن من التعامل مع البيانات المجموعة على أساسها إحصائياً.

ب) أن تصاغ الفروض على هيئة قضايا استنباطية، حتى تكون ممكنة التحقيق.

ج) أن يراعى في صياغة الفرض تضمنه لأكبر قدر من الحقائق المتعلقة بالمشكلة.

د) ألا تتناقض الفروض المقترحة في تقديم التفسيرات أو الحلول لمشكلة البحث.

هـ) ينبغي أن تتناسق صياغة الفروض مع النظريات والقوانين القائمة، حتى تكون ذات قيمة يقينية عالية، بحيث تتحول الفروض نفسها إلى قوانين فتصبح قادرة على تقديم تفسيرات أكثر شمولية للظاهرة فيمكن تطبيق الفرض وتعميمه على نطاق أكبر من الظواهر.

بالرغم من أن الباحث قد توخى الشروط اللازمة لبناء الفروض، واتبع فيها أسس الصياغة الصحيحة، فـإن الفروض تظل غير موثوق بها كأداة تفسيرية. ذلك لأن الفرض هو مجرد تخمين ذكي، أو تفسير موقـت أو محتمل، لتوضيح العوامل والظروف أو الأحداث التي يحاول الباحث أن يفهمها. وتظل الفروض كذلك ما لم يتوصل الباحث إلى أدلة قابلة للتحليل التجريبي تؤكد الفروض وتقويها. يمكن الحصول على الأدلة التي تؤكد الفروض من استنباط مترتباتها، ثم إنشاء أو انتقاء اختبارات تحدد خلال التجارب أو الملاحظات الحسية أن تلك المترتبات تحدث حقيقة. وينبغي أن تمثل هذه الاختبارات العوامل أو الظروف أو العلاقات الخاصـة بالمترتبات تمثيلاً كافياً وصحيحاً؛ وأن تكون هذه الاختبارات صادقة وموضوعية وثابتة، حتى تمكن الباحث من جمع الأدلة بأقل مجهود ممكن. لا يتأكد الفرض من خلال اختبار المترتبات إلا إذا استوفى المتطلبات الآتية (فان دالين، 1985، ص243):

1. أن تتطابق كل الأدلة التي تجمعت من الاختبارات التجريبية مع مترتبات الفرض جميعها.
2. أن تمثل الاختبارات العوامل الجوهرية التي تضمنتها المترتبات تمثيلاً كافياً.
3. أن تكون المترتبات متضمنة منطقياً في الفرض.

14-2 حدود البحث وأبعاده

إن تحديد مشكلة البحث تحديداً دقيقاً يحتاج إلى وضع بعض الحدود الإضافية المتعلقة ببعض جوانب المشكلة ومجالاتها تحقيقاً لحصر المشكلة وتصنيفها. مثال: وضع باحث عنوان مشكلة بحثه كالآتي: **مـا الكفايـات الأساسية اللازمة لمعلم مرحلة الأساس في السودان؟**. إن الباحث يمكن أن يكتب حدود مشكلة البحث كالآتي:

- سوف تقتصر الدراسة على معلمي مرحلة الأساس في المدارس الحكومية فقط.
- سوف تقتصر الدراسة على المعلمين الذين يحملون مؤهلات تربوية من كليـات التربيـة لمرحلـة الأساس بالسودان.
- سوف تقتصر الدراسة على المعلمين الذين لا تزيد خبرتهم عن سنتين.
- سوف تقتصر الدراسة على الكفايات الأساسية دون الخوض في الكفايات الخاصة لكل مادة.

وبهذا نجد ان الباحث حدد المشكلة تحديداً واضحاً، بأن جعل الدراسة تنحصر في الآتي:

- معلمي مرحلة الأساس في المدارس الحكومية في السودان.
- والذين يحملون مؤهلات تربوية من كليات التربية لمرحلة الأساس.
- والذين لا تزيد خبرتهم عن عامين.
- وسيبحث في الكفايات الأساسية دون النظر إلى الكفايات الخاصة لكل مادة.

15-2 قائمة مراجع الفصل الثاني

ديو يولد ب فان دالين (1985). مناهج البحث في التربية وعلم النفس. ترجمة د. محمد نبيـــل نوفـــل وآخرين، مكتبة الانجلو المصرية، القاهرة.

محمد مصطفى زيدان (1990). دليل مناهج البحث التربوي والاختبارات النفسية، عالم المعرفة.المملكة العربية السعودية.

صلاح محمد الفوال (1982). مناهج البحث العلمي في العلوم الاجتماعية، مكتبة غريب، الفجالة.

ذوقان عبيدان وآخرين. البحث العلمي مفهومه، أساليبه وأدواته. دار النشر والتوزيع عمان، الأردن.

الفصل الثالث: إعداد خطة البحث

1-3 تمهيد

لإجراء أي بحث علمي، لابد من السير بخطوات متسلسلة تشكل في مجموعها البنيان المتكامل والسليم للبحث، يطلق عليها خطوات وأخلاقيات البحث العلمي. لا يوجد نمط ثابت لتسلسل خطوات البحث لكي تسير عليه كل البحوث العلمية. ولكن المهم في كل الحالات تحديد مراحل البحث وخطواته بشكل خطوط عريضة يسترشد بها الباحث في سياق بحثه (انظر شكل 3-1 وشكل 3-2) (عبد الماجد، 2005).

فالمراحل أو الخطوات هي بمثابة الإطار العام للبحث العلمي، ويجب في تحديد مراحل وخطوات خطة البحث مراعاة الآتي (غرايبة وآخرون، 1981، ص19):

- أن تكون مرنة بحيث لا ينظر إليها كقوانين ثابتة لا يمكن تجاوزها.
- أن تسمح للباحث بحرية الحركة والإبداع.
- أن يراعى فيها الترابط والتداخل، فلا يمكن تقسيم البحث إلى مراحل زمنية منفصلة، لأن الغرض هو ضمان البحث وتكامله، فالباحث كالفنان ينظر الى موضوعه كوحدة متكاملة.
- وتحديد المراحل يساعد القارئ في التعرف على أبعاد البحث وتقويمه بشكل موضوعي، وإجراء دراسات لمقارنة النتائج.

2-3 التخطيط للعمل Planning action

اختيار أسلوب التخطيط الاستراتيجي يتم باستعمال نموذج فايفر Pfeiffer وقد يكون التخطيط لأفراد أو جماعات وحدّه الأدنى خمس سنوات. يعبر عن التخطيط بالخطوات التالية: التخطيط للتخطيط، واستعراض القيم، ووضع الأهداف الاستراتيجية، وتحديد الرسالة، وتبيان مجالات العمل، وفرز وحدات العمل الاستراتيجي.

أولاً – التخطيط للتخطيط: القيام بتشكيل فريق التخطيط الاستراتيجي االرئيسي من 5 إلى 7 أعضاء بينهم: متخصصين في التخطيط، والنشر العلمي، والمال، والتسويق، والموارد البشرية، وتقنيات المعلومات. ليقوم الفريق بتنظيم عمله عبر اجتماعات دورية مكثفة، وفي مدة عمل بين 3 إلى 6 أشهر. ومن المقترح أن تكون مدة الخطة 5 سنوات إن كان عدد الموظفين لا يقل عن 100 شخص.

ثانيا – استعراض القيم: ربما تضم القيم الجوهرية المتعلقة بالجودة، والابداع، والتميز، والمشاركة الفعالة، والعمل الجماعي، والخدمة المجتمعية، والشفافية، والمساءلة، وتأكيد حقوق الملكية.

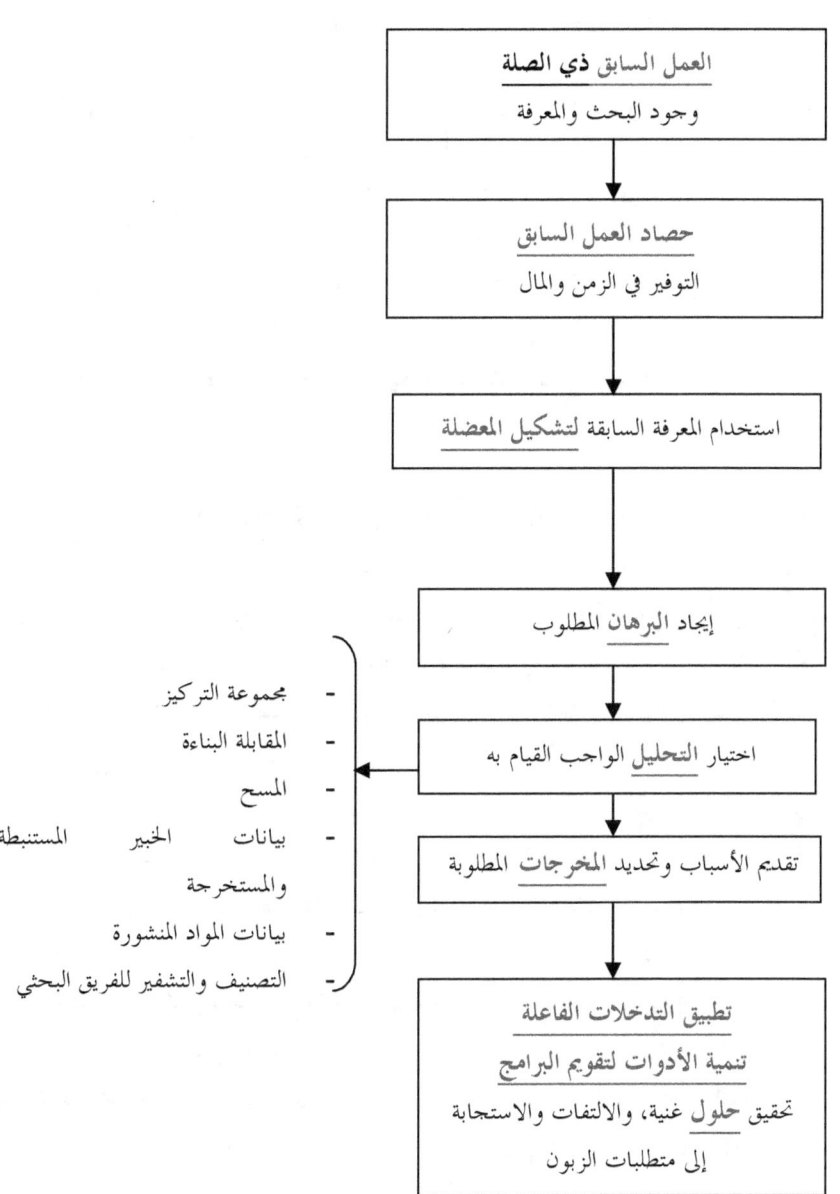

شكل (1-3): خطوات البحث العلمي لقضية أو معضلة ما

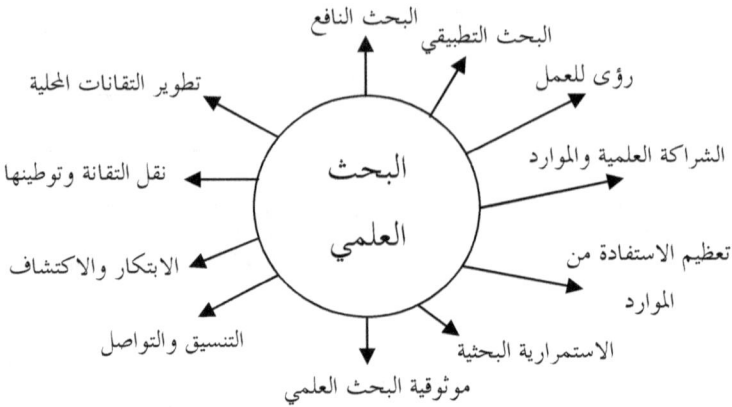

البحث التطبيقي ← البحث النافع

رؤى للعمل

الشراكة العلمية والموارد

البحث العلمي

تعظيم الاستفادة من الموارد

الاستمرارية البحثية

موثوقية البحث العلمي

التنسيق والتواصل

الابتكار والاكتشاف

نقل التقانة وتوطينها

تطوير التقانات المحلية

شكل (3-2): فوائد وضع استراتيجية البحث العلمي وخططه

ثالثاً – الأهداف الاستراتيجية Strategic objectives: تشتمل الخطة الاستراتيجية على أهداف بعيدة المدى، ومن المأمول أن تكون قد تحققت مع نهاية مدة الخطة الاستراتيجية الخمسية. ويقوم فريق التخطيط الاستراتيجي في الوحدة بمراجعة الأهداف المتوقع تحقيقها مع نهاية مدة الخطة، ومن ثم تحديد الأسئلة الرئيسة التي تتعلق بوضع الكيان مثل: أهم منتجاته وخدماته وأنشطته، وموارده البشرية، وهيكله التنظيمي، والوضع المالي للايرادات والمصاريف والأرباح، والتقنية المتاحة خلال السنوات الخمس المقترحة للتخطيط الاستراتيجي، بما ينسجم مع الرؤية.

رابعاً – الرسالة: تلخص الرسالة مجال العمل، وأهم القيم، والتميز بين المنافسين، واعتزاز الأعضاء العاملين، كما تحدد الجمهور المستهدف من الخدمات.

خامسا – مجالات عمل: (Lines of Business (LOB)s) ربما تشتمل على مجالات التسويق والتوزيع المحلي والاقليمي والعالمي.

سادسا – وحدات العمل الاستراتيجي (Strategic Business Units (SBU)s) يتوزع العمل في عدة وحدات إدارية حسب مخطط الهيكل التنظيمي.

مرتكزات الخطة الاستراتيجية: تضم مرتكزات الخطة التشغيلية منظومة تحليلية لمواطن القوة، ونقاط الضعف، والفرص المتاحة، والتحديات الموجودة: Strengths, weaknesses, opportunities and threats analysis and matrix (SWOT) (انظر شكل 3-3). وهي طريقة في التخطيط من إصدار جامعة هارفارد في منتصف القرن العشرين.

56

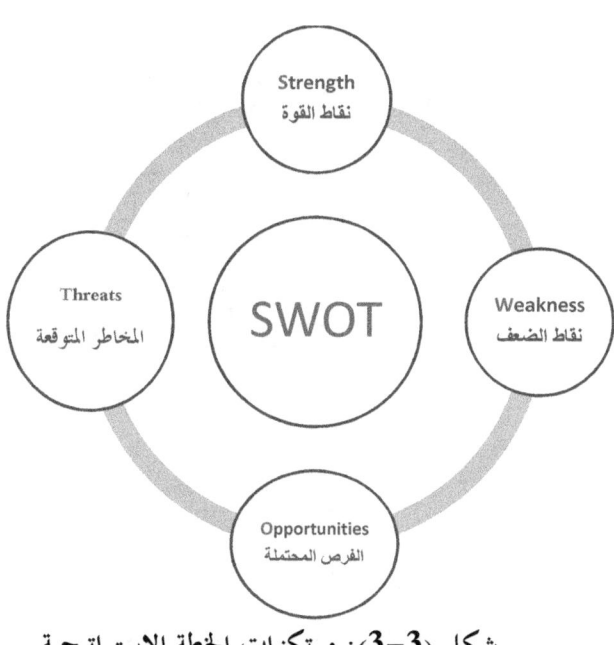

Strength
نقاط القوة
Threats
المخاطر المتوقعة
SWOT
Weakness
نقاط الضعف
Opportunities
الفرص المحتملة

شكل (3-3): مرتكزات الخطة الاستراتيجية

ومن ثم صياغة أهداف العمل والتشغيل حسب طريقة بيتر دروكر (Peter Drucker) SMART (specific, measurable, agreed upon, realistic and timed). (أنظر شكل 3-4). ويعني بالهدف بيان بالنتيجة المطلوب تحقيقها ضمن مقياس كمي وموعد محدد، فمنها: المحافظة على كل نقطة قوة وتنميتها، وعلاج كل نقطة ضعف ومضاءلتها، واستغلال كل فرصة وتحقيقها، ومنع حدوث كل خطر متوقع والاحتياط له. فكل هدف هو هدف بالنسبة للمنفذ لكنه وسيلة بالنسبة للقيادة. ومن ثم تصبح وسائل تحقيق الهدف هي مجموعة من الاجراءات والنشاط التي تؤدي الى تحقيق الهدف، ومنها: الخبرة السابقة ووسائل المنافسين والمراجع وزيارة المنظمات المتقدمة والمبدعة. لتوضع على جدول محدد كما مبين على الجدول (3-1) لمتابعة العمل الشهري. ربما يتم بعد ذلك تنسيق العمل لتخفيف الوسائل في الشهور المزدحمة ونقلها الى الشهور غير المزدحمة، والتنسيق بين افراد المجموعة في الاعمال والقيام بها، ومراجعة الاعمال التي تمت ومتابعتها.

جدول (3-1) الوسيلة ومشرف التنفيذ وزمنها

الوسائل	المنفذ	موعد الانتهاء	التكلفة

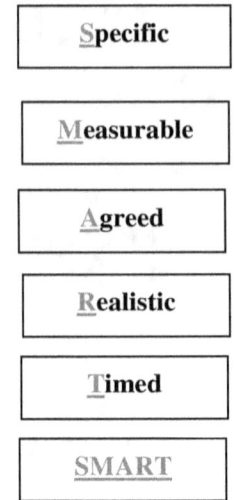

شكل (3-4): شرح مكونات SMART

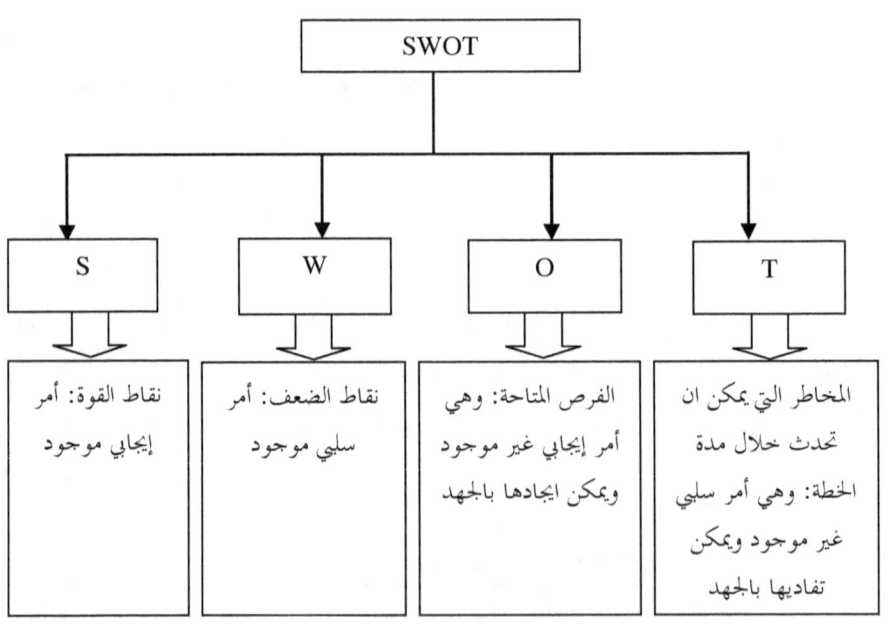

شكل (3-5): أهداف العمل والتشغيل حسب طريقة SWOT

التخطيط التشغيلي Operational Planning: عبارة عن أهداف تستمد من الأهداف العامة وتنفذ خلال زمن محدد وقصير (أسبوع مثلاً ولمدة قصيره لا تتجاوز السنه أو السنتين). يقوم المسؤول باختيار البرنامج الذي يلبي احتياجات وقدرات الوحدة ويعمل على تفعيله بحسب مقتضى الحال، على أن ينفذ في كل أسبوع عدد من البرامج التي تغذي الأهداف العامة جميعها. وتضم خطوات التخطيط التشغيلي: تحليل SWOT، وتحديد الاهداف، وصياغتها بطريقة SMART، وتحديد الوسائل، ووضع الجدول الزمني وجدول الاعمال. وفيها يجتمع فريق العمل ليقوم بتحديد 3 إلى 10 نقاط قوة، وتحديد 3 إلى 10 نقاط ضعف، وتحديد ثلاث نقاط كفرص محتملة، وتحديد ثلاث نقاط كمخاطر محتملة. ثم يتم كتابة 8 إلى 26 هدف للعمل من خلال المحافظة على الأهداف وتنميتها ومعالجة نقاط الضعف من خلال التغلب عليها وأيضا من خلال استغلال الفرص ومنع وقوع المخاطر، ومن ثم تعاد صياغة الأهداف بطريقة SMART.

3-3 مقدمة خطة البحث العلمي

تعتبر المقدمة، التي تأتي بعد اختيار العنوان مباشرة، العمود الفقري الذي ترتكز عليه وترتبط به باقي أركان البحث العلمي.

ولما كانت المقدمة تشكل المدخل الأساس لتوضيح أركان أي بحث علمي، لذا أطلق عليها بعض الكتاب **"استراتيجية البحث"** (البدري، 1996، ص120)، حيث أنها تعتبر المرآة التي تعكس قوته أو ضعفه (الطائي، 1999، ص28).

1-3-3 مفهوم المقدمة

المقدمة هي الجزئية التي يقدم فيها الباحث صورة واضحة ومفيدة لموضوع بحثه وعناصره المختلفة وأبعاده ومدى الأهمية المرجوة منه، يشعر من خلالها القارئ بمدى وعي الباحث وإطلاعه وخبرته في مجال بحثه (عبيدات وآخرون، ب.ت ص83)، مما يشكل بالتالي لديه انطباع رئيس عن البحث برمته (حجاب، ب.ت، ص70).

2-3-3 أهمية المقدمة

ترجع أهمية المقدمة من كونها تشكل لب أي بحث علمي، بحيث تشد القارئ وتزوده بفكرة واضحة وشاملة عن موضوع الدراسة ومبرراتها بصورة موجزة. كذلك تعتبر "واجهة الدراسة وفاتحتها، وأول ما يصادف القارئ عند محاولته الرجوع إلى البحث. ونظراً لأن الكثير من المختصين والدارسين قد لا يتوفر لديهم متسع من الوقت للإطلاع التفصيلي على الدراسة بالكامل، فقد يلجئون لقراءة مقدمة الدراسة ونتائجها للإحاطة بجوانب البحث وأبعاده، ويتلمسوا فيها مواضع اهتمامهم" (الرفاعي، 1998، ص 97).

3-3-3 أهداف المقدمة

تسعى مقدمة أي بحث علمي إلى تحقيق مجموعة من الأهداف منها:

- توضيح مشكلة الدراسة، والأسباب التي دعت الباحث إلى اختيارها، بالإضافة للفرضية المراد التحقق منها (عاقل، ب.ت، ص262).
- إبراز أهمية موضوع البحث (بوضوح)، ومبررات القيام به، مع ربطه بالنتائج التي تمخضت عنها الدراسات السابقة في نفس الميدان، وموقف البحث الذي يقوم به الباحث من تلك الدراسات (حسن، ب.ت، ص88).
- تعمل المقدمة على إعطاء القارئ فكرة مختصرة عما يجب أن يتوقعه من البحث (حسن، ب.ت ص88).
- كذلك تقوم المقدمة بتبيان واضح لأهداف البحث، وبصورة منطقية متسلسلة؛ أي بمعنى آخر يجب أن تفضي إلى الإجابة على السؤال المعتاد والملح: لماذا قام الباحث بإجراء البحث؟ (عاقل، ب. ت ص88).

4-3-3 سمات وخصائص المقدمة

ترتكز مقدمة البحث العلمي على مجموعة من السمات والخصائص أهمها:

- تحتاج إلى عناية فائقة من الباحث، بحيث تصاغ بصورة واضحة ومنطقية، يوصل من خلالها الباحث رسالة البحث إلى ذهن القارئ بصورة حسنة (حجاب، ب.ت ص69).
- أن تتسم بالسهولة والإيجاز، بحيث تمكن القارئ غير الملم بأخذ فكرة عن العمل المنجز في البحث (حسن، ب.ت ص88).
- يجب أن تشكل إضافة نوعية إلى معلومات القارئ، وأن يتحاشى فيها التكرار خاصة لما جاء في عنوان البحث أو في الملخص (حسن، ب.ت ص88).
- أن تتحلى بالأمانة العلمية، سيما بالنسبة إلى موقفها من الدراسات السابقة، أي بمعنى آخر عدم تجاهلها لعمل الآخرين (حسن، ب.ت ص88).

5-3-3 مضامين ومحتويات مقدمة البحث العلمي

يمكن توضيح المضامين والمحتويات التي يجب أن تتضمنها مقدمة البحث العلمي بالنقاط التالية (شكل 3-6):

أ- **توضيح مشكلة البحث ومجالها:** يقوم الباحث بالتركيز على أبرز اتجاهات المشكلة التي يتناولها البحث. فعلى سبيل المثال، إذا كان موضوع البحث حول مدى كفاءة الموظف العام، يمكن تحديد

مجال المشكلة بالكفاءة، لذلك لابد من التطرق إلى موضوع تأهيل قدرات الموظف العام وتطويرها.

ب- **أهمية البحث:** في هذا الجانب يسلط الضوء على أهمية المشكلة موضوع البحث، وكيفية التوصل إلى حلول جديدة لها، ففي المثال السابق تبرز أهمية البحث في إيجاد الاتجاهات والوسائل الحديثة في تطوير كفاءة الموظف العام ومدى تأثير ذلك على إنتاجيته.

ت- **توضيح مدى النقص الحاصل في الدراسات من هذا النوع:** يقوم الباحث بتحديد جوانب الضعف والنقص في مجال الموضوع المتناول، بحيث يعمل على معالجتها. ففي حالة المثال السابق يشكل عدم توفر الأساليب الحديثة في تأهيل قدرات الموظف العام وتطويرها في مثل هذه الجوانب نقصاً، لذلك يتوجب على الباحث الخروج بآليات وأساليب حديثة تعالج مثل هذا النقص والقصور.

ث- **استعراض الدراسات والجهود السابقة التي قام بها الآخرون في هذا المجال:** يسعى الباحث إلى استعراض الجهود التي تمت في مجال البحث سواء من أشخاص أو جهات معنوية، ويتعرف على الثغرات التي أغفلتها مثل هذه الدراسات، ويركز عليها لتكون مجال تميز البحث وتضفي عليه قيمة علمية مناسبة، ففي المثال السابق يقوم الباحث بتوضيح الجهود التي قامت بها الإدارة العامة في الدولة بشان تطوير كفاءة الموظف العام. ثم تحدد الآليات لاستكمال هذه الجهود أو تصويبها.

ج- **توضيح الأسباب الموجبة لاختيار الباحث للمشكلة:** يبين الباحث في مقدمة بحثه أسباب اختياره للمشكلة البحثية، وطريقة الاحساس بالمشكلة، سواء كانت مباشرة من خلال عمل الباحث وخبراته المختلفة، أم غير مباشرة من خلال الملاحظات. وعند الرجوع للمثال السابق قد يكون الباحث أحس مشكلة البحث من خلال الملاحظات غير السارة لإنتاجية الموظف العام في جهاز الإدارة العامة.

ح- **الهدف من الدراسة:** الهدف هو النتيجة التي يرمي البحث إلى تحقيقها إذا ما نفذت الخطة التي وضعها الباحث على الوجه المطلوب. أو بمعنى آخر يتمثل الهدف في الغاية التي تسعى لتحقيقها أي خطة. لهذا فانه لا يمكن تصور وجود خطة ما لم يكن هناك هدف ينبغي تحقيقه. فقد يكون الهدف من إجراء الدراسة المعينة هو التوصل إلى فصيلة محسنة من البذور، يترتب عليها مضاعفة الإنتاج مقارنة بالوضع السابق، أو تصميم آلة ذات كفاءة عالية تؤدي إلى تخفيض التكلفة للإنتاج بما يعادل 25%، أو قد يكون الهدف هو عمل خلطة من العليقة تؤدي إلى زيادة العائد من اللبن بما يعادل الضعف مقارنة مع العليقة السابقة؛ ومن ناحية أخرى فقد يكون هدف الباحث هو توضيح العلاقة بين متغيرين، مثال ذلك إنتاجية الفدان وحجم المخصبات او الربحية والتوسع في الاستثمارات.

وفي كل الحالات على الباحث صياغة أهداف البحث بطريقة دقيقة وواضحة ومختصره يسهل قياسها، وتحليلها، والتعبير عنها كمياً وإحصائياً.

خ- **الجهة أو الجهات المستفيدة من البحث:** تتضمن المقدمة في نهايتها توضيح الجهات التي قد تستفيد من البحث ونتائجه، ففي المثال السابق يمكن تحديد الوزارات والمؤسسات العاملة في الدولة بالإضافة للمجتمع كجهات مستفيدة (ذوقان عبيدات وآخرون، ب.ت ص86-87).

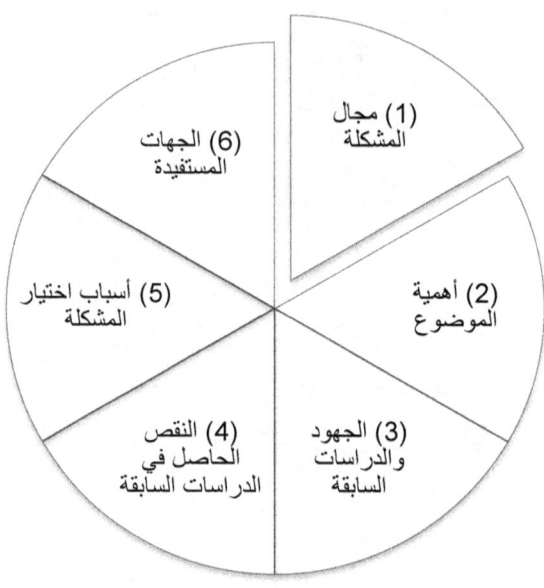

شكل (3-6): محتويات مقدمة خطة البحث العلمي

4-3 حدود مشكلة البحث

إن اختيار موضوع البحث وتحديده يجب أن يكون وفق هدف معين. أي على الباحث ذكر سبب اختيار المشكلة المعينة لدراستها، وتبيان المرغوب في التوصل إليه. وكذلك تحديد أبعاد البحث ودرجة تعمقه في تحليل المشكلة: هل هي استطلاعية؟ أم أولية؟ أم متعمقة؟ وما الجوانب التي سيعالجها البحث وتلك التي سيغفلها. (غرايبه وآخرون، 1998، ص21-22).

وتعني مشكلة البحث موضوع الدراسة، أو هي تساؤل يدور في ذهن الباحث حول موضوع غامض ومثير يحتاج إلى تفسير. مثال: قد يدور في ذهن مسئول المبيعات في إحدى المؤسسات التجارية تساؤل حول

العلاقة بين رقم المبيعات لإحدى السلع والنفقات التي انفقتها المؤسسة على الدعاية والإعلان لتلك السلعة. وبالتالي قد يتطلب منه ذلك إجراء دراسة حول هذا الموضوع. ومشكلة البحث في هذه الحالة هي تحديد طبيعة تلك العلاقة، هل هي علاقة طردية أم سالبة؟ وتزول مشكلة البحث بتفسيرها أو إيجاد حل لها. وعادة تنبع مشكلة البحث من أحد أو كل من مصادر: الخبرة الشخصية، والقراءة الناقدة التحليلية، والبحوث السابقة.

(أ) **الخبرة الشخصية**: فخبرات الشخص وتجاربه عادة تثير عنده تساؤلات حول بعض الأمور الغامضة التي تحتاج إلى تفسير، وبالتالي فإنه يقوم بإجراء دراسة أو بحث لمحاولة الوصول إلى ما يريد.

(ب) **القراءة الناقدة التحليلية**: كثرة الاطلاع على الأفكار التي تتضمنها بعض المراجع قد تثير تساؤل الباحث حول صدق الأفكار، مما يدفع الى الرغبة في التحقق وإجراء الدراسة والبحث.

(ج) **البحوث السابقة**: قد يكون منبع مشكلة البحث بحثاً آخر أجرى في السابق ولفت النظر إلى ضرورة إجراء دراسات متممة لإحدى المواضيع. فالبحوث السابقة عادة تشير في نهاية تقاريرها إلى ميادين تستحق الدراسة والبحث ولم يتمكن الكاتب وقتها من القيام بها، بسبب ضيق الوقت او عدم توفر الإمكانيات أو غيرها من الأسباب الموضوعية والجوهرية. (غرايبه وآخرون، 1981، ص20).

يجب تحديد موضوع الدراسة بكل دقة ووضوح قبل الانتقال إلى مراحلها الأخرى. فتحديد المشكلة هو بداية البحث. ويترتب عليه جودة البيانات التي ستجمع، وأهمية النتائج التي يتوصل اليها. وهناك اعتبارات يجب مراعاتها عند اختيار مشكلة البحث وتحديدها هي:

أ/ أن تكون المشكلة قابلة للبحث: أي أن تنبثق منها فرضيات قابلة للاختبار علمياً لمعرفة مدى صحتها.

ب/ أن تكون مشكلة البحث أصيلة ما أمكن وذات قيمة. أي ألا تدور حول موضوع لا قيمة له لا يستحق الدراسة، والا تكون تكراراً لموضوع قتل بحثاً.

ج/ أن تكون في حدود إمكانات الباحث وذلك من حيث الوقت والتكاليف والمقدرات والكفاءة والتخصص. وقد يصعب أحياناً تحديد مشكلة البحث بشكل واضح ودقيق ومنذ البداية، فقد لا يكون في ذهن الباحث سوى فكرة عامة أو غامضة بوجود مشكلة، وبالتالي فلا حرج من إعادة صياغة المشكلة بتقدم سير الزمن ومروره وعلى ضوء النتائج الأولية وتبلور الأفكار في ذهنه. (غرايبه وآخرون، 1998، ص21) .

د/ أن تلقى اهتمام الباحث: فالباحث عادة يميل الى الموضوعات التي يهتم بها شخصياً، وهذا عامل مهم يدفع الباحث على بذل المزيد من الجهد والنشاط للخوض في الموضوع المعني، وبدون ذلك فان الباحث قد لا يتشجع على تحمل المتاعب في الوصول إلى الهدف من البحث في هذا المجال.

هـ/ على الباحث قبل التحرك لدراسة المشكلة المعنية أن يتأكد أولا وقبل كل شئ من مدى توفر المعلومات ذات الصلة، سواء تلك التي تحتويها المصادر الثانوية، او لدى الأشخاص المختصين الذي يشكلون المصادر الأولية للمعلومات والبيانات (عبد الله عامر، 1988، ص53).

5-3 معوقات البحث

البحث مهمة علمية صعبة، وكل أعماله محفوفة بالمخاطر والصعاب، فبجانب السعة الفكرية والثقافة والمهارات الفنية التي يجب أن تتوفر في الباحث، هناك مشاكل مالية تتمثل في عملية الطباعة والتصوير وتوزيع الاستبانات وجمعها، وما يرتبط بذلك من مضايقات فنية وإدارية، مثل ملاحقة المبحوثين (المفحوصين، أو المستفتين)، ومشاكل تتعلق بتوفر المراجع التي يمكن ان تعين الباحث بالرجوع إليها، ومستوى الشريحة التي تتعامل معها ووعيها الثقافي، ودرجة فهمها وتجاوبها، لأن الباحث في بعض الأحيان قد يتعرض إلى التأخير والإحراج والطرد أو قد يصل به الأمر إلى الضرب، وأحيانا إلى السجن والحبس.

إن المعضلة والعقبة أو الصعوبة الكبرى هي أن يتعامل الباحث في دراسة المشكلة على أنها شئ مستقل عن ذاته، وأن يتحرر من التحيز برأيه الشخصي للتراث والمعطيات الثقافية والاجتماعية والاقتصادية والسياسية لمجتمعه الذي يعيش فيه ويكسب رزقه ومكانته فيه، إذا لم يستطيع الباحث التخلص من مثل هذه الاعتبارات فإنه لا يمكن أن يكون قادراً على معرفة الأسباب الحقيقية للظاهرة موضوع الدراسة. ولتحقيق ذلك يتوجب على الباحث الالتزام بمتطلبات الموضوعية التي تتجلى في الآتي:

1) الابتعاد عن الحكم الذاتي والأهواء والنزوات الشخصية.
2) الالتزام بالحياد الأخلاقي.
3) الأمانة العلمية بداية من اختيار المشكلة ونهاية بإعداد التقرير.
4) الدقة وتعني هنا مدى التزام الباحث بالقواعد والإجراءات المنهجية أثناء عرض البيانات وتحليلها.
5) مدى ملائمة المنهج مع طبيعة المشكلة.
6) التحرر من الشخصية والذاتية (الأنا) التي هي نتائج البيئة والتقاليد.
7) مدى صدق الأدوات المستخدمة في جمع المعلومات والبيانات.

6-3 صياغة الفرضيات

حال انتهاء الباحث من تحديد مشكلة بحثه بدقة ووضوح، ينتقل بعد ذلك إلى صياغة الفرضيات، وتقضى صياغة الفرضيات إلى جانب وضوح مشكلة البحث إلمام الباحث بالدراسات السابقة أو الإطار النظري الذي تقع مشكلة البحث في حدوده. أي أنه بدون ذلك قد لا يكون الباحث في موقف يمكنه من صياغة فرضياته بالمستوى الذي يخدم أغراض بحثه.

وتعني الفرضيات الأسباب المحتملة للمشكلة المعينة، أو بمعنى أدق تعنى بالتغيرات المحتملة والمقترحة للعلاقة بين عاملين أحدهما هو العامل "المستقل" وهو السبب، والآخر هو العامل التابع وهو "النتيجة" التي حدثت بسبب كافة العوامل المستقلة أو المسببة.

الفرضية إذاً – وفقاً لهذا التوضيح – عبارة عن **جملة تعبر عن مدى العلاقة بين متغيرين، وعن الأسباب التي أدت الى المشكلة المعنية موضوع البحث.** وكمثال لهذه الجمل أو العبارات التي تعبر عن العلاقة بين متغيرين: كلما ازداد المعروض من السلعة، كلما قل السعر، أو كلما ازداد الحافز المسموح به، ازداد الانتاج. أو كلما ارتفع المبلغ المخصص للدعاية والاعلان عن السلعة او الخدمة كلما ازداد عدد المستفيدين. وعادة ينصح الباحث بضرورة طرح عدة أسئلة قبل أن يتحرك إلى صياغة فرضياته في صورتها النهائية، إذا ما أراد فعلاً أن يتوصل إلى صيغة دقيقة ومعبرة يمكن دراستها وتحليلها بطريقة منطقية. وتساعد الفرضيات على تحديد كيفية اختبار العلاقات المحتملة بين متغيرين أو أكثر، هذا فضلاً عن توضيحها لطبيعة المعلومات وحجم البيانات المطلوب جمعها وصولاً لتحقيق أهداف الدراسة (عبيدات واخرون 1999-ص28-27).

كذلك يمكن تعريف الفرضية بأنها **تفسير مبدئي مقترح او محتمل للمشكلة موضوع البحث، يوضح العوامل أو الاحداث أو الظروف التي يحاول الباحث أن يفهمها.**

وعليه يجب على الباحث أن يقوم بوضع الفرضية أو الفرضيات التي يعتقد بأنها تؤدي الى تفسير المشكلة بشكل دقيق. وتتخذ صياغة الفرضية أحد شكلين أساسين: صيغة الإثبات أو صيغة النفي.

أ/ صيغة الإثبات: ويعني ذلك صياغة الفرضية بشكل يثبت وجود علاقة (إيجاباً أو سلباً)، مثال ذلك: هناك علاقة قوية وإيجابية (أو سلبية) بين اسلوب الإشراف الإداري وإنتاجية العامل. أو هناك علاقة قوية وايجابية بين نوعية ومكونات غذاء الحيوان (العليقة) وإنتاجه من اللبن.

ب/ صيغة النفي: أي أن تصاغ الفرضية بشكل ينفي وجود علاقة، مثال ذلك: لا توجد علاقة بين أسلوب الإشراف الإداري وإنتاجية العامل. وتعتبر الفرضية بمثابة الدليل الذي يوجه البحث إلى غايته. فهي تحدد مجال الدراسة بشكل دقيق وتنظم عملية جمع البيانات مما يمنع البحث العشوائي أو تجميع بيانات غير ضرورية، أو غير مفيدة. وكذلك تعمل الفرضية كاطار منظم لعملية تحليل البيانات، وتفسير نتائج البحث. أما مصادر تكوين الفرضية فقد تكون: حدثاً او تخميناً؛ أو نتيجة لتجارب، أو ملاحظات شخصية؛ وقد تكون استنباطات من نظريات علمية؛ أو مبنية على أساس المنطق؛ أو مبنية على نتائج دراسات سابقة أو أدبيات الموضوع (غرايبه وآخرون ، 1981 ، ص22-23).

7-3 إستطلاع الدراسات السابقة Survey of previous studies or literature review

وتشمل هذه الخطوة مناقشة الافكار المهمة الواردة في دراسات أو بحوث سابقة وتلخيصها، وما تمخض عنها من نتائج، أو الإشارة اليها على الاقل. ولعل الغرض من ذلك هو توضيح خلفية موضوع البحث

وشرحه، أو وضع البحث في إطاره الصحيح وموقعه بالنسبة للبحوث الاخرى، وبيان ما سيضيفه إلى التراث العلمي، أو تجنب الاخطاء والمشاكل التي تعرضت لها البحوث السابقة، أو تلافي التكرار، أو الدخـــول في مـــواضيـــع بحثـــت مـــن قـــبل (غرايبه وآخرون،1981،ص22) .

8-3 تصميم البحث

وهذه المرحلة تتمثل في خطوات تحديد منهج البحث، وتحديد مصدر البيانات، واختيار وسيلة جمع البيانات.

(أ) **تحديد منهج البحث:** أي أن يحدد الباحث الطريقة التي سيسلكها في معالجة موضوع البحث (انظر "مناهج البحث العلمي" في الفصل الأول، وشكل 1-4).

وأكثر المناهج شيوعاً في البحوث الاجتماعية هو المنهج الوصفي، الذي يعتمد على الاستبانة والمقابلة، كأداتين رئيستين لجمع البيانات. وفي كل الحالات على الباحث أن يشرح الاسباب والمبررات أو الفوائد والمعلومات التي دفعته لاختيار المنهج المعني لمعالجة بحثه.

(ب) **تحديد مصادر البيانات والمعلومات:** والمقصود هنا المصادر الثانوية، والمتمثلة في الكتب والمجلات والدوريات والتقارير التي توجد في المكتبات العامة والأكاديمية. والمصادر الأولية والمتمثلة في الأفراد أو الجمهور الذي سيكون موضوع الدراسة وتستقى منه المعلومات. ويتخذ مصدر المعلومات والبيانات الأولية أحد الشكلين التاليين: المجتمع الأصل أو العينة. ففي المجتمع الأصل يقوم الباحث بجمع البيانات عن كل مفردة داخله، أو اختيار عينة منه في نطاق البحث دون ترك أي منها، كأن تدرس اتجاهات طلبة كلية التجارة دون استثناء. ويندر دراسة المجتمع ككل نظراً لصعوبات الوصول الى كل مفردة من مفردات المجتمع الأصل، والتكاليف الباهظة التي ستترتب على ذلك. أما العينة فهذه هي الطريقة الشائعة في معظم البحوث العلمية، وهي أيسر في التطبيق، وأقل في التكاليف من دراسة المجتمع الاصل. والعينة هي جزء من المجتمع الأصل وتجمع منها البيانات بقصد دراسة المجتمع الأصل وبهذه الطريقة فإنه يمكن دراسة الكل عن طريق دراسة الجزء بشرط أن تكون العينة كبيرة نسبياً، وممثلة للمجتمع المأخوذة منه.

(ج) **اختيار وسيلة جمع البيانات:** تشمل مرحلة تصميم البحث بخلاف ما تقدم، اختيار وسيلة جمع البيانات. وهنا يقوم الباحث بتحديد الوسيلة التي سوف يستخدمها في جمع البيانات اللازمة. ومن الوسائل المتاحة في هذا الصدد: الملاحظة، والمقابلة، والاستبانة.

- وسيلة الملاحظة Observation: وتعني الاعتبار الملتفت والهادف لمراقبة أو متابعة ظاهرة معينه أو سلوك بعينه، ورصدها وتسجيلها وتوظيفها لخدمة الهدف. وقد يقوم بها الباحث بنفسه أو عن طريق اشخاص يدربهم لهذا الغرض.
- وسيلة المقابلة Interview: من خلال هذه الوسيلة يستطيع الباحث اجراء مقابلات شخصية مع الأشخاص المعنيين للحصول على معلومات معينه يحتاجها لأغراض الدراسة.

- وسيلة الاستبانة Questionnaire: قد يستخدم الباحث وسيلة الاستبانة، وهي عبارة عن قائمة بالأسئلة التي يريد الباحث أن يحصل من خلالها على إجابات معينة تفيد أغراض بحثه، وهنا يجب شرح وتوضيح الإجراءات التي سيتبعها في تجميع بيانات الدراسة.

وفي كل الحالات يجب على الباحث: توخي الموضوعية والأمانة العلمية في جمع بيانات الدراسة، سواء كانت هذه البيانات تتفق مع وجهة نظر الباحث أم لا، وأن يبين الباحث العوامل المحدِّدَة Limiting Factors كالوقت والتكلفة والصعوبات التي واجهته أثناء إجراء البحث، كأن يذكر نسبة الاستبانات المرتدة بدون إجابة أو التي لم تصل، وعدد الاستبانات التالفة، وعدد الذين رفضوا إجراء مقابلات معهم ... الخ (عبيدات وآخرون، 1999، ص51-74).

9-3 تصنيف البيانات وتحليلها Data classification and analysis

البيانات هي المادة الخام للبحث، وبالتالي يجب تصنيفها وتفسيرها، ومن ثم عرضها بطريقة جيدة. وتتضمن هذه المرحلة وزن البيانات وتصنيفها وتحليلها.

أ/ وزن البيانات المجمعة بدقة وتقويمها لمعرفة موضوعيتها وثباتها واستبعاد الإستمارات الناقصة منها.

ب/ وضع نظام واضح لتصنيف البيانات وترتيبها وتقسيمها إلى فئات متجانسة، مع مراعاة الشمول في التصنيف، أي ذكر كل المفردات التي يمكن تحديدها. **مثال:** جرائم السرقة، وجرائم القتل، وجرائم الحريق، وأخرى. مع مراعاة التجانس وعدم التداخل بين مفردات كل فئة، بحيث لا يمكن وضع مفردة واحدة في أكثر من فئة تصنيف، فمثلاً لا يجوز تصنيف معدلات الطلبة على النحو المبين في جدول (3-2).

جدول (3-2): تصنيف معدلات الطلبة بطريقة خاطئة

الفئة الأولى	دون الخمسين
الثانية	50 إلى 60
الثالثة	60 إلى 70
الرابعة	70 إلى 80

والصواب على النحو المبين في جدول (3-3).

جدول (3-3): تصنيف معدلات الطلبة بطريقة صائبة

أقل من 50
50 إلى 59.9
60 إلى 69.9

70 إلى 70.9
80 إلى 80.9

ج/ تحليل البيانات احصائياً واستخلاص النتائج وتقدير إمكانية تعميم النتائج. ويتخذ التحليل الإحصائى للبيانات عدة أشكال منها: وصف الحالات الشائعة، وحساب درجة التشتت، واختبار العلاقة بين المتغيرات، ودراسة الفروق بين الجماعات. وتستخدم لذلك عدة برامج للتحليل الإحصائي من خلال الحاسوب، من أهمها في مجال الدراسات الاجتماعية SAS و SPSS وغيرها من البرامج الحاسوبية المفيدة والفعالة والأكثر استخداماً.

10-3 عرض البيانات

بعد تصنيف البيانات وتحليلها تأتي مرحلة عرض البيانات، ويستخدم ذلك في عدة أساليب منها: الجداول، والرسوم البيانية ... الخ مما سيرد ذكره بتفصيله (غرائبة وآخرون، 1981، ص27-29).

11-3 قائمة المصادر والمراجع List of sources and references

أخيراً يجب أن تتضمن خطة البحث قائمة بالمصادر والمراجع التي اعتمد عليها الباحث واستعملت فعلاً لاغراض البحث، سواء اقتبست حرفياً (أو كما جاءت بالمصدر الاصلي) أو بالاستفادة من الفكرة الواردة فيها. وتشمل هذه القائمة الكتب والمجلات والدوريات والتقارير والوثائق الحكومية والقوانين والمقابلات الشخصية ... الخ وعرضها. وعادة ترتب المصادر والمراجع وتصنف داخل هذه القائمة في مجموعات مستقلة لكل نوع على حدة، وعلى سبيل المثال على النحو التالي:

- الكتب والمراجع العربية.
- الكتب والمراجع الإنجليزية.
- المجلات والدوريات العربية.
- المجلات والدوريات الإنجليزية.
- المستندات والتقارير الرسمية.
- أوراق العمل والمؤتمرات.

وفي كل الحالات يجب ترتيب كل من المصادر أعلاه وفقاً للحروف الابجدية للاسم الأول في اللغة العربية، والاسم الأخير في اللغة الإنجليزية. وعادة تكتب المصادر والمراجع وفق القواعد التالية:

أولاً – بالنسبة للكتب: اسم الكاتب، واسم الكتاب، واسم الناشر، (مكان النشر، والسنة التي نشر فيها الكتاب)، والصفحة أوالصفحات.

ثانياً – المجلات والدوريات: اسم الكاتب، والموضوع، واسم المجلد، ورقم المجلد، والعدد، والسنة، والشهر، والصفحات.

وتتبع نفس القواعد الوارده بالنسبة للكتاب في حالة المصادر الأخرى. وقد اختلفت الآراء حول وضع المصادر والمراجع؛ ففي حين يضعها البعض بعد التوصيات مباشرة، يرى آخرون أن تأتي المصادر والمراجع بعد الملاحق، وهذا الإجراء الأخير هو الأفضل لأن مادة الملاحق حسب تسميتها ما هي إلا امتداد للمادة الرئيسة التي يتضمنها المتن (غرابية وآخرون، ص179-180).

هذا إن اتبعت طريقة هارفارد Harvard لتوثيق المراجع والمصادر بحيث يذكر المرجع في المتن باستخدام اسم المؤلف وسنة النشر. أما إن اتبعت طريقة فانكوفر Vancouver فترتب المراجع والمصادر حسب أولوية ظهورها في متن الرسالة والأطروحة ويشار إليها برقم تسلسلها في قائمتها.

12-3 مصطلحات البحث الأساسية

قد تتضمن بعض البحوث مجموعة من المصطلحات ذات الصلة بمجال البحث، وهذه عادة قد لا تكون مألوفة لدى بعض المستفيدين من الدراسة أو البحث، وبدون تفسير هذه المصطلحات لهم قد لا يتمكن هؤلاء من استيعاب مادة البحث بالمستوى المطلوب. ولذلك لابد للباحث من حصر المصطلحات وتحديدها وترتيبها في قائمة موحدة (إذا كانت كثيرة)، مع الإشارة الى المعنى المقصود قرين كل مصطلح على حدة. هذه القائمة عادة توضع قبل المدخل إلى البحث (خطة البحث).

أما إذا كانت هذه المصطلحات بسيطة أو محدودة، فيمكن للباحث تفسير كل منها في الحاشية أسفل الصفحة الواردة فيها، مع الإشارة إلى ما يميزها. وعادة تستخدم النجوم لهذا الغرض.

13-3 محتويات البحث search contents

هذه المحتويات عادة ترد داخل قائمة المحتويات. وهذه القائمة تشمل العناوين الرئيسة والفرعية لأجزاء البحث المختلفة، وتأخذ هذه العناوين الرئيسة والفرعية ترتيباً منطقياً يراعى فيه الترابط والتجانس والانسجام بين مكونات كل جزء رئيس أو فرعي. وهذا التصنيف يمكن أن يأخذ أحد الأشكال التالية:

(1) التقسيم إلى أبواب.

(2) تقسيم البحث إلى أبواب وفصول.

(3) تقسيم البحث إلى أبواب وفصول ومباحث.

(4) تقسيم البحث إلى فصول ومباحث.

ولا يوجد نمط موحد مما تقدم تسير عليه جميع البحوث، أي أن التقسيم الملائم يتأثر بطبيعة البحث وحجمه. إلى جانب ما تقدم فإن قائمة المحتويات تشمل أيضاً خطة البحث فالمقدمة وفهرست (محتوى) أو قائمة الجداول والأشكال والخرائط والصور والملاحق.

14-3 قائمة مراجع الفصل الثالث

أحمد حسين الرفاعي، (1981) مناهج البحث العلمي في العلوم الاجتماعية والانسانية، الجامعة الاردنية، عمان.

دوقات عبيدات واخرون، البحث العلمي، دار الفكر، الرياض (ب. ت).

هاشم محمد الأمين البدري، (1996) أسس وضوابط البحث العلمي: دراسة تطبيقية لكتابة البحوث، وإعداد الرسائل لكلية الجامعات والمعاهد العليا – جامعة النيلين – جامعة الخرطوم.

حجاب محمد منير، الأسس العلمية لكتابة الرسائل الجامعية، دار الفجر، (ب. م)، (ب. ت).

حسن أحمد عبدالمنعم، اصول البحث العلمي، الجزء الثاني: إعداد وكتابة ونشر البحوث والرسائل العلمية، المكتبة الاكاديمية، (ب ن) (ب ت).

طارق محمد سعيد الطائر، (1999) المرشد المختصر في أصول البحث العلمي، جامعة العلوم التطبيقية، عمان.

عبد الله عامر، (1988) أسلوب البحث الاجتماعي وتقنياته، جامعة قاريونس، بنغازي، 53.

عبيدات محمد وآخرون، منهجية البحث العلمي، القواعد والمراحل والتطبيقات، الجامعة الاردنية، (ب.ت).

عصام محمد عبد الماجد، (2005) البحث العلمي المستند على البرهان، ورقة غير منشورة.

فاخر عاقل، أسس البحث العلمي، في العلوم السلوكية ، دار العلم، بيروت (ب ت).

فوزي غرابية وآخرون، (1981) أساليب البحث العلمي في العلوم الاجتماعية والانسانية، الجامعة الاردنية، عمان.

الفصل الرابع: جمع المعلومات

1-4 المعلومات النظرية Theoretical Information

تقتضي دراسة موضوع البحث التطبيقي دراستين: الأولى نظرية تعتمد على المعلومات التي يستقيها الباحث من بطون المصادر والمراجع بشتى اللغات عن البيانات المتصلة بموضوع البحث. وهذا الجانب أمر لازم لأنه يوضح عناصر الموضوع في تحقيق هدف البحث. أما الدراسة الثانية فهي الدراسة الميدانية وهي دراسة علمية تطبيقية تعتمد على جمع المعلومات والبيانات من ميدان الدراسة، ثم يعكف الباحث على دراستها ومعالجتها للوصول إلى نتائج البحث.

1-1-4 مهارات العمل في المكتبة

يتطلب استخدام المراجع والمصادر استخداماً فعالاً وجهداً غير محدود، ولكنه يستحق هذا الجهد الذي يبذل فيه بالفعل. وهو لا يستحق هذا الجهد لمجرد أنه يؤدي إلى استخدام أسهل لما في المكتبة، بل لأنه يمكن القارئ أيضاً من أن يكون دائماً على علم تام بالأعمال والدراسات الجديدة في مجال التخصص، وذلك من خلال استخدام الأدوات البيبلوجرافية المساعدة التي تقدمها المكتبة، والوقوف على المصادر والمراجع التي لا بد من الرجوع إليها (عبدالغني عبود، 1979: ص151). لا يعتبر عدد ساعات القراءة، ولا كمية المذكرات، التي دوّنها الباحث مقياساً يعتمد عليه في تقويم الإنتاج.

1-1-1-4 معرفة المكتبة وتعليماتها

قبل استخدام المكتبة يجب أن يألف الباحث موقعها وإمكانياتها وخدماتها وتعليماتها، وذلك من خلال دليل المكتبة أو موقعها الالكتروني أو بالتدريب العملي فيها، ثم يبدأ العمل كما يشير ديوبولد فان دالين (فان دالين، 1979، ص156) على النحو التالي:

1. البحث عن فهرست البطاقات والنظم العاملة والبرامج الحاسوبية وتبين ما إذا كانت المكتبة تصنف المصادر والمراجع وفقاً لنظام ديوى العشري أو نظام مكتبة الكونجرس الأمريكية أو غيرها من ضروب التصنيف المتبع.
2. بعد أن تُعرف الرموز التي تندرج تحتها معظم الكتب في مجال البحث، يُبحث عنها في أدراج البطاقات أو في الملفات الالكترونية، ثم يقلب البصر في رفوف الكتب ويتعرف على طبيعة

الكتب المتوافرة في الميادين المختلفة في مجال البحث في النظام التقليدي القديم. أما النظم الحديثة فتستخدم الحاسوب والبرمجيات للتصنيف بالمكتبة، وتصريف بقية الأعمال والترتيبات بها.

4-1-1-2 تخطيط عمليات البحث في المكتبة

1. يجب تجنب إضاعة الوقت في القراءة والبحث في المكتبة بطريقة عشوائية، ويمكن تحقيق ذلك إذا خطط العمل، وأوضحت الكيفية التي تنجز كل مهمة بأقصى كفاءة ممكنة قبل الذهاب للمكتبة، وذلك بتحديد البيانات والمعلومات المطلوبة تحديداً تاماً، لأن تحديد نوع المعلومات المطلوبة وكميتها يضيق مجال البحث عن المراجع، ويسرع بالتالي في حصر المعلومات المطلوبة.
2. تعد صياغة كل سؤال يحتاج للإجابة عليه، وذلك من خلال تناول متغيرات الموضوع الفرعية صياغة واضحة بقدر الإمكان، وتدّون أفضل المصادر التي سوف يرجع إليها وبعض المراجع الأخرى البديلة إذا كانت الأولى غير متوافرة أو لم تعط الإجابة المطلوبة، ويفكر كذلك في العناوين الفرعية التي يجب البحث تحتها عن كل موضوع.
3. لكي يتيسر العمل في المكتبة تصنف الأسئلة البحثية في مجموعات وفقاً للآتي:

أ) أقسام المكتبة أو الايقونات التي من المتوقع وجود الإجابة فيها على الأسئلة.

ب) سهولة الحصول على المراجع مثال ذلك الكتب والدوريات المحجوزة التي يشتد الطلب عليها، والكتب التي تعار لليلة واحدة، والكتب التي تعار لمدة أسبوعين، بعد أن ينظر إلى هذه التصنيفات ويرتب العمل وفقاً لأفضل تنظيم منطقي.

4. يراجع جدول مواعيد العمل في المكتبة، ويلاحظ فترات الضغط الشديد، ثم ينظم الوقت بحيث تعمل أقل الفترات ضجيجاً وتنافساً على المراجع والمصادر. أو يلجأ إلى البحث الافتراضي على موقع المكتبة من شبكة الانترنت الداخلية أو الخارجية لها.

4-1-1-3 اكتساب مهارات العمل في المكتبة

ما أكثر المتاعب التي يمكن أن يواجهها الباحث المبتدئ في المكتبة، ولكن كثيراً من هذه المعوقات التي تبعث على الضيق يمكن أن يتجنبها الباحث إذا روعيت الأمور الآتية:

1. ينظم الوقت كلما أمكن ذلك، بحيث يقضي في المكتبة فترة طويلة تكفي لإنجاز عمل معين.
2. يبدأ العمل بالكتب التي حُجزت في المكتبات أولاً، أو اشتغل فيها في الوقت الذي يقل فيه الطلب عليها، ثم ينتقل بعد ذلك إلى المادة الأكثر توافراً.
3. ينبغي قراءة كل المراجع والمصادر في قسم معين من المكتبة، قبل أن يتم الانتقال إلى غيره.
4. بعد العثور على العنوان الذي يبدو مفيداً تستنسخ أو تسجل أو تصور كل المعلومات المتعلقة به.
5. يجب كتابة طلبات إعارة بكل الكتب التي يحتاج إليها في جلسة واحدة.

6. في حالة عدم توفر كتاب حول موضوع البحث، يرسل طلب إستعارة من مكتبة أخرى عن طريق مكتبة الباحث أو مباشرة أو نظام الاستعارة الداخلية inter library loan.

4-1-1-4 تحسين القراءة

من الشروط الأولية للبحث العلمي كفاءة القراءة، والتمكن من أساليب التقويم اللازمة لإستعراض المادة العلمية. وقبل الإنهماك في القراءة بتركيز أكبر ينبغي مراعاة الآتي:

- قبل قراءة الكتاب أو المصنف تستخلص المعلومات الممكنة عنه من بطاقة الفهارس أو قائمة المراجع أو ما كتب عنه في الصحف والمجلات، أو ما قيل حوله في المواقع الافتراضية والاسفيرية على الأمازون أو المنتديات العلمية أو غيرها من مواقع التواصل الاجتماعي وتجمعاته.
- بعد ان ينتقي الباحث أهم المراجع والمصادر المحتملة بالنسبة لموضوعه، ينبغي أن لا ينكب مباشرة في قراءتها من الغلاف إلى الغلاف، بل يتعود على تصفح الكتاب للتعرف على محتوياته بسرعة قبل قراءته بعناية. وفي أثناء قراءة التصدير والتمهيد والمقدمة والتقريظ وأبعاده وطريقة عرضه واتجاهه الخاص ومعالمه المميزة، وفحص قائمة محتوياته ومراجعه وأشكاله وملاحقه، إذا ظهر أن المرجع يحتوى على المعلومات التي ينشدها الباحث ، يتفحص قائمة المحتويات والفهرست ثانية، لكي يحدد الأجزاء التي تنفع بصفة خاصة، ثم يقرأ بعناية عناوين الموضوعات والجمل الرئيسة والخلاصات. من خلال القراءة تدّون أرقام الصفحات التي تضم فقرات ذات مغزى خاص للرجوع إليها بعد ذلك بتفصيل وتحليل أكثر.
- كما ينبغي أن يتقن الباحث المبتدئ فن قراءة المادة البحثية اللازمة للبحث، وينبغي كذلك مراجعة الكتب الأساسية، كما ينبغي مراجعة قوائم الكتب الحديثة، وأن يختار منها أربعة أو خمسة كتب تعطى نظرة شاملة عن الموضوع، ثم تتصفح هذه الكتب للخروج بفكرة متكاملة عن الأقسام المنطقية العريضة للمشكلة. هذا يساعد على إعادة النظر في التصميم المبدئي للبحث (محتويات البحث). قبل بدء الدراسة يتخير الباحث المكان والزمان الذين يعرضان الشخص لأقل قدر من التعطيل وتشتيت الانتباه، ثم القبول على العمل بشوق، وتركيز الانتباه في المشكلة تحت المعالجة وحدها حتي لا ينحرف الباحث عن الغرض الأصلي لأي سبب من الأسباب، إذ ليس بالمستطاع عمل كل شئ مرة واحدة، ومن ثم يركز الجهد في عمل واحد في الوقت الواحد. وعادة يحاول القارئ الذكي أن يصيب المعنى الذي يريد المؤلف أن يعبر عنه، وأن تمثل أفكار المؤلف أمراً حيوياً في البحث العلمي. ومن الخطر تقبل الكلمات المطبوعة بطريقة آلية، فالمراجع تختلف في درجة الإعتماد عليها والثقة بها، لذلك يجب أن تختبر وتقوم تقويماً ناقداً يشمل كل حقيقة وجملة وحجة يمر عليها خلال القراءة. ولاستخدام المكتبة بكفاءة أكبر لا بد من التقليل من التعب المزمن، ونوبات البرد المتوالية، وغيرها من المشكلات الصحية التي تؤثر على كفاءة العمل تأثيراً بالغاً، فمن غير المثمر القراءة بدون نظارة ما كانت هناك حاجة ماسة

إليها، أو في ضوء غير كاف وخافت، أو عندما يكون الباحث منهك القوي. وما ينهك القوى البدنية ويعوق التقدم في البحث الإسراف في القراءة، والإرتباط بالتزامات مهنية واجتماعية أكبر من المستطاع الإضطلاع بها. والتكاسل حتى أن يضطر الباحث بعد ذلك عندما يأزف الوقت إلى الانهماك في العمل. ويجب إذا أريد تحقيق النجاح في البحث تنظيم ساعات العمل بشكل معقول، وأن يتبع أساليب توفير الوقت وإمكانية الحصول على الطعام، وأن تغير ألوان النشاط للترويح عن العقل والجسد. هذه الأمور سوف تجعل الباحث في قمة اللياقة البدنية مما يساعد على بذل مجهود عقلي كبير.

5-1-1-4 كيفية كتابة المعلومات والبيانات

كتابة المعلومات بالبطاقة أو الكراسة أو الحاسوب أو الآي باد أو النوت باد أو غيرها من المعينات research log كالقراءة ليست غاية في ذاتها بل هي وسيلة للمضى قدماً في عملية البحث، وإذا أجريت بإتقان جعلت العقل يقظاً دائماً، ودفعت إلى عقد المقارنات، وملاحقة الاختلافات، ورؤية العلاقات، وتحليل الحجج، وتقويم المعلومات والبيانات وإعادة النظر في الأفكار القديمة وإعادة تقويمها في ضوء ما قرئ حديثاً. إن كتابة المعلومات بطريقة ناقدة مثيرة تقدح الفكر، أما كتابتها بطريقة سلبية فهي عبء رتيب غير مثمر. وبينما ينتج عن تدوين المعلومات بطريقة غير إنتقائية وغير منظمة أكوام متشابكة من المادة العلمية التي تعوق حل المشكلة أكثر مما تسهله؛ تجد النظام الجيد لكتابة المعلومات يحفظ أهم الأفكار في صورة تسمح بنقل العناصر وتجمعها، والمقارنة بينها وتنظيمها كما يشاء الباحث، ومن السهل التنظيم والتأليف بين المعلومات العديدة المحددة المرنة، لتصاغ في أنماط فكرية أصيلة، عما لو كان الواجب معالجة صفحات متصلة من المعلومات الطائشة المختلفة.

يتوقف نوع المعلومات والبيانات التي تسجل في البطاقات أو الكراسات أو مدونة البحث على طبيعة المشكلة التي تعالج، وعلى الخبرات السابقة؛ فقد يلجأ من خلال البحث إلى:

1. نسخ كثير من الحقائق المعينة من المراجع مثل التواريخ والأماكن والأسماء والإحصاءات والمعادلات والتعريفات.
2. تلخيص أو نسخ المناقشات أو الأسئلة أو التفسيرات أو الآراء أو الشروح أو الأوصاف التي يعرفها المؤلفون.
3. كتابة تعليقات حول الانطباع عن المادة العلمية.
4. تقرير العلاقات أو النتائج أو التفسيرات التي تخطر بالذهن خلال مرحلة القراءة والتفكير في البحث.
5. تدوين العناصر التي تحتاج إلى مزيد من البحث.
6. الخواطر والأفكار والشوارد والرؤى وغيرها مما يجب تدوينه وتسجيله.

وتفيد المعلومات التي تدرج وتسجل بالبطاقات في النواحي التالية:

1. تؤيد موقفاً معيناً.
2. تشرح وجهة نظر.
3. تقوم بعمل بعض المقارنات.
4. تساعد في نسج العديد من الأدلة المنطقية.
5. تدعم المناقشة بفقرات حية مناسبة من أقوال الثقات في الموضوع.

إن بطاقات تسجيل المعلومات ومدونة البحث هي اللبنات التي يبنى عليها البحث، وبينما يساعد الجيد منها على إنشاء بناء سليم، قد يكون الضعيف منها سبباً في إنهيار البحث.

الشروط الواجب مراعاتها عند كتابة المعلومات وتسجيلها بالبطاقات أو غيرها من وسائل التسجيل الفعالة والمتجددة:

1. كتابة المعلومات بعد تقويم العناصر: يحسن قبل كتابة أي معلومة أن يتصفح الباحث بسرعة عدداً قليلاً من أفضل المراجع. وعندما يأخذ في قراءة الصفحات المتعلقة بالبحث للمرة الثانية قراءة ناقدة يسجل مواضع الحقائق أو الصفحات المهمة. فإذا كان الباحث يملك الكتاب يضع خطوطاً تحت هذه العناصر، وإذا لم يكن يملكه يسجل مواضعها بإختصار على بطاقة مثال ذلك 198: 2، 4-6 (أي صفحة 198 فقرة 2 من السطر الرابع إلي السطر السادس) ومن المستطاع فيما بعد أن يعاد تقويم الفقرات المخططة أو المثبتة ونسخها أو كتابتها بأسلوب أكثر تعلقاً بالموضوع، كما تتيح المعينات الالكترونية الحديثة من استخدام الالوان والخطوط.
2. كتابة معلومة مرنة وقوية الإحتمال: إن كتابة أي معلومة تصبح بالغة القيمة إذا كانت وحدة كاملة يمكن العثور عليها بسرعة وسط كومة من المعلومات ويتيسر إرجاعها إلى مصدرها الأصلي، ويسهل نقلها من موضع لآخر. إذا كانت كل معلومة مكتوبه على بطاقة واحدة يستطيع الباحث أن يمر بسرعة على عناصر مأخوذة من مراجع كثيرة في أوقات متباينة، وأن يستخرج البطاقات التي تتناول نفس الموضوع، ثم ينبغي أن تنظم بسرعة حسب الترتيب المنطقي الذي يتفق مع تقدير الباحث.
3. كتابة معلومات واضحة: قد يعطل عدم وضوح كتابة المعلومات العمل أثناء كتابة التقرير، فالبطاقة التي أنطمست، وتلك التي يعجز الباحث عن قراءة كلماتها المشوهة، أو التي إمتلأت بالاختصارات المعقدة، تقف كلها عقبات في طريق تقدم الباحث. لذا يجب كتابة المعلومات بحيث يستطيع الباحث قراءة كل كلمة الآن وفي المستقبل.

4. إستخدام أوراق ذات حجم موحد: يحسن أن تكتب كل المعلومات على بطاقات مـن نفـس الحجم نظراً لصعوبة تنظيم البطاقات إذا كتبت على أوراق متباينة الأحجام، في حالـة الطـرق التقليدية. غير أن استخدام البرامج الحاسوبية تجاوز هذه المعضلة وسهل الأمر كثيراً.

5. استخدام وجه واحد من الورق: من الخطأ كتابة المعلومات على وجهي الورقة، ففـي خـلال توزيع البطاقات وترتيبها وفقاً للنظام المنطقي (المحتويات) سيصعب على الباحث رؤيتها جميعـاً كوحدة، وإذا لم يتمكن الباحث من كتابة المعلومة بأكملها على بطاقة واحدة ينبغي أن يكتـب يتبع البطاقة الأولى أو تابع البطاقة الأولى ، ومن الأحوط تدبيس هاتين البطاقتين معاً. أما في حالة الملصقات الحاسوبية مثل sticky note فالأمر ميسر جداً بالكتابة على ذات البطاقة بـألوان جذابة وأحجام متغيرة وفنط متميز.

6. استخدام عناوين للبطاقات تتفق مع تخطيط التقرير (المحتويات): عندما يكتب الباحث المعلومات يجب أن يبين عنوان الموضوع الذي تعالجه البطاقات في الجانب الأيمن من البطاقة على أن يلتـزم الباحث بهذا النظام باستمرار وسوف تسهل هذه العناوين العمل في حصـر وفـرز وتصنيف البطاقات بل وفي كتابة التقرير أيضاً.

7. تسجيل مصدر البطاقات (التوثيق): يسجل الباحث على كل بطاقة المصدر أو المرجـع الـذي استقيت منه المعلومات الواردة في البطاقة، وليكن ذلك في أسفل البطاقة أو داخل متن البطاقـة وفقاً لنظم التوثيق المتبعة في البحث. بعد جمع المعلومات سواء عن طريق البطاقات أو الكراسات أو غيرها من أوجه التسجيل التقليدي أو الافتراضي والالكتروني، هناك العديد من الاستنتاجات لابد من تثبيتها:

● هل استخدم المؤلف مراجع أولية ومصادر؟ هل بنيت الاستنتاجات على حقائق ثابتـة أو نظريات علمية محققة؟ فإذا سجل الانطباع الشخصي عن المادة التي قام الباحث بجمعهـا يجب أن تميز كلمات الباحث عن كلمات المؤلف، بوضعها داخل أقواس أو بوضع علامة أو نجمة بجانبها يشار إليها في أسفل الصفحة بأنها من عند الباحث.

● كما قد تمر بذهن الباحث في لحظة ومضات من الفكر تساعد على ترتيب الحقائـق في تسلسل منطقي. قد يحدث ذلك وهو يحاول عامداً أن يضع الأفكار المتشابكة في نظـام معين، هذه الأفكار قد تعطي الباحث مفاتيح مهمة لحل المشكلات، ولذلك يجب عليـه تسجيلها فوراً فمن السهل أن تفلت من الذاكرة إلى الأبد. ومن الحكمة أن تكتب عبارات واضحة مفصلة عما دفع الباحث إلى هذه الفكرة، وعلاقتها بالدراسة، فقد تمضي أسابيع أو شهور بين الوقت الذي أتت الفكرة فيه ووقت كتابة التقرير.

● وقد تكتب معلومات عن بعض العناصر التي قد تشد انتباه الباحث وهو يحاول التركيـز على شئ آخر، وبينما هو منهمك في القراءة أو في المعلومات وما إلى ذلك قـد يقابـل

مرجعاً قيماً به أفكار مفيدة في دراسته. يحسن أن تسجل هذه الأفكار بسرعة وباختصار لكي يعود إليها فيما بعد، ويمكن تسجيل المعلومات المؤقتة في كراسة خاصة أو على بطاقات تخصص لهذا الغرض، أو ملف الكتروني لوحده.

8. حفظ وترتيب بطاقات كتابة المعلومات: تحفظ بطاقات المعلومات باستمرار في مكان مناسب، لكي يتجنب ضياع المادة خلال عملية جمع المعلومات. ويمكن استخدام حوافظ عامودية، أو حوافظ ذات جيوب منتفخة، أو حوافظ مقسمة، أو ملفات كبيرة، أو صندوق من الورق المقوى ذي حجم مناسب، أو تحفظ على الحاسوب وسطح مكتبه. وللشروع في عملية حفظ البطاقات وتنظيمها بطريقة تسهل كتابة التقرير النهائي توضع حواجز ظاهرة بين البطاقات، عليها عناوين تتفق مع عناوين الموضوعات الرئيسة والفرعية في تخطيط التقرير. ويحتفظ ببطاقات مرتبة باستمرار، فإذا وجد الباحث أن مجموعة منها قد أصبحت غير مهمة كما بدت له من قبل بادر باستبعادها، أو توزيع معلوماتها تحت موضوعات أخرى، وتضاف موضوعات جديدة إذا تبينت الحاجة لها. ويراعى تناسبها مع التنظيم الأصلي للتقرير (المحتويات). ويسهل الحفظ الالكتروني هذه الخطوة بصورة ساحرة.

2-1-4 تصنيف أهم المصادر والمراجع ودراستها

ما المصادر؟ تشتمل المصادر جميع وسائل نقل المعرفة، عدا تلك التي تندرج تحت المراجع، وهي تلك المؤلفات التي وضعت عن الموضوع بدون الاستناد إلى المصادر والمراجع.

ما المراجع؟ تشمل المراجع جميع وسائل نقل المعرفة، عدا تلك التي تندرج تحت المصادر، وهي تلك المؤلفات التي وضعت عن الموضوع بالاستناد إلى المصادر والمراجع، وتختلف قيمتها باختلاف دقة مؤلفيها، وبُعد استقصائهم، وسلامة تحليلهم، وأصالة إنتاجهم، ثم اتقان إخراجها.

1-2-1-4 أنواع المصادر والمراجع:

تضم أنواع المراجع:

1. الكتب، والقواميس، والدوريات، والمجلات، والدراسات والبحوث، وأوراق العمل، وخلاصات الرسائل العلمية، ودوائر المعارف.

تتنوع المصادر بصورة كبيرة وتشمل:

1. المخطوطات التي لم يسبق طبعها.
2. المخطوطات المطبوعة ويفضل ما نشر منها نشراً علمياً محققاً وما كان مجهزاً بالذيول والهوامش والشروح والفهارس.
3. الكتب التي يكون مؤلفوها قد شاهدوا موضوع البحث.

4. السير الذاتية للمفكرين.
5. المدونات المعاصرة.
6. مذكرات القادة والسياسيين.
7. الخطب والرسائل واليوميات والمقابلات الشخصية مع الخبراء.
8. الدراسات الميدانية.
9. القرارات الصادرة عن الندوات والمؤتمرات.
10. نتائج التجارب العلمية.
11. الإحصائيات التي تصدرها الدوائر المختصة.
12. التقارير.
13. السمنارات والندوات.
14. الوثائق.
15. النشرات العلمية.
16. ورش العمل وحلقات الدرس.
17. القوانين واللوائح والنظم.
18. الاجتماعات.
19. الملفات.
20. الاتفاقيات.
21. المسح الاجتماعي.
22. المقالات.

وبالرغم من الفروقات البينية بين المصادر والمراجع إلا أن الغالبية العظمى من الباحثين يرتكزون على قاعدة خاطئة وهي اعتمادهم الأكبر على المراجع أكثر من المصادر، وعلى ضوء هذه القاعدة الخاطئة تشكل المصادر نسبة متدنية جداً في المجموع العام من المصادر والمراجع المستخدمة في بحوثهم. ويعد هذا الاتجاه غير سليم وذلك لأن المراجع تلي في أهميتها أهمية المصادر؛ وذلك لأن المصادر توفر حقائق البحث، والمراجع تعرض أراء واضعيها حول الموضوع مما يقلل من أهمية التركيز على المراجع، كذلك يجب عدم اعتماد المراجع في البحث إلا بعد تقويم معلوماتها. ويقلل من أهمية الأخذ بهذا الاتجاه هو أن معظم المراجع لا ترجع بعض المعلومات بها إلى مصادرها الأصلية، فإذا اعتمد الباحث على هذه المعلومات فكل ما ينبنيه عليها مضطرب وغير حري بالثقة، وهذا يتطلب من الباحث الدقة والتحري. ويجب على الباحث أن يراعي النقاط التالية وهو في غمرة استخدامه للمصادر والمراجع:

عندما يلاحظ الباحث تعارض النص الوارد في المرجع مع النص الوارد في المصدر يعتبر الباحث في هذه الحالة صحة النص الوارد في المصدر أقوى من صحة النص الوارد في المرجع، ويعد

اختلاف المصادر في قضية ما أخطر من اختلاف المراجع لأن المصادر تتحكم بالباحث أما المراجع فهو الذي يتحكم بها فيقر منها ما ينسجم مع مصادره ويرفض ما يعارضها، وقد يكون المؤلف مصدراً ومرجعاً في آن واحد، فيكون مرجعاً إذا كان يعالج آراء حول موضوع محدد، بينما يعتبر من أهم المصادر عندما يتناول الموضوع الذي كتبه مؤلفه، ومما يزيد من أهمية المراجع هي أن المراجع أوفر عدداً من المصادر، وتضم كذلك تحليلات وتعليقات لا توجد في المصادر، والمصادر موثوق بها لصحتها وعدم الشك فيها.

ومن أهم أنواع المصادر والمراجع التي تحتاج للتوضيح التالي:

1. أدلة كتب المراجع: تعتبر من الأدوات التي لا غنى عنها لطالب الأبحاث للحصول على الكتب. والمكتبة السودانية تخلو من دليل مراجع، يوضح تصنيفات المراجع المختلفة التي عملت في نطاق السودان.
2. دوائر المعارف (الموسوعات): يحتاج الباحث إلى دائرة المعارف عندما يريد التأكد من حقيقة معينة، أو معرفة المزيد من المعلومات عن موضوع معين. وتنقسم دوائر المعارف لدوائر معارف عامة ودوائر معارف مختصة.

ماذا تحتوى دوائر المعارف العامة؟

أ) الموضوعات ب) الأشخاص ج) الأحداث د) الأماكن

أمثلة لدوائر المعارف العامة العربية: أ) دائرة معارف القرن العشرين و ب) دائرة المعارف الحديثة

أمثلة لدوائر المعارف العامة الأجنبية: أ) دائرة المعارف البريطانية و ب) دائرة المعارف الأمريكية كما توجد دوائر معارف بلغات مختلفة كالفرنسية والألمانية والإيطالية وغيرها. وهناك دوائر معارف مختصة بموضوع واحد معين في تخصص محدد.

2-2-1-4 القواميس

يحتاج الباحث للقواميس لمعرفة أصل بعض الالفاظ أو معناها لغة أو اشتقاقها أو نطقها أو كيفية استعمالها.

تضم أنواع القواميس التالي:

1. قواميس لغوية (انجليزي، عربي) و(عربي، انجليزي). وتوجد قواميس متخصصة في اللهجات العامية وتعتبر فرعاً من قواميس اللغة.
2. قواميس تراجم: مثل قواميس العلماء.
3. قواميس لموضوعات خاصة، مثل: قاموس التربية، وقاموس علم النفس، والقاموس الطبي، وهي متخصصة، وتفيد الباحث في معرفة معاني المصلحات في مجال تخصصه من الناحية الاصطلاحية.

4. قواميس إلكترونية، وهي برامج حاسوبية يمكن تثبيتها واستخدامها على أجهزة الحاسوب والأجهزة الكفية المحمولة وبعض أجهزة الهواتف الذكية. بعض القواميس – خاصة الكبيرة منها والتي تحدث بصورة دورية – قد تكون في شكل بيانات محفوظة على مخدمات حاسوب متصلة بشبكة الانترنت، حيث يقوم المتصفح أو برنامج القاموس بالاتصال بالشبكة للبحث في القاموس.

3-2-1-4 التقاويم والكتب السنوية

وتضم غالباً أحدث المعلومات والإحصائيات والتغيرات في ميادين متنوعة، ومنها تقاويم وكتب سنوية متخصصة في مجال معين ،كالمجال الاجتماعي والثقافي والإحصائي والقانوني والاقتصادي ... إلخ. ومن أهم التقاويم في هذا المجال:

- الكتب السنوية الصادرة باللغة الانجليزية.
- الكتاب السنوي الصادر عن الجمعية القومية لدراسة الاجتماع في الولايات المتحدة الأمريكية.
- الكتاب السنوي الصادر عن هيئة اليونسكو.

وعلى المستوى العربي:

- الكتاب السنوي في مجال الاجتماع.
- الكتب العربية التي تصدر عن مراكز البحوث والإحصاء.

4-2-1-4 الدوريات والمجلات

الدوريات والمجلات العلمية المحكمة غالباً تتناول الأفكار الجديدة، وآخر التطورات العلمية في المجال المعين قبل أن تظهر في الكتب بفترة طويلة. ولها أهميتها بالنسبة للباحث وذلك لأجل معرفة الدراسات والبحوث الجديدة في مجال بحثه.

وتتعدد أنواع الدوريات والمجلات من حيث الموضوع لتشمل: دوريات ومجلات للبحوث تعرض تلخيصات لكل بحث علمي، وبعضها يلخص الدراسات والبحوث التي أجريت في موضوعات معينة، وتقدم تقويماً للبحوث أو تشير إلى الثغرات، أو نواحي النقص فيها. كما تتنوع المجلات والدوريات من حيث اللغة حيث نجد أن هناك دوريات تصدر باللغة الانجليزية واللغات العالمية الأخرى. وأمثلة المجلات والدوريات الصادرة باللغة العربية: صحيفة المكتبة، ومجلة التربية الإسلامية، وآراء في تعليم الكبار ...الخ.

إلى جانب ذلك توجد بعض الدوريات التي تعرض ملخصات لرسائل الدكتوراة والماجستير في المجالات المختلفة، حيث تمكن الباحثين من إتاحة فرصة الحصول على صورة كاملة من الرسائل العلمية التي غالباً تكون معدة على أفلام ميكروفيلم أو أقراص لدنة أو اسطوانات مدمجة أو في مواقع شبكات الاتصال المختلفة، فتمكن الباحثين من قراءتها والحصول على صورة منها.

3-1-4 خطة جمع معلومات الإطار النظري

بعد الاطلاع على كافة المصادر والمراجع ذات العلاقة بالبحث، يمكن التعرف على العناصر التي يتعين على الباحث إدراجها في البحث، وذلك نظراً لأهميتها ورغبة في توفير المعلومات عنها، وبعد ذلك توضع خطة دقيقة لجمع معلومات الإطار النظري، تتضمن العناوين الرئيسة والفرعية التي يرغب الباحث في معالجتها نقطة بعد نقطة، وهذه الخطة لا بد أن تعرض على الأستاذ المشرف أو الباحث الأول القائد لابداء رأيه فيها وتقويمها تقويماً دقيقاً، حتى تتدارك الأخطاء من البداية وتوجيه الباحث نحو الهدف المنشود (عمار بوحوش 1981: ص 27).

1-3-1-4 تحديد مواقع المعلومات

لكي يقوم الباحث بجمع معلومات وافية عن موضوع البحث، لابد من حصر مواقع جمع المعلومات وهي كما يلي:

1. المكتبات المرتبطة بالمؤسسات الجامعية والأكاديمية.
2. المكتبات المرتبطة بالمؤسسات العامة.
3. المكتبات العامة.
4. المكتبات التجارية والخاصة.
5. المراسلات الخارجية وتشمل: مراكز البحوث والمعلومات الخارجية، وشبكة الاتصالات العالمية (الانترنت).

2-3-1-4 تحديد المعلومات والمصادر والمراجع

تحدد المعلومات والمصادر والمراجع بمعرفة نظام الفهرسة بالمكتبة، ومراجعة تصنيف المراجع بها، وفقاً للموضوع ومن ثم حصر المراجع المتعلقة بالموضوع وتحديدها، وتصميم استمارة حصر المعلومات من المكتبات المختلفة كما في الجدول (4–1).

جدول (4–1): استمارة حصر المعلومات من المكتبات

تحديد اسم المكتبة وموقعها	تحديد أنواع المصادر والمراجع ذات العلاقة بدراسة موضوع البحث.	تحديد أسماء المراجع والمصادر المستخدمة في البحث (التوثيق).	تحديد صفحات الموضوع بالمرجع أو المصدر المعين.	إذا كان الموضوع أقل من صفحة فتحدد أرقام الفقرات ورقم الصفحة.	إذا كان الموضوع أقل من فقرة فيحدد رقم الصفحة ورقم الفقرة ورقم الاسطر المستخدمة في البحث.

3-3-1-4 مفهوم الإطار النظري

يقتضي الإطار النظري أن يكون الباحث ملماً بما يطرح حول الموضوع، وأن يكون ملماً بالنظريات والفلسفات، بحيث يؤدي البحث في النهاية إلى هذا الإطار. وحتى لا يكون البحث هزيلاً فعلى الباحث أن ينطلق من البحوث في الميدان نفسه. إن هذا الإطار النظري هو النظريات والآراء والأفكار في ميدان تخصص الباحث عامة، وموضوع البحث خاصة. هذا ومن أجل توسيع المعرفة ارتفعت في الأونة الأخيرة دعوات تطالب بتصميم أطر وتطوير نماذج نظرية في ميادين مختلفة من المعرفة، لكي تستثير البحث العلمي، وتوجهه وتساعد على تحقيق التكامل فيه؛ وعموماً يمثل الإطار النظري الأسس التي يقوم عليها البحث.

4-3-1-4 جمع معلومات الإطار النظري

بناء على محاور فروض البحث تجمع معلومات محور كل فرض في بطاقات خاصة أو في كراسات أو ملفات تحمل في عنوانها الخارجي عنوان محور الفرض، وبناء على خطة جمع المعلومات النظرية تجمع من المصادر والمراجع المختلفة، على أن توثق هذه المعلومات حسب نوع المصدر أو المرجع المستخدم، كما ينبغي تحديد اسم المكتبة وموقعها لتيسير الوصول إليها في حالة نقص المعلومات.

5-3-1-4 طرق أخذ معلومات الإطار النظري من المصادر والمراجع

بعد أن يحدد الباحث في أحد المراجع أو المصادر مادة تتعلق ببحثه قد تقرر نسخها حرفياً أو اعادة صياغتها أو تقويمها أو كتابتها مختصرة، ويحدد هذا القرار للباحث طريقة نقل المعلومات التي تكتب بها، لا ينسخ الباحث أي عبارة أو كلمة إلا إذا كانت ذات مغزى خاص وبارز وأهمية بالغة للدراسة. وهناك طرق مختلفة لأخذ المعلومة من المصدر أو المرجع تتمثل في: الأقتباس والنقل الحرفي والتقويم وإعادة الصياغة والتلخيص.

يبين جدول (4–2) مقارنة بين بعض البرامج الحاسوبية لكشف الانتحال والتشابه.

جدول (4–2) مقارنة بين بعض البرامج الحاسوبية لكشف الانتحال والتشابه (تغريد عبد الماجد وعصام الماجد، 2015).

المقارنة	Turnitin[16]	iThenticate[17]	Anti-Plagiarism[18]	DupliChecker[19]	Plagiarisma.net[20]
ميزات البرنامج ومتطلباته					
الوظيفة والأداء	لمنع الانتحال، استعراض الدرجات على الانترنت، وتقويم النظراء	يمكن المؤلف من التأكد من من الوثوقية بأصالة عمله وجودته والمراجعة التحريرية الأولية.	أداة مرنة لاكتشاف الانتحال ومنعه للتعامل مع الشبكة العالمية للمعلومات لانتحال	سهل الاستخدام بمجرد نسخ البحث ولصقه أو تحميله للحصول	يعمل على ويندوز وأندرويد، وبلاك بيري

[16] http://turnitin.com/
[17] http://www.ithenticate.com/
[18] http://antiplagiarism.net/
[19] http://www.duplichecker.com/
[20] http://plagiarisma.net/

المقارنة	Turnitin[16]	iThenticate[17]	Anti-Plagiarism[18]	DupliChecker[19]	Plagiarisma.net[20]
	والأقران مع سهولة الاستخدام		النسخ واللصق.	على تقارير.	والانترنت. لكشف التعدي على حق المؤلف ويساعد على تجنب الانتحال.
بيئة البرنامج	+++	++++	++	++	++
كفاءة الكشف والاستخدام الرئيس والتطبيق	++++	++++	++	++	++
المرونة في الكشف والتحليل	+++	++++	+++	+++	+++
نوع البرنامج وطبيعته	متقدم	متقدم	جيد	جيد	جيد
الدقة والتحقق والتثبت	++++	++++ يقارن ملفات العمل مع شبكة الإنترنت وبما يزيد على 40 مليون من المقالات والبحوث المنشورة من أكثر من 600 ناشر علمي وتقني وطبي عالمي وأكثر من مليون من الملخصات والاستشهادات من المجلات، وأكثر من 20000 عناوين الأبحاث وفهرسة أكثر من 10 مليون صفحة يوميا على الإنترنت.	+++ برنامج للكشف الآلي للانتحال الرقمية الناشئ من الشبكة العالمية على قاعدة بيانات مفتوحة ومحركات بحث.	+++	+++
التوافق مع البرامج الأخرى	توافق النتائج	توافق النتائج	لحد ما	لحد ما	لحد ما
الأداء ونواتج كشف الانتحال	++++ متميز	++++ متميز	+++ جيد	+++ جيد	+++ جيد
الجوانب الفنيةا ولاعتماد	++++	++++	++	++	++
القدرة على التكيف والوصول والمرونة	++++	++++	+++	+++	+++
التحقق من الوثائق في شكل	MS Word, WordPerfect, PostScript, PDF, HTML, RTF, and plain text	MS Word, Word XML, WordPerfect, PostScript, PDF, HTML, RTF, HWP, OpenOffice (ODT) and plain text.	.*rtf, *.doc, *.docx, *.pdf		html, doc, docx, rtf, txt, odt and pdf

المقارنة	Turnitin[16]	iThenticate[17]	Anti-Plagiarism[18]	DupliChecker[19]	Plagiarisma.net[20]
التدريب والخبرة العملية اللازمة					
الدورات التعليمية	++++	++++	++	++	++
سهولة التشغيل وحل المشاكل	++++	++++	++++	++++	++++
المهارة والممارسة المهنية	تتقن بسرعة.	تتقن بسرعة.	تتقن بالعمل.	تتقن بالعمل.	تتقن بالعمل.
بصورة عامة					
توافر البرنامج وبرمجياته	متوفر.	متوفر.	متوفر.	متوفر.	متوفر.
اللغات التي يدعمها البرنامج بكفاءة	قرابة 30 لغة.	الانكليزية والكورية واليابانية وله قواعد بيانات لحوالي 30 لغة.			قرابة 190 لغة.
المتطلبات الأساسية والخاصة	• Microsoft®[21] Windows® Vista Service pack 1, Windows® 7, Mac OS X v10.4.11 + • 3GB of RAM or more • 1024x768 display or higher • Broadband internet connection • Firefox 15+, Chrome 23+, Safari 5+, Internet Explorer	• Files cannot exceed 400 pages. • Files cannot exceed 40MBs. • Files cannot exceed 2MB of raw text. • Microsoft® Windows® Vista Service pack 1, Windows® 7, Mac OS X v10.4.11+ • 3GB of RAM or more • 1024x768 display or higher • Broadband internet connection • Firefox 15+, Chrome 23+, Safari 5+, Internet Explorer 9, 10, 11 • Internet	• Maximum 1000 words limit per search Windows 2000 / Windows XP / Windows Vista / Windows Seven • Internet access is required • Microsoft Office is required to access MS Word documents (or Microsoft Office 2010 Filter Packs) • Intel® Pentium® III processor or higher (multi-core processor is recommended) • 512		

[21] http://turnitin.com/en_us/support/system-requirements

المقارنة	Turnitin[16]	iThenticate[17]	Anti-Plagiarism[18]	DupliChecker[19]	Plagiarisma.net[20]
	8* or 9 • Internet browser set to allow all cookies from Turnitin.com/Submit.ac.uk • Javascript enabled	browser set to allow all cookies from ithenticate.com • Javascript enabled	MB RAM • 50 Mb free hard disk space		
تكلفة البرنامج وتكاليف التشغيل	قليلة إلى عالية	عالية	–	–	–
المطور وموقع البرنامج	http://turnitin.com/	http://www.ithenticate.com/	http://antiplagiarism.net/	http://www.duplichecker.com/	http://plagiarisma.net/

2. **التقويم**: التقويم هو إبداء الرأي في المعلومة المستخدمة في الدراسة، والتي أخذت من مصدر أو مرجع معين، سواء كان ذلك بالموافقة على ما ورد فيها أو الاختلاف معه، وفي الحالتين يجب ذكر أسباب الاتفاق وعدمه وتوثق المعلومة هنا على هيئة فقرة.

3. **إعادة الصياغة**: إعادة الصياغة عبارة عن أخذ المعلومة ثم إعادة كتابتها بصيغة جديدة من عند الباحث وبتصرف، أي أخذ الفكرة دون الصياغة، مع توثيق المعلومة المعاد صياغتها، ويتم أيضاً في شكل فقرة.

4. **التلخيص**: التلخيص هو أن يقوم الباحث بهيكلة الموضوع على هيئة عناوين فرعية أو جزئية، ثم يقوم بضغط الأفكار في كل عنوان جانبي، بحيث يتمكن في الآخر من ضغط صفحة كاملة مثلاً في فقرة واحدة، تتضمن كافة الأفكار التي وردت في الصفحة، على أن توثق المعلومة الملخصة على شكل فقرة.

4-1-4 كتابة الإطار النظري

على الباحث ان يشرح قضايا موضوعه بلغة صحيحة وسهلة، بعيداً عن الاسفاف والركاكة، ويتجافى عن التكليف والتصنع، وعليه أن يتقيد فيها بمنطق العلم، ويتجاوز عن دوافع العاطفة الجامحة وملمات الخيال البعيد. ملتزماً الإيجاز الوافي بالغرض، متحاشياً الاسهاب الممل والتكرار المضر، وليكن الرائد في كل ما يكتب الصدق في القول، والأمانة في الأقتباس، والنزاهة في الاستنتاج، وليكن منتهى آراء الباحث أيضاً بلوغ الحق وأداؤه سليماً ناجزاً (كمال البازجي 1986م، ص42). وليس للباحث أن يضم كل ما جمع من قراءاته في رسالته، لأن المطلوب منه إنما هو إستيعاب الموضوع، والمعلومات الزائدة عن مقتضى الموضوع المقحمة فيه لزيادة حجمه تشير إلى عدم تماسك البحث ووحدته العضوية. وعلى الباحث كذلك أن يتأكد

من إحكام التسلسل في عرض القضايا، بحيث تجئ المسألة الواحدة مفضية منطقياً إلى التي تليها، وأن تكون كل فقرة في المسألة الواحدة ممهدة للتي بعدها، فتجئ الرسالة متماسكة الأجزاء منسجمة السياق. ولا غنى للباحث عن الاستعانة بضوابط الكتابة، وليس المقصود بالتزام الضوابط وضعها في كل مكان ترد فيه، بحيث يجئ الكلام بالشكل الكامل، وإنما هي واجبة حيث تزيل الالتباس وتسهل القراءة الصحيحة. واستخدام الأرقام والرموز في متن الرسالة يفضل فيها أن تكتب بالالفاظ، ومما يقتضيه اتقان التعبير ببراعة استخدام الرموز الاصطلاحية في الكتابة.

من الأخطاء المعيبة في الكتابة عدم الترابط بين أجزاء الأطروحة أحياناً، إذ ينتقل الباحث من قسم إلى قسم، دون أن ينبه إلى صلة الأول بالثاني. وينبغي أن تأخذ الألفاظ والجمل بعضها برقاب بعض، وكذلك ينبغي ترابط الفقرات بعضها بالبعض، لتؤدي إلى فصول مترابطة، في سلسلة حلزونية يكون أول كل منها متصل بآخر ما سبقه على نحو من الاتصال (عبدالرحمن أحمد عثمان، 1995: ص 164).

1-4-1-4 قواعد عامة في الكتابة

أول هذه القواعد في كتابة تقرير البحث أن يكون الكاتب موضوعياً في كتابة التقرير. إن تقرير البحث وثيقة علمية، وليس قصة أو رواية، أي أنه لا ينبغي أن يحتوى التقرير على عبارات ذاتية أو انفعالية، فضلاً عن ذلك فإنه لا ينبغي أن يكتب التقرير كما لو أنه مختصر قانوني يستهدف عرض الأدلة. وينبغي تجنب استخدام الضمائر الشخصية في الكتابة (ل.ر جاى، 1993: ص531).

ومن القواعد الجديرة بالاهتمام أيضا:

الاعتماد على النفس في الكتابة وعدم الافراط في النقل الحرفي أو الاقتباس، والابتعاد عن التحيز لفكرة معينة، وإهمال بعض الحقائق التي تتعارض مع أفكار الباحث، واستعمال المصادر الحديثة في الكتابة، والتسلسل في الكتابة، وحسن ربط الجمل بعضها ببعض والاعتماد على الجمل القصيرة في الكتابة بدلاً عن الجمل الطويلة المملة والالتزام بقواعد التوثيق واستعمالها بكفاءة وجدارة.

5-1-4 الإشارات والمختصرات الفنية المستخدمة في البحث العلمي

يقصد بالإشارات والمختصرات الفنية تلك الالفاظ أو الكلمات أو المصطلحات أو التعابير التي يكثر ورودها في البحث. وقد تعارف الناس واتفقوا على اختصارها، وذلك بإعطاء رمز خاص لكل منها، لكي تعرف به. ويجب على كل باحث أن ينتبه إلى ألا يقوم بوضع اختصار أو رمز يشير إلى شئ معين، إلا إذا جرى العرف على قبوله واتفق على استخدامه. وهناك نوع من الإشارات تستخدم لتدل على المراجع المعينة المستخدمة في البحث وترد هذه الإشارات في صلب البحث، والغرض منها يمكن تلخيصه في التالي:

1. الاعتراف بفضل أصحاب تلك المراجع والمصادر والاعتراف بجهودهم التي انتفع بها.
2. ليدل على أن الباحث قد اطلع بما فيه الكفاية واستوعب المراجع المهمة المتصلة بالدراسة.
3. لتتاح الفرصة لقارئ البحث للقيام بدراسة أوسع على ضوء تلك المراجع أوعلى الأقل مطالعتها.

كل ذلك تتساوى فيه المراجع سواء كانت مطبوعة أو مخطوطة أو محاضرة أو مشافهة، ويكون على هـــذه النحو ,,....،،[3]على أن هذا النوع من الاشارات في صورة أرقام عادية توضع في مكان خاص من صـــلب البحث ليشير إلى ما في الهامش من مراجع كما سبق. وقد تكون في صورة ايضاحات لتفصيل مجمـــل، أو تحقيق موضع، أو تعريف شئ، أو شخص وما إلى ذلك، ويميز بعلامة خاصة مثل النجمة على النحو التالي: (*) إذا أريد الايضاح لمرة واحدة، والنجمتين (**) إذا أريد الايضاح لمرة أخرى في نفس الصفحة.

4-1-5-1 أمثلة لبعض المختصرات العربية في البحث

1. طبعة من كتاب ط–، طبعة ثانية ط2، وثالثة ط3.
2. صحيح البخاري خ، صحيح مسلم م، الصحيحان ق.
3. إلى آخره الخ. انتهى أهـــ، جزء ج، صفحة ص، سطر س.
4. قبل الميلاد ق.م، بعد الميلاد د.م، التاريخ الهجري هـــ.
5. صفحات متتابعة ص13–15.
6. مرجع ذكر للمرة الثانية على التوالي في نفس الصفحة، نفس المرجع.
7. مرجع ذكر للمرة الثانية على التوالي في صفحة أخرى، المرجع السابق.
8. مرجع ذكر للمرة الثانية وفصل بينهما بمرجع آخر، المرجع السابق ذكره.

تكتب هذه العبارات في الهامش ويشار إليها بأرقام في صلب البحث.

4-1-5-2 أمثلة لبعض المختصرات الأجنبية في البحث

1. المرجع السابق Ibid .
2. المرجع السابق من نفس الصفحة Idem .
3. المرجع السابق ذكره op.cit .
4. المرجع السابق ذكره من نفس الصحفة Loc.cit .

وتعتبر المصطلحات أو الاختصارات الأربعة السابقة ذات اصل لاتيني، وفيما يلي بعض المختصرات الانجليزية كأمثلة:

a. صفحة p. = page ، صفحات pp . pages.
b. ترجمة Tr. Translation ، مجلد VOL = volume
c. جزء pa = Part ، طبعة Ed = Edition
d. بدون تاريخ N.D. = No date
e. الناشر Ed. = Editor
f. مؤلف، مصنف، جامع مادة علمية COM. = compiter

g. حق التأليف copyright = .©

h. فصل Chapter = .cha

i. الطبعة الثانية 2nd Ed = 2nd Edition

j. بدون مكان النشر N.P = No place

k. فقرة Para. = Paragraph

4-1-6 كيفية توثيق المعلومات من المصادر والمراجع

هي الطريقة التي تثبت بها المعلومات الأساسية للمصدر أو المرجع الذي تيسر الوصول إليه، وذلك بغرض التأكد من أن المعلومة المأخوذة من المرجع أو المصدر هي حقيقة مأخوذة منه، تحقيقاً لمبدأ الأمانة العلمية والابتعاد عن باب السرقات العلمية. ويفيد ذكر بعض المعلومات الأساسية عن المصدر أو المرجع بغرض التوثيق كذلك في عدد من الأغراض:

1. فهي تسجل نسخة صحيحة من المعلومات الكاملة عن المرجع، سواء كان كتاباً أو مقالاً في مجلة أو أي مرجع آخر يلزم في البحث.
2. تساعد في العثور على المرجع بسرعة داخل المكتبة.
3. تحفظ تقريراً مختصراً عن طبيعة المرجع وقيمته بصفة عامة.
4. تضم المعلومات اللازمة لكتابة المصادر والمراجع.

4-1-6-1 *التوثيق في مقدمة البحث*

يأتي بعد الأقتباس مباشرة داخل متن البحث، حيث يكتب أولا اسم المؤلف والسنة وداخل قوس كبير(-/-) يوضع رقم متسلسل أول يعني ترتيب المرجع في قائمة المصادر والمراجع، ثم رقم ثاني داخل القوس أيضاً ويعني رقم الصفحة أو الصفحات التي أخذت منها المعلومات.

مثال: التطبيق (....) أحمد بدر، 1975 (3:10) أي مرجع رقم 10 صفحة 3.

4-1-6-2 *التوثيق في متن البحث*

أي في داخل البحث بخلاف المقدمة، ويلجأ إليه الباحث في حالة وجود قائمة للمصادر والمراجع في نهاية كل فصل، حيث ينبغي أن يذكر الاسم والسنة، ويوضع رقم أول هو رقم المرجع في نهاية الفصل ورقم ثاني هو رقم الصفحة. مثلاً: التطبيق//...// أحمد محمد علي 1990م (2:14) أي مرجع رقم 14 صفحة 2.

4-1-6-3 *توثيق لهامش الأسم أسفل الصفحات*

في حالة ذكر الأسماء مثلاً توضع علامة (*) في نهاية الأسم ويشار إليها في الهامش. وذلك عندما يريد الباحث أن يزود القارئ ببعض المعلومات عن المؤلف. مثال: (وقد أشار البروفيسور محمد هاشم عوض* إلى

...) وتوثق في نهاية الصفحة بذكر طبيعة ومكان عمله كما يلي: (* خبير إقتصادي ووزير اقتصاد سابق وأستاذ الأقتصاد بكلية الاقتصاد جامعة الخرطوم).

4-6-1-4 التوثيق أسفل الصفحات

1. الكتاب العربي بأحواله المختلفة:

أ) في حالة وروده للمرة الأولى:

الترتيب: اسم المؤلف، عنوان الكتاب، ومكان النشر، والناشر، وسنة النشر، ورقم الصفحة أو الصفحات.

مثال: أحمد بدر، الاصول الإدارية للتربية، القاهرة المكتبة الانجلو المصرية، 1975، ص 15.

ب) في حالة وروده لمرتين متتاليتين:

الترتيب: اسم المؤلف، عبارة (المرجع السابق)، الصفحة.

مثال: أحمد بدر، المرجع السابق، ص 28.

ج) في حالة وروده لمرتين غير متتاليتين:

الترتيب: اسم المؤلف، وعنوان الكتاب، وعبارة (مرجع سابق) أو (سبق ذكره) أو (السابق الذكر) أو (السابق ذكره)، الصفحة.

مثال: أحمد بدر، أصول التربية الإدارية، مرجع سابق، ص 47.

د) ملاحظات حول توثيق الكتب العربية:

- إذا كان للكتاب العربي مؤلفين يذكر الاسمان معاً.
- إذا كان للكتاب العربي أكثر من مؤلفين يذكر اسم أحدهم وعبارة (وآخرون).
- يجب وضع خط تحت اسم الكتاب في كل الحالات السابقة.
- إذا كان للكتاب أكثر من جزء تضاف كلمة اختصار الجزء (ج...) بعد عنوان الكتاب، مثلاً الجزء الرابع (ج4).
- إذا كان للكتاب أكثر من طبعه تضاف كلمة الطبعة (ط...) بعد عنوان الكتاب، مثلاً الطبعة الثالثة أو (ط3).
- إذا كان للكتاب أكثر من جزء وأكثر من طبعة يختصر (ج3/ط5) وتوضع بعد العنوان وتكمل بقية بيانات التوثيق.

2. الكتاب الأجنبي بأحواله المختلفة:

أ) في حالة ورودة للمرة الأولى:

الترتيب: أسم المؤلف، والعنوان، ومكان النشر، والناشر/ وسنة النشر، والصفحة.

مثال: J. Dewy, Education, New York, Hidson Press 1995 P.7 مـــع ملاحظة كتابة الأسم الثالث في البداية وهو اسم العائلة بينما يكتب الأسم كاملاً في الكتـــاب العربي.

ب) في حالة وروده لمرتين متتاليتين:

الترتيب: أسم المؤلف مع إضافة عبارة IBID وهو اختصار لاتيني يعني المرجع السابق. ورقم الصفحة أو الصفحات.

مثال: J. Dewy,IBID,P.62 .

ج) في حالة وروده لمرتين غير متتاليتين:

الترتيب: اسم المؤلف، أسم الكتاب، وضع اختصار OP.CIT وهو اختصار لاتيني يعني المرجـــع الذي سبق ذكره، رقم الصفحة أو الصفحات.

مثال: J. Dewy, Education, op. Cit p.64 .

د) ملاحظات حول توثيق الكتاب الأجنبي:

- إذا كان للكتاب مؤلفين يذكر اسميهما.
- إذا له أكثر من مؤلفين يذكر أســم أحـــدهم وعبـــارة (And others, et al) أي وآخرون.
- إذا كان للكتاب أكثر من جزء يضاف (إختصار) part مثلاً pa.6 يعني الجزء السادس اختصار لكلمة part بعد العنوان.
- إذا كان للكتاب أكثر من طبعة تضاف رقم الطبعة مثلاً (Ed4) يعني الطبعة الرابعة بعـــد العنوان وهي اختصار لكلمة Edition والتي تعني طبعة إضافية.
- إذا كان للكتاب أكثر من جزء وأكثر من طبعة يضاف الاختصاران معاً بعد العنوان كمـــا يلي أسم المؤلف العنوان (pa6.Ed4).

3. الكتاب المترجم:

وهو الكتاب الذي ترجم من لغة أجنبية إلى اللغة العربية.

الترتيب: اسم المؤلف، العنوان، ترجمة (مع ذكر اسم الشخص المترجم أو الأشخاص الذين قاموا بالترجمة)، مكان النشر، والناشر، والسنة، والصفحة أو الصفحات.

مثال: ديو بولدفان دالين، مناهج البحث في التربية وعلم النفس، ترجمة محمد نبيل نوفل وآخرون، القاهرة، مكتبة النهضة المصرية، 1985، ص16.

4. القانون:

الترتيب: اسم الدولة، نوع القانون، الوزارة أو الهيئة أو الجهة التي أصدرت القانون، اسم القانون، والسـنة، واسم الجريدة الرسمية التي نشرته، وتاريخ النشر بالجريدة الرسمية، والصفحة أو الصفحات.

مثال: جمهورية السودان، قرار وزاري، ديوان النائب العام، قانون المصنفات الفنية لسنة 1974 وزارة العدل الجريدة الرسمية لجمهورية السودان، قانون رقم 13 الخرطوم 10 سبتمبر 1994 ص16.

5. الرسالة العلمية:

ويقصد بها رسالة الدبلوم أو الماجستير أو الدكتوراة، وهذه النوعية من الرسائل هي التي يستوثق ما يؤخـذ منها من معلومات.

الترتيب: اسم كاتب الدراسة، عنوانها، ونوعها، وتحديد عما إذا كانت (منشورة أو غير منشـورة)، اسـم الكلية، واسم الجامعة، والسنة، والصفحة.

مثال: أحمد الشيخ حمد إتجاهات البحث العلمي رسالة ماجستير (غير منشورة) كلية التربية جامعة الخرطوم 1994م ص7-14.

6. المقابلة الشخصية:

الترتيب: كلمة مقابلة (مع اسم الشخص الذي أجريت معه المقابلة)، طبيعة عمله، ومكان عمله، ومكـان إجراء المقابلة، وتاريخها.

مثال: مقابلة مع محمد هاشم عوض خبير اقتصادي ووزير سابق للاقتصاد وأستاذ الاقتصاد جامعة الخرطوم مكتب عميد كلية الاقتصاد جامعة الخرطوم 17 يناير 1995م.

7. المقال في صحيفة أو مجلة علمية محكمة:

الترتيب: اسم كاتب المقال (عنوان المقال) اسم المجلة أو الصحيفة، رقم المجلد، رقم العدد، مكـان النشـر والناشر وتاريخ النشر والصفحة أو الصفحات.

مثال: خضر حسن بخيت (العلم في حياتنا) مجلة التوثيق التربوي المجلد الرابع، العدد التاسع، الخرطوم، وزارة التربية فبراير 1986 ص4.

8. كتاب صادر عن مؤسسة أو هيئة أو منظمة:

الترتيب: اسم المؤسسة أو الهيئة أو المنظمة، عنوان الكتاب، مكان النشر، والناشر، وسنة النشر، والصفحة أو الصفحات.

مثال: المنظمة العربية للتربية والثقافة والعلوم الإحصاء التربوي في الوطن العربي. القاهرة، مطبعة المنظمة العربية 1985ص7.

9. فقرة من كتاب منقولة لكتاب آخر:

أي أن صاحب الكتاب اقتبس الفقرة من كتاب آخر فيفضل الرجوع إلى المصدر أو المرجع الأصلي لأخذ المعلومة ولكن إذا تعذر ذلك تؤخذ من مصدرها الأخير فتوثق كما يلي:

الترتيب: عنوان الفقرة المقتبسة نقلا عن (ذكر اسم الشخص الذي اقتبست منه الفقرة)، عنوان كتابه، ومكان نشره، والناشر، وسنة النشر، والصفحة.

مثال: اللجوء السياسي نقلا عن عبد الله باجبير اللاجئ السياسي العربي في الغرب، الرياض، المطبعة العصرية 1989 ص 60.

فإذا لم يكن للفقرة عنوان يقوم الباحث بإختصار عنوان لها من نفسه ومن سياق المعلومة المقتبسة ثم تكمل بيانات التوثيق كما ذكر آنفاً.

10. الوثيقة الحكومية:

الترتيب: اسم الدولة، اسم الهيئة أو المؤسسة التي أصدرت الوثيقة الحكومية، ومكان النشر، والناشر، وسنة النشر، والصفحة.

مثال: جمهورية السودان، وزارة العدل، لائحة تنظيم أعمال الشرطة الشعبية، الخرطوم، مطبعة وزارة العدل1992 ص 10.

11. الندوة أو المؤتمر:

الترتيب: اسم كاتب الورقة، عنوان الورقة المقدمة في الندوة أو المؤتمر، اسم المؤتمر أو الندوة، ومكان انعقاد الندوة أو المؤتمر، وتاريخ انعقاد الندوة أو المؤتمر.

مثال: حسن أحمد حسن مستقبل المرحلة الثانوية، ورقة مقدمة لندوة إصلاح سياسات التعليم بالسودان، الخرطوم قاعة الشارقة، إبريل 1997م .

12. المحاضرة:

الترتيب: محاضرة القاها كذا، بعنوان كذا، على طلاب بقسم كذا، بكلية كذا، بجامعة كذا، بالقاعة كذا، بتاريخ كذا.

مثال: محاضرة ألقاها، عصام محمد عبد الماجد ولبنى عصام محمد عبد الماجد، بعنوان، ارشادات اساسية لاختيار التخصص الجامعي المناسب للأبناء، نظمت بوساطة صفحة المجتمع السوداني بالتعاون مع

رابطة عزة السودانية في دوحة قطر، بالمركز الثقافي السوداني بالدوحة بقطر، بتاريخ السبت الموافق 9/5/2015 - 20 رجب 1436 هـ،

7-1-4 علامات الترقيم

علامات الترقيم هي رموز توضع بين الجمل أو الكلمات لتيسير عملية الفهم للقارئ، وهي بمثابة الحركات والاشارات بالنسبة للمتكلم في أهميتها، وفي أحيان كثيرة يتوقف الفهم والإدراك عليها عند سماع الكلام مكتوباً كان أو ملفوظاً.

هناك بعض علامات الترقيم المهمة التي يلزم الباحث أن يحسن استخدامها ووضعها في مواضعها المناسبة والضرورية بحيث تجعل البحث مكتوباً بصورة سليمة ومقروءاً قراءة صحيحة تساعد على الوصول إلى الأفكار والمعاني الظاهرة والخفية التي تحويها الجمل، وما يتكون منها من فقرات متلاحقة (أحمد شلبي، 1981). وهذه العلامات ضرورية جداً في البحث، وعلى الباحث أن يراعيها تماماً. وذلك لأنه قد لوحظ تكرر الأخطاء في استخدامها من قبل الباحثين بدرجة تفوق بقية قواعد الكتابة السليمة، حتى بدا كأن استخدام الترقيم أمر متروك للباحث.

يحدث هذا بالرغم من أن علامات الترقيم متفق عليها عالمياً، وهي كما يلي حسب استخدامها المتعارف عليه:

1) **النقطة** (.) وتوضع النقطة في نهاية الجملة التامة المعنى المستوفية لكل مكملاتها اللفظية، وكذلك توضع عند انتهاء الكلام. وتستخدم:

أ) في نهاية الجملة التامة المعنى مثل: الدنيا ساعة فاجعلها طاعة.

ب) عند انتهاء الكلام أو انقضائه: الدين عند الله الإسلام.

2) **الفاصلة** (،) وتستخدم:

أ) بعد لفظ المنادى مثل: يا علي، أقبل ولا تخف، أحضر الكراسة.

ب) بين الجملتين المرتطبتين في المعنى والإعراب مثل: خير الكلام ما قلّ ودلّ، ولم يطل فيمل.

ج) بعد جملة الشرط الطويلة مثل: إذا دعتك قدرتك إلى ظلم الناس، فتذكر قدرة الله عليك. وكذلك جملة القسم الطويلة.

د) بين المفردات المعطوفة التي يبدو ما تعلق بها شبيه بالجملة، مثل: ما خاب تاجر صادق، ولا تلميذ عامل بنصائح والديه ومعلميه، ولا صانع مجيد لصناعته غير مخلف لمواعيده. من عاش مات، ومن مات فات، وكل ما هو آت آت. فهذه كلها كلمات وجمل قصيرة.

3) **الفاصلة المنقوطة** (؛) وتوضع في الأحوال الآتية:

أولاً: بعد جملة ما بعدها سبب فيها (بين جملتين إحداهما سبب في الأخرى)، مثل: محمد من خيرة الطلاب في فرقته؛ لأنه حسن الصلة بأساتذته وزملائه، ولا يتخلف عن المدرسة قط، ويستذكر دروسه بعناية وجد.

ثانياً: بين الجملتين المرتبطتين في المعنى دون الاعراب، مثل: إذا رأيتم الخير فخذوا به؛ وإن رأيتم الشر فدعوه.

4) **النقطتان** (:) وتستخدمان:

أ) بين القول والمقول مثل: قال الله تعالى: "كلوا من طيبات ما رزقناكم".

ب) بين الشئ وأقسامه وأنواعه مثل:

الاتجاهات أربعة: شرق وغرب وجنوب وشمال.

أصابع اليدين خمس: الإبهام... .

اثنان لا يشبعان: طالب علم، وطالب مال.

ج) بين المجمل وتفاصيله مثل: أركان الإسلام خمسة: الشهادتين والصلاة والزكاة والصيام والحج.

د) قبل الأمثلة التي توضح قاعدة كما هو بعد كلمة مثل الواردة هنا.

5) **علامة الاستفهام** (؟) وتستخدم عقب جملة الاستفهام سواء أكانت أداة ظاهرة أم مقدرة. سواء ذكرت الأداة مثل: كم عمرك؟ أو لم تذكر مثل: تسمع ندائي ولا تجيب؟.

6) **علامة الانفعال** (!) توضع في آخر جملة يعبر بها عن فرح أو حزن أو تعب أو استغاثة أو تأسف، مثل: يا بشراي! وا أسفاي! ما أجمل البستان!.

7) **علامة الشرط، أو الشرطة** (–) وتوضع في المواضع الآتية:

أولاً: في أول السطر في المحاورة بين اثنين إذا استغنى عن ذكر اسميهما، مثل: قال فلان لفلان: ما بلغ من عقلك؟.

- ما دخلت في شئ قط إلا خرجت منه.
- أما أنا فما دخلت في شئ قط وأردت الخروج منه.

ثانياً: بين العدد (لفظاً أو رقماً) والمعدود – ويكثر استعمالها عندما يكون العدد رقماً – إذا وقعا عنواناً في أول السطر، مثل:

أولاً– .... أو 1– ....

ثانياً– ....أو 2– ....

ثالثاً– .... أو 3– ....

8) **الشرطتان** (– ...–): توضعان لتفصلا جملة أو كلمة معترضة، فيتصل ما قبلها بما بعدها، مثل: مختصرة – بتصرف – من كتاب ...

9) **علامتا التنصيص** ("...") ويوضع بين قوسيهما المزدوجين الصغيرين كل ما ينقله الباحث من كلام الغير ملتزماً بنصه وما فيه من علامات الترقيم؛ أي يوضع بينهما الاقتباس لكي يتميز عن كلام الباحث، كما يوضعان حول عناوين المقالات والمسودات والبحوث غير المنشورة. مثل: كما ذكرت الآية "إن الله لا يغفر أن يشرك به".

10) **القوسان** (...) ويستخدمان بحيث يوضعان في وسط الكلام ويكتب بينهما الألفاظ التي ليست من الاركان الأساسية في الكلام مثل: الجمل الاعتراضية والتفسير والتعبير والدعاء القصير والفاظ الاحتراس وغير ذلك مما يقطع توالي أركان الجملة الواحدة مثل: بلادنا (حفظها الله) في تقدم مستمر. ومثل: الفقر (على حرارته) أهون من ذل السؤال. ومثل: ذل (بالذال) تختلف عن زل (بالزاي).

11) **القوسان المركنان** ([...]) ويستخدمان بحيث يوضع بينمها لفظ أو الفاظ زائدة يدخلها الباحث على الكلام المقتبس مثل: قال رسول الله صلى الله عليه وسلم (ليس من البر الصيام [فرض أو تطوع] في السفر).

12) **علامة الحذف** (...) وتستخدم بحيث توضع في المكان المحذوف من الكلام الذي اقتبسه الباحث وهي نقاط أقلها أفقية ثلاث. مثل: ... . (أحمد شلبي، 1981م).

تنبيه: يجب الانتباه إلى أنه لا يجوز وضع علامة من علامات الترقيم في أول السطر إلا علامة التنصيص والقوسين والشرطة في إحدى استعمالاتها.

8-1-4 خطة جمع معلومات الدراسات السابقة

1-8-1-4 مفهوم الدراسات السابقة

تعني الدراسة السابقة أن هناك دراسات مماثلة للدارسة الحالية، أو قريبة منها، يمكن أن يستند إليها الباحث في تصميم البحث وفي اختيار الأدوات والعينة والأساليب الإحصائية وصياغة الأهداف والفروض وفي تفسير النتائج، فالدراسة السابقة هي الدراسة المباشرة أو الدراسة ذات الصلة بموضوع البحث الذي يقوم الباحث بإعداده.

2-8-1-4 اتجاهات حول أهمية الدراسات السابقة

أ) اتجاه يؤكد الحاجة إلى الدراسات السابقة في الجوانب التالية:

1. علاقة الدراسة السابقة بهدف الدراسة القائمة وعلاقتها بالإطار النظري وبالتصميم وبالنتائج والأدوات.

2. المقارنة، وصياغة الفرضيات، والتشابه والاختلاف.

ب) اتجاه يرى أن يحتفظ الباحث بنتائج إطلاعه على الدراسات السابقة إلى وقت مناقشة نتائج بحثه كـأن تستخدم للإستشهاد على مدى الاتفاق أو الاختلاف معها؛ وهذا يعني عدم تخصيص فصل لتلك الدراسات السابقة. ويعتبر أن الدراسات السابقة أمر لازم في إجراء البحث لأنها تخدم مراحل البحث كافة.

إن استعراض الدراسات السابقة يؤدي إلى إثراء فكر الباحث واستنارته. ويلاحظ الباحث في تلك الدراسات الثغرات في المعرفة والنتائج المتضاربة. وكذلك فإن دراسة الباحث لأعمال غيره من الباحثين توقفـه علـى طريق التصدي لمشكلة من المشكلات وعلى الحقائق والمفاهيم والنظريات وقوائم المراجع التي تثبت فائـدتها بالنسبة لبحثه. أيضا تمنع الباحث من استخدام الأساليب التي ثبت عدم جدواها.

ولما كان الاستعراض العميق والناقد للبحوث والدراسات السابقة يمكن أن يساعد الباحث على زيادة كفاية عمله ونوعه، فإن على الباحث أن يبذل كل جهده حتى يتقن هذا الفن. وعلى الباحث أن يتجنب طريقـة المناقشة السطحية التي تقتصر على أنه أتفق مع نتائج فلان أو خالفها، بل لا بد من أن يفسر لم حصل هـذا الاختلاف أو ذلك الاتفاق. كما ينبغي على الباحث أن يفهم أن عملية البحث ليست عملية تقليد، وإنمـا عملية إبداع وإبتكار. كما تعتبر الدراسات السابقة في مجال البحوث بمثابة المنارات التي يهتدي بها الباحث في مسيرة بحثه، خاصة تلك الدراسات التي تتصل بصورة مباشرة بموضوعه.

يمكن أن تنقسم الدراسات السابقة إلى:

أ) الدراسات السودانية،

ب) الدراسات العربية،

ج) الدراسات الأجنبية.

والهدف الأساس من عرض الدراسات السابقة هو توضيح الأدوات التي استخدمت والمتغيرات التي إهتم بها الباحث، والتوصل إلى فروض البحث، ومعرفة الإجراءات التي اتبعها، والأساليب الإحصائية المناسبة لتحليل البيانات وكفاية عنايتها وسلامة مناهجها ودقة استنتاجاتها وسد الثغرات في الدراسات السابقة، وإمكانيـة معرفة إذا كانت الدراسات السابقة للبحث ستضيف جديداً أم أنها تبين للباحث أن ما هو مقدم عليه قـد سبق أن قام ببحثه شخص آخر فيعدل عنها، أو أن المشكلة الراهنة لم تحل حلاً كافياً.

3-8-1-4 كيفية عرض الدراسات السابقة

قد تعرض الدراسات السابقة بأسلوب العرض التاريخي، فيبدأ الباحث بعرض أقدم الدراسات ثم أحدثها، مثال: في مقال لتورسين (1988) بعنوان ... أوضح (ثم يذكر الفرض من الدراسة وإجراءاتها وأهم نتائجها ومدى الاستفادة منها).

وأسلوب العرض التاريخي يعتبر أسلوباً غير دقيق، وأسلوباً تقليدياً، يجب أن يتجنبه الباحث لأنه يرغم القارئ على أن يتمثل بنفسه الحقائق، ويستنتج العلاقات بين البحوث المثبتة (التي تعتبر دراسات سابقة) وبين المشكلة موضوع البحث.

4-8-1-4 العرض الاجمالي للدراسات السابقة

يجب عرض الدراسات السابقة عن طريق جمع الحقائق والنظريات المناسبة مع بعضها البعض، ويستنتج منها الباحث شبكة من العلاقات تبين المعلومات والبيانات بحيث تكشف عن الفجوات من هذه الدراسات وتشير إلى القضايا المتضمنة في البحث، وتمهد الطريق للانتقال المنطقي لصياغة الفروض. وفي هذا الأسلوب من العرض توضع مجمل الدراسات السابقة تحت العنوان المناسب، حيث يلخص الباحث ما إستفاده من الدراسات السابقة وبعد هذا العرض والتعليق على هذه الدراسات السابقة يبقى السؤال التالي: ما الجديد في هذه الدراسة الحالية؟ ومن ثم يوضح الباحث الجوانب التي لم تطرقها الدراسات السابقة، ومدى اختلافة مع الدراسات السابقة، وعما إذا كانت الدراسات السابقة كافية؟ أم أن ميدان الدراسة يحتاج إلي المزيد من الدراسات؟

أخيراً في حالة عدم وجود دراسات سابقة لمشكلة ما، فإن هذا يجعل الدراسة الراهنة دراسة رائدة، وهذا يتطلب من الباحث جهداً أكبر في تصميم البحث وإنجازه.

2-4 مصادر جمع المعلومات الميدانية

1-2-4 مجتمع البحث وكيفية اختيار العينة

يعتبر مجتمع البحث هو المجموعة الكلية من العناصر التي يسعى الباحث إلى أن يعمم عليها النتائج ذات العلاقة بالمشكلة موضوع الدراسة، كما يعرفه مصطفى زايد (1990م: ص104) بأنه "**مجموعة من العناصر الطبيعية محل البحث**"، أي مجموعة العناصر المطلوب معرفة خصائصها. وقد يتكون مجتمع البحث من أفراد بشرية أو حيوانات أو نباتات أو جمادات حسب ما يقتضيه مجال الدراسة. ويتضح مجتمع البحث عادة من خلال عنوان الدراسة. ويتناول الباحث مجتمع البحث بالدراسة من خلال التحدث عن تصنيفاته، ويأتي في هذا المقام الحديث عن أماكن تواجد أفراد المجتمع. كما يتحدث الباحث عن وصفه لمجتمع البحث، وعن خصائصه، وتتضح هذه الخصائص من خلال وصف لطبيعة عمل أفراد مجتمع البحث. وأخيراً عند وصف

مجتمع البحث يذكر العدد الكلي، والذي يأتي وفقاً لنتيجة الحصر الإحصائي الشامل الذي يقوم به الباحث في ميدان الدراسة.

لما كان من المتعذر أحياناً الاتصال بجميع أفراد مجتمع البحث بغرض الحصول على المعلومات والبيانات المطلوبة للدراسة؛ عندها لن يستطيع الباحث التمكن من استخدام طريقة الحصر الشامل التي تشمل توزيع أداة البحث على كافة عناصر مجتمع البحث، والتي تستخدم إذا كان الباحث لا يعرف طبيعة مجتمع البحث، لذلك لا يستطيع اختيار عينة من هذا المجتمع، كما تستخدم أيضا إذا كان اعداد أفراد مجتمع البحث قليلة. وعندما يكتفي الباحث بدراسة مجموعة جزئية تحمل خصائص ومواصفات المجتمع الأصل حينئذ يستخدم الباحث العينة، وقد يلجأ الباحث لاستخدام العينة لأنه يصعب عليه عملية المسح الشامل لمجتمع البحث للحصول على المعلومات والحقائق التي تهتم بها الدراسة، كما توجد لدى الباحث معلومات أولية عن المجتمع تساعده في اختيار العينة الممثلة للمجتمع، كما أن عدد أفراد المجتمع يعتبر كبيراً نسبياً.

دراسة العينة كما أورد أحمد الشيخ حمد (1994م: ص 78) أسهل بكثير من دراسة مجتمع البحث، وتكمن سهولتها في سرعة مقابلة وحداتها، وقصر الوقت المخصص لها، وتوفير الأموال المنفقة عليها. وتصميم العينة يتطلب الاهتمام بأطرها ووحداتها وحجومها وأنواعها، إضافة إلى تحديد درجة تمثيلها لمجتمع البحث الذي اختيرت منه. وتتميز البيانات التي تحصر بوساطة العينة كما يشير منصور حسين (1977م: ص 286) بأنها أقل تكلفة ومشقة من بيانات الحصر الشامل، ويقوم الباحث بدراستها واستنتاج الخصائص الإحصائية المختلفة للعينة والتي يمكن تعميمها بالطرق الإحصائية الرياضية. هناك مجموعة من الخطوات يتبعها الباحث لاختيار عينة دراسته ويأتي في أولها: تحديد أهداف البحث، وفي الخطوة الثانية ومن خلال أهداف البحث يقوم الباحث بتحديد نوع مجتمع البحث الذي يقوم بدراسته، وفي الخطوة الثالثة يقوم الباحث بإعداد قائمة يحصر فيها كافة أفراد مجتمع البحث، وفي الخطوة الرابعة يقوم الباحث بانتقاء عينة ممثلة ومناسبة لخصائص المجتمع الأصل للبحث بحيث يراعى فيها التجانس المنهجي للعينة.

يعد تحديد حجم العينة مشكلة يواجهها كل باحث، والدقة في اختيار حجم العينة لا تزيد بالضرورة زيادة ذات مدلول عن طريق اختيار عينات كبيرة. وتعتبر أفضل نسبة لتحديد حجم العينة هي 20% من حجم المجتمع في حالة الأعداد الكبيرة والتي تزيد عن 300 فرد و30% من حجم المجتمع في حالة الأعداد الأقل من 300 فرد، ويعتمد تحديد حجم العينة كما أوضح أحمد الشيخ حمد (1998م: ص 174) على خمسة متغيرات:

1. حجم مجتمع البحث المطلوب دراسته.
2. تجانس مجتمع البحث في الصفات التي يهتم بها الباحث.
3. الوقت الميسر للباحث.
4. دقة وصحة البيانات التي يريد الباحث الحصول عليها وعلاقتها بالموضوع.
5. الموارد الاقتصادية والبشرية المتيسرة للبحث.

لمعرفة مدى مناسبة حجم العينة مع حجم المجتمع الأصلي لا بد للباحث من إيجاد كسر المعاينة، وهو كما يصفه مصطفى زايد (1990م: ص 105) "**النسبة بين حجم العينة وحجم المجتمع**". أي أن:

كسر المعاينة يساوى ق ÷ ن (4-1)

حيث:

ق = حجم العينة

ن = حجم المجتمع

فإذا كان حجم العينة مثلاً يساوي 100 وحجم المجتمع يساوي 300 فرداً، وبتطبيق المعادلة 4-1 لايجاد كسر المعاينة = 100÷ 300. فإن حجم كسر المعاينة في هذه الحالة يكون حوالي 33%، وهي نسبة في تقدير الاحصائيين تكفي لتمثيل المجتمع المستهدف بدرجة عالية. وهناك عمل إجرائي متعلق بالمعلومات الخاصة بعينة البحث لابد أن يراعيه الباحث عند تصميمه لأداة البحث. ففي الجزء الخاص بالبيانات الأولية بالاستبانة يورد الباحث بعض البيانات التي توضح خصائص عينة البحث مثل الجنس، والنوع، والوظيفة، وعدد السنوات في العمل، والتخصص العلمي، وأي بيانات أخري تبين الخصائص المختلفة لعينة البحث. على أن تعرض هذه البيانات بعد جمع الاستبانات وتفرغ على هيئة جداول لتوضح الخصائص المختلفة للعينة ويتم ذلك في الفصل المتعلق بإجراءات البحث في بند العينة كما في الجدول (4-3).

جدول (4-3): مثال لوصف عينة البحث من حيث الجنس أو النوع.

الجنس أو النوع	العدد	النسبة المئوية
ذكر	94	%94
أنثي	6	%6
المجموع	100	%100

والعينات أنواع متعددة يختلف إستخدام كلٍ منها حسب الهدف من الدراسة وطبيعة مجتمع الدراسة وخصائصه وتصنيفاته المختلفة. وتنقسم العينات عموماً إلي قسمين رئيسين هما العينات الاحتمالية Probability Samples والعينات غير الاحتمالية Nonprobability Samples . تختار مفردات العينة الاحتمالية بناء على نظرية الاحتمالات، وتضم العينات الاحتمالية: العينات العشوائية والعينات غير العشوائية. ومن أنواع العينات: العشوائية والطبقية والطبقية التناسبية والمنتظمة. تستخدم العينات غير الاحتمالية في الاعلام وتضم: العينة الميسرة Available Sample، وعينة المتطوعين Volunteers Sample، والعينة العمدية الغرضية Purposive Sample، وعينة الحصص Quota Sample (انظر جدول 4-4 وشكل 4-1).

جدول (4–4): مقارنة بين أنواع العينات.

نوع العينة	الاستخدام	طريقة الاجراء	المحاسن	المآخذ
العينات العشوائية				
العشوائية البسيطة	تجانس أفراد مجتمع البحث في صفات الدراسة.	تعتمد على الحجم (كبير ومتوسط وصغير).	من اكثر أنواع العينات تمثيلاً للمجتمع الاصل، البساطة في التطبيق والاستعمال، ويمكن تعميم نتائجها على مجتمع البحث الأصلي.	طول وقت الاجراء، مخاطرة أخذ العينة، باهظة التكاليف، تعذر التطبيق، احتمالية عدم التمثيل لبعض شرائح المجتمع.
العشوائية المنتظمة	عند ثبات المسافة بين وحدات المجتمع.	سحب رقم عشوائي واحد من مجتمع البحث	قلة الأخطاء عند إختيار مفردات العينة، تقدير أدق لمتوسط المجتمع، قليلة التكاليف، سعة الانتشار، سهولة الإجراء	غير صالحة للمجتمعات ذات الإتجاه الدوري، صعوبة إستخدام التحليل الاحصائي، احتمال التحيز.
الطبقية	يصنف مجتمع البحث إلي مجموعات وفق متغيرات معينة.	إختيار عشوائي بسيط من كلطبقة بتوزيع متساوي أو متناسب أو أمثل.	يتميز تصميم العينة بخصائص مختلفة، تمثيل كل أفراد المجتمع.	أهمية وضع إعتبار خاص للمتغيرات المحورية في الدراسة، التكلفة العالية.
متعددة المراحل (المساحة، العنقودية، الجغرافية)	عند تباعد وحدات المجتمع جغرافيا.	بالاختيار العشوائي البسيط.	توفير كلفة الدراسة، توفير الوقت، والجهد.	لا تمثل مجتمع البحث الأصلي، وورود الخطأ فيها، تعقيد اساليب التحليل الإحصائي.

نوع العينة	الاستخدام	طريقة الاجراء	المحاسن	المآخذ
العينة غير العشوائية Non-random sampling				
الحصصية	دراسة الرأي العام واستطلاعاته.	مقابلات مع اشخاص بتقسيم المجتمع إلى مناطق وحصص.	السرعة، قلة التكلفة مقارنة بغيرها، سهولة اختيار أفرادها.	بناء الرأي العام على حصص المناطق المختلفة، قد تكون متحيزة.
العمدية	يتعمد الباحث الاختيار	دراسة كافة أفراد العينة		الاختيار الانتقائي والمتعمد من الباحث.
الميسرة	تجانس أفراد المجتمع.	اختيار عدد قليل لتمثيل المجتمع.	سهولة الاختيار، انخفاض التكلفة والوقت والجهد المبذول، وسرعة الوصول لأفراد العينة.	شرط تجانس أفراد المجتمع في جميع الصفات المتعلقة بالبحث. والعدد القليل المبحوث، إمكانية التحيز.
التحكمية	يتحكم الباحث في اختيار المفردات وفقاً لما يراه الباحث.	اختيار شخصي للمفردات والعدد.		

2-2-4 العينات العشوائية

هي تلك العينات التي يتم إختيارها عشوائياً بدون أي تحيز من الباحث، بحيث تعطى كل مفردة من مفردات المجتمع نفس الفرصة في الاختيار. وتتعدد العينات العشوائية لتشمل العينة العشوائية البسيطة، والعينة العشوائية المنتظمة، والعينة العشوائية الطبقية، والعينة العشوائية متعددة المراحل.

1-2-2-4 العينة العشوائية البسيطة Simple Random Sample

تختار فردياتها بطريقة عشوائية من المجتمع الاصل، بحيث يكون لكل فرد في هذا المجتمع فرصة مساوية لأقرانه في الاختيار للعينة. ويمكن تحقيق العشوائية في الاختيار من خلال كتابة الأسماء، أو إعطاء كل فرد رقماً على

قصاصات ورقية منفصلة وخلطها جيداً واختيار العدد المطلوب بطريقة عشوائية، أو باستخدام جدول يعد لهذا الغرض يسمى جدول الأعداد العشوائية. ومن المتفق عليه أن العينة العشوائية تعتبر من أكثر انواع العينات تمثيلاً للمجتمع الأصل. من خصائص هذه العينة إستخدامها في حالة تجانس أفراد مجتمع البحث في الصفات التي تهتم بها الدراسة. ومن عيوبها أنها تحتاج وقتاً طويلاً لإجراءها ومخاطرة عدم مزج القصاصات المكونة لها وذلك فى الحالات الصغيرة، كما أنها تعد باهظة التكلفة. وطريقة إجراء هذه العينة تختلف حسب حجم مجتمع الدراسة عما إذا كان كبيراً أو متوسطاً أو صغيراً. فعندما يكون مجتمع البحث صغيراً يتمكن الباحث وقتئذ من تدوين كل الأرقام وفقاً لعدد حالات هذا المجتمع على قصاصات ورقية ذات أحجام متساوية ويضعها في صندوق أو سلة ويمزجها بعناية ثم يقوم بسحب العينة منها حسب حجم المجتمع. وإذا كان مجتمع البحث متوسطاً يبدأ الباحث بترقيم كل حالة من الحالات التي شملها مجتمع البحث برقم محدد ثم يختار منها أي أرقام عشوائية إلى أن يصل إلى حجم العينة المطلوبة.

وعندما يكون مجتمع البحث كبيراً ينبغي للباحث عند اختياره للعينة أن يعتمد على جدول الأرقام العشوائية. حيث يقوم الباحث بتدوين رقم معين على كل حالة من مجتمع البحث. مبتدءاً من أي صف أفقي أو رأسي في جهة اليمين أو اليسار سواء من أعلى القائمة أو من أسفلها ثم يبدأ من بعد ذلك في سحب أي أرقام من الجدول إلى أن يصل إلى عدد الحالات المطلوبة لتصميم العينة. وأخيراً يستخرج الباحث الحالات التي تحمل الأرقام المسحوبة من الجدول وتصبح هذه الحالات هي عينة البحث.

2-2-2-4 العينة العشوائية المنتظمة Systematic Random Sample

من أهم الخصائص التي يتميز بها هذا النوع من العينات العشوائية استخدامها عندما تكون المسافة بين كل وحدة من وحدات المجتمع والوحدة السابقة لها ثابته لجميع وحدات العينة، على أنه ينبغي مراعاة ألا تكون العينة مرتبة ترتيباً منتظماً وفقاً لأي معيار، وألا تمثل أي تحيز منتظم. وتمتاز هذه الطريقة من طرق إختيار العينات العشوائية بقلة الأخطاء التي تنجم من إختيار مفردات العينة، كما تعطي تقديراً أدق لمتوسط المجتمع، كما أنها قليلة التكاليف، وواسعة الانتشار، وسهلة الإجراء، إلا أن من ضمن عيوبها عدم صلاحيتها في حالة المجتمعات ذات الإتجاه الدوري، وصعوبة استخدام التحليل الإحصائي فيها.

أما عن كيفية إجراءها فيدخل تعديلاً طفيفاً على عملية تصميم العينة العشوائية البسيطة، وينتهى إلى تشكيل ما يسمى بالعينة العشوائية المنتظمة. ويتمثل هذا التعديل في سحب رقم عشوائي واحد فقط من قائمة الأرقام التي وضعت لحالات مجتمع البحث. وقد يكون هذا الرقم هو أول رقم في القائمة أو ثاني رقم أو ثالث رقم أو رابع رقم أو خامس رقم، ثم يسحب بعد ذلك الرقم، الذي يليه بأربعة أو خمسة أو ستة أرقام حسبما يقتضيه حجم العينة المطلوب. وعلى سبيل المثال لو أريد سحب عينة تشتمل على (200) فرد من أحدي السجلات التي تحوي (1000) فرد يتعين حينئذ اختيار فرد من كل خمسة أفراد لكي يدخل في العينة. وهنا لابد من ترقيم الأفراد في السجل ترقيماً متسلسلاً يبدأ من رقم (1) وينتهي إلي رقم (1000)

ثم نختار رقماً عشوائياً من بين الخمسة أرقام الأولي التي تقع بين 1 و5 لتحديد أول فرد في العينـــة. فلـــو افترض أن هذا الرقم العشوائي هو (4) فسوف يكون الأفراد المسجلون بأرقام 4، 9، 14، 19، 24، ... 999 هم المكونون للعينة إلي أن يصل العدد إلى 200 فرد.

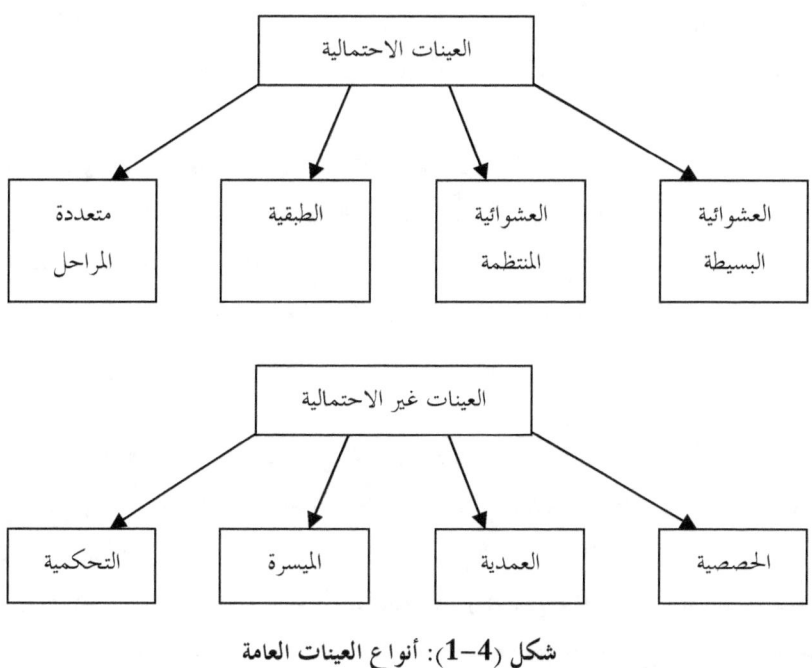

شكل (4–1): أنواع العينات العامة

3-2-2-4 العينة العشوائية الطبقية Stratified Random Sample

تحدد بتقسيم المجتمع الأصلي إلى طبقات أو فئات (سن ، جنس، ... الخ). ثم تحدد عدد المفردات التي سيم اختيارها من كل طبقة، وذلك بقسمة عدد مفردات العينة على عدد الطبقات. وأخيراً يتم اختيار مفردات كل طبقة بشكل عشوائي. فإذا كان حجم العينة 100 طالب وطالبة مثلاً، وكان عدد الطبقات اثنين (طلاب وطالبات) يؤخذ (50) طالباً و(50) طالبة بشكل عشوائى.

يقوم الباحث في هذا النموذج من نماذج التصميم بتصنيف مجتمع البحث أو تقسيمه إلى مجموعـــات وفقـــاً للفئات التي ينطوى عليها متغير معين أو عدة متغيرات، ثم يختار العينات إختياراً عشوائياً بسيطاً مـــن كـــل مجموعة أو طبقة من الطبقات التي قام بتصنيفها. هذا ويتميز تصميم العينة العشوائية الطبقية بخصائص مختلفة، والتي يختار منها الباحث عينة متنوعة تسحب حالاتها من كل مجموعة أو طبقة من مختلف المجموعات المصنفة (أي الطبقات). ويضع الباحث إعتباراً خاصاً للمتغيرات ذات الأهمية المحورية في الدراسة بوساطة إستخدامها

في تحديد المجموعة أو الطبقة، ومثال ذلك متغير النوع، والسن، والتعليم، والدخل، والمهنة، والموطن الأصلي، والديانة، وما إلى ذلك من متغيرات تنطوى على خصائص معينة.

إذا كانت الحالات التي تنطوي عليها كل طبقة تكشف عن سلوك متجانس فإنه يكفي في مثل هذا الموقف أن يقتصر الباحث على عدد ضئيل من الحالات التي تكون مطلوبة لتمثيل الطبقة كلها والعكس صحيح، أي أن الطبقة التي تكشف حالاتها عن نماذج سلوكية متباينة إلى حد كبير يستلزم أن يختار الباحث منها عـــدداً كبيراً نسبياً من أجل أن تصبح كل الأنماط السلوكية المتباينة ممثلة في العينة. ويتم توزيع وحدات العينة على الطبقات بأحد الصور الآتية:

1. التوزيع المتساوي: وذلك بأخذ عدد متساوٍ من كل طبقة بالطريقة العشوائية البسيطة.
2. التوزيع المتناسب: بتوزيع وحدات العينة على الطبقات عن طريق التوزيع المتناسب، ويمكن الوصول إلى حجم الطبقات بهذه الطريقة وفق الآتي:

   أولا: يقوم الباحث بتقسيم المجتمع الأصلي الكلي إلى طبقات وفقاً لمتغير معين.

   ثانياً: هذا التوزيع يتم وفق المعادلة التالية:

   عدد أفراد العينة من الطبقة =

   (العينة × حجم الطبقة من المجتمع) ÷ عدد أفراد المجتمع الكلي (4-2)
3. التوزيع الأمثل ولزيادة الدقة في توزيع أحجام الطبقات يجب أن تحسب الانحرافات المعيارية للطبقـــات بالخطوات التالية:

أولاً: إيجاد الانحراف المعياري standard deviation (ع) لكل طبقة. ويمكن القول أن الانحراف المعياري هو الجذر التربيعي لمتوسط مربعات الانحرافات عن متوسط التوزيع – أو بإختصار هو الجذر التربيعي لمتوسط مربع الانحرافات (ح)، والذي يساوي:

$$ع = \sqrt{\frac{\text{مجموع مربعات الانحرافات}}{ن}} = \sqrt{\frac{\text{مج (م-س)}}{ن}}$$

$$ع = \sqrt{\frac{\text{مج ح}^2}{ن}} \qquad (4\text{-}3)$$

ثانياً: تطبيق معادلة مناسبة وفقاً لاستخدام الانحراف المعياري.

ثالثاً: مجموع درجات الطبقات المختلفة تساوى عدد أفراد العينة المطلوبة.

العينة الطبقية التناسبية وهذه اكثر تمثيلاً للمجتمع الاصلي من العينة الطبقية، لأنه بالاضافة إلى التقسيم إلى طبقات، فإن الباحث يقوم باختيار عدد من كل طبقة، وبطريقة عشوائية، يتناسب مع حجمها الحقيقي في المجتمع الأصلي. **مثال**: إذا كانت نسبة الإناث في المجتمع العام للطلبة هي 30% وحجم العينة (100) ، فإننا نختار (30) طالبة و(70) طالباً.

4-2-2-4 العينة العشوائية متعددة المراحل أو العنقودية Multi-Stage Sample, Cluster Sample

تستخدم عندما تكون وحدات المجتمع الأصل متباعدة في منطقة جغرافية واسعة. ومن خصائصها: تمتاز بتوفير تكاليف الدراسة حيث أن جمع البيانات في هذه الطريقة يكون في مناطق محدودة مما يؤدي إلى توفير مصاريف النقل وجمع المعلومات. أما عيوبها فتضم: احتمال ورود الخطأ فيها أكبر مما يحدث في العينة العشوائية الطبقية، كما أن تحليل بياناتها يتطلب أساليب إحصائية أكثر تعقيداً.

طريقة إجراءها:

مثلاً: دراسة حول التحصيل الدراسي لدى تلاميذ مرحلة الأساس بولاية الخرطوم.

1. تقسيم الولاية إلى محافظات وتختار عدد من المحافظات بالاختيار العشوائي البسيط.
2. تقسم المحافظات التي وقع عليها الاختيار في المرحلة السابقة إلى محليات، ويختار عدد من المحليات بطريقة الاختيار العشوائي البسيط.
3. تقسم المحليات التي وقع عليها الاختيار إلى مدارس بنين وبنات، ويختار عدد من مدارس البنين والبنات بطريقة الاختيار العشوائي البسيط.
4. يختار فصل دراسي واحد من كل مدرسة بنين وبنات.
5. يقوم الباحث بتجميع عدد التلاميذ في مدارس البنين والبنات التي وقع عليها الاختيار فإذا كان العدد يتروح بين 200 إلى 500 تلميذ يكتفى بذلك لتمثيل العينة.

أما إذا كان العدد أكبر من ذلك يقوم الباحث حينئذ بالاختيار العشوائي البسيط من مجموع التلاميذ ليصل إلى عدد مناسب للعينة.

3-2-4 العينات غير العشوائية

وهي التي لا تستخدم الطريقة العشوائية في الاختيار حيث تتأثر بحكم الباحث، وكذلك النتائج التي يتوصل إليها تعتمد على حكمه الشخصي والذي لا يمكن قياسه. وتنقسم هذه العينات غير العشوائية إلى العينة الحصصية والعينة العمدية والعينة الميسرة والعينة التحكمية.

1-3-2-4 العينة الحصصية Quota sampling

غالباً تستخدم لدراسة الرأي العام عند الانتخابات، وهي مثل ذلك الاختيار الذي يقوم به معهد جالوب في الولايات المتحدة الأمريكية أو مراكز استطلاعات الرأي العالمية الأخرى. وفي هذه الطريقة يقوم الباحث بإجراء عدة مقابلات مع اشخاص لهم خصائص اجتماعية واقتصادية وتعليمية داخل منطقة معينة، أي أن المجتمع يقسم إلى مناطق وتختار حصة من كل منطقة. وتجمع حصص المناطق المختلفة فتكون الرأي العام.

2-3-2-4 العينة العمدية Purposive sampling

حيث يقوم الباحث عن قصد باختيار ما، كأن يختار مثلاً قرية من القرى لتمثيل الريف أو يختار القرى جميعاً ويجري عليها الدراسة.

3-3-2-4 العينة الميسرة

وهي تجرى في حالة تجانس أفراد المجتمع في جميع الصفات التى تهتم بها الدراسة. ويكفي الباحث هنا عدد قليل من أفراد المجتمع لتمثيل المجتمع.

4-3-2-4 العينة التحكمية

حيث يتحكم الباحث تحكماً تاماً في اختيار مفردات العينة وفقاً لما يراه الباحث، ووفقاً للعدد الذي يراه مناسباً.

إن فهم إجراءات اختيار العينة وفق قواعد وطرق علمية بحيث تمثل المجتمع تمثيلاً صادقاً، وتطبيقها بأمانة ودقة من قبل الباحث، يعتبر شرطاً لنجاح الدراسة وتصميم نتائجها حتى تصل إلى النتائج الدقيقة. وعليه فإن اختيار العينة ليس هو مجرد اختيار جزء من المجتمع بحيث يكون بديلاً عنه، وانما هو علم يستند إلى أساليب رياضية، لذا أصبحت نظرية العينات أساس البحوث والدراسات العلمية الحديثة.

4-2-4 العينات البشرية التجريبية

تشتمل الدراسة التجريبية في الدراسات الإنسانية والاجتماعية عادة على مجموعتين، مجموعة تجريبية ومجموعة ضابطة. ويراعى في تحديد المجموعتين أن يكون العدد متساوياً، واستبعاد أو تثبيت أثر المتغيرات الدخيلة في

المجموعتين التي تؤثر في الأداء في المتغير التابع. بعبارة أخرى يريد الباحث أن تكون المجموعتان متشابهتين بقدر الإمكان، بحيث يكون الفرق الوحيد بينهما هو مقدار المتغير المستقل (أو عدم وجوده) في إحدهما ووجوده في الأخرى؛ أي تكون الخبرات والخصائص للمجموعتين متساوية تماماً بقدر الإمكان في جميع المتغيرات الدخيلة المهمة عدا بطبيعة الحال المتغير المستقل. وإذا اختلفت المجموعتان بعد إجراء الاختبار أو القياس في النتيجة فإنه قد يعزى الفرق إلى المتغير المستقل أو المعالجة. وينبغي التركيز على ضبط المتغيرات التي تؤثر حقيقة على المتغير التابع (أي تؤثر في النتيجة). وهناك عدد من الأساليب المتاحة للباحث والتي يستطيع استخدامها لضبط المتغيرات الدخلية مثل العزل أو التثبيت للمتغيرات الدخيلة.

5-2-4 العينات المخبرية

تستخدم العينات المخبرية عادة في العلوم التطبيقية مثل الكيمياء والفيزياء والأحياء، وتستخدم كذلك في الدراسات الطبية. وقبل استخدام العينة ينبغي أن تكون الطريقة التي حفظت بها المواد سليمة، كما ينبغي أخذ مقدار من العينة من المادة المعينة وفق ما وصى به في إجراء التجربة، كما ينبغي مراعاة شروط السلامة عند أخذ العينة وإجراء التجربة. وتتعدد العينات المخبرية في مجال العلوم الطبيعية ففي الكيمياء تشمل [الغازات والسوائل والمساحيق والجمادات..الخ]، وفي الفيزياء تتمثل في[الضوء والصوت والذبذبات الكهربائية..الخ] ، وفي الدراسات الحيوية تشمل العينات [الكائنات الحية الدقيقة النباتية والحيوانية والحشرات والفطريات والطحالب..الخ] وفي العلوم الطبية تشمل [الفيروسات والجراثيم والفئران وحيوانات الشمبانزي..الخ].

6-2-4 العينات الحقلية

تستخدم العينات الحقلية في الدراسات الزراعية، سواء كانت الدراسة متعلقة بالنبات أو الحيوان. وفي مجال دراسة النباتات يمكن دراسة أي من أجزاء النبات [الجذور أو النمو الخضري أو الأزهار أو الثمار أو البذور...الخ]، وذلك بهدف تحسين بعض الخصائص الوراثية، أو دراسة عينة من التربة سواء كانت [تربة صفراء أو طينية ثقيلة أو طينية خفيفة أو رملية أو ملحية أو قلوية..الخ]. كما قد تكون الدراسة في مجال النباتات تستهدف دراسة [عينة من المبيد أو السماد] لمعرفة أثرهما على نمو النبات سواء كان هذا النمو خضري أو زهري، أو على الثمار. وتتناول العينات في مجال دراسات الحيوان تجريب دراسة عينة من الغذاء أو دراسة أي من المضادات الحيوية وأثرها في علاج بعض أمراض الحيوان، أو دراسة عينة من عقار لعلاج بعض الأمراض، أو دراسة عينة من الحشرات التي تصيب الحيوان ببعض الأمراض، أو دراسة عينة من منتجات الحيوان [ألبان، وجلود، وأصواف، وشعر، ولحوم، وبيض] وذلك بغرض تحسين خصائصها الوراثية...الخ.

7-2-4 عينة المشروعات

تجرى هذه الدراسة عادة لحل مشكلة واقعية تمس احدى قضايا المجتمع الجوهرية، أو إنتاج منتج مبتكر جديد. ويعد الاختيار الموفق للمشروع بمثابة تمهيد لسبيل النجاح فيه، أما إذا أسئ اختيار المشروع الهار أساسه وأصبح غير ذا قيمة. وينبغي توافر ثلاثة عناصر أساسية في المشروع الذي ينبغي اختياره:

1. الغرضية: إن تصميم صاحب المشروع على بلوغ هدفه وشعوره بالغرض الذي يسعى إليه يجعله باذلاً كل جهوده في سبيل انجاح القيام بالمشروع.
2. الميل والاهتمام لتكملة المشروع: يعتبر الميل والاهتمام دافعاً قوياً للاستمرار في بذل الجهد حتى ينتهي العمل فيه.
3. أهمية المشروع واسهامه في تحسين نوعية الحياة بالمجتمع: إن الصفة الاجتماعية للمشروع أمر جوهري وحيوي حيث لا بد وأن يسهم المشروع في حل القضايا التي تؤرق المجتمع بأحد مؤسساته أو قطاعاته مما يسهم في تحسين نوعية الحياة به.

من عينة المشروعات التي ينبغي استخدام طريقة المشروعات في تنفيذها: صناعة الدواجن، وصناعة منتج حيواني أو نباتي، وإنشاء حديقة أو تصميم جهاز أو آلة أو معدة تسهم في تحسين صناعة منتج معين، وإنتاج منتج يحمل خصائص متميزة تضمن له التفرد والتوزيع بصورة أوسع.

كما ينبغي توفر عدد من المقومات اللازمة للقيام بالمشروع والتي تتمثل في:

- توفر التمويل اللازم مع مراعاة قلة التكلفة.
- سهولة الحصول على التجهيزات اللازمة للقيام بالمشروع بحيث تتمتع بأعلى كفاءة وبأقل تكلفة.
- انجاز دراسة جدوى معتمدة من أحدى الجهات المختصة قبل القيام بالمشروع وتنفيذه.
- التمكن من المهارات والخبرات بمستوياتها المختلفة التي تمكن من النهوض بالقيام بالمشروع وإنجاحه.

3-4 أدوات البحث

تعتبر عملية جمع البيانات والمعلومات لأغراض البحث العلمي من أهم الخطوات المنهجية للبحث، وبقدر ما تكون البيانات دقيقة وعلى درجة عالية من الموضوعية بقدر ما تكون موضوعية النتائج ودقتها، وإلى جانب استخدام المصادر والمراجع لجمع المعلومات النظرية فهناك بعض الطرق الأخرى لجمع البيانات والمعلومات الميدانية، حيث يوظف الباحثون العديد من الوسائل، وتتنوع هذه الوسائل حسب: طبيعة الموضوع، ومجالات البحث، ونوع الدراسة، والتصميم المنهجي.

من أدوات البحث: الإستبانة والمقابلة والاختبارات والملاحظة وتحليل المحتوى أو المضمون والدراسة التجريبية والتصميم.

1-3-4 الإستبانة Questionnaire

تعد الاستبانة من الوسائل الواسعة الانتشار في جمع البيانات والمعلومات لأغراض البحث العلمي. وهي عبارة عن مجموعة من الأسئلة يعدها الباحث بعد تحديد المشكلة أو الموضوع من الفروض، ويقوم بوضعها بطريقة معينة تسمح للمبحوث بالإجابة عن الأسئلة المطلوبة وبكيفية تساعد الباحث على تفريغ البيانات وتحليلها.
وأداة الاستبانة كما يشير محمد الغريب (1987م ص 141) هي **"إحدى الوسائل التي تجمع بها البيانات والمعلومات، وهي عبارة عن حوار كتابي في شكل جدول من الأسئلة يرسل بالبريد أو اليد أو ينشر في الصحف أو وسائل الإعلام والتواصل الاجتماعي الأخرى".**

وتفيد الاستبانة كثيراً في جمع البيانات عن مواقف واتجاهات الأفراد وعن معتقداهم، وتطبق الاستبانة في حالة إتساع المجال المكاني والبشري للبحث، كما توفر الاستبانة وقتاً كافياً للمبحوث للإجابة على الأسئلة، ويسهل عن طريقها تفريغ وتصنيف البيانات. كما يمكن عن طريق الاستبانة الحصول على معلومات قد لا يكون بالإمكان الحصول عليها عن طريق أى أداة بحث أخرى.

أداة الاستبانة من أكثر الأدوات استخداماً في عمل مسوحات الرأي العام وجمع التغذية الراجعة feedback من المستخدمين أو الزبائن خاصة في عصر الإنترنت والالكترونيات، حيث صارت أكثر الاستبانات الآن عبارة عن صفحات انترنت يسلتزم ملؤها دقائق معدودة من المستخدم، ثم يتم إرسال الإجابات إلى مخدم الشركة أو الجامعة أو غيرها، فيقوم برنامج معد مسبقاً من قبل الباحث (أو مبرمج مكلف) بجمع الإجابات وربما تصنيفها وتبويبها وجعلها في صورة جاهزة للتحليل الإحصائي فيما بعد.

بالإضافة إلى إيجابيات الاستبانة فإن هناك عدة سلبيات يحددها المختصون بالبحث العلمي حيث لا تصلح الاستبانة إذا كان المبحوثون من الأميين (خاصة لو كانت استبانة إلكترونية)، كما أنه يعتمد على الإقرار اللفظي المكتوب (أو الإقرار الموقع الكترونياً في حالة الاستبانات الإلكترونية)،كذلك لا يصلح مع الأطفال الصغار (معظم المواقع الالكترونية التي تجمع الاستبانات تحوي سؤالاً حول عمر المشارك)، كما يعتمد صدق البيانات من عدمه على صدق المبحوث وهنا تقل إحتمالات الصدق إذا كان موضوع البحث حساساً أو خطيراً بحيث يحتمل أن يخشى المبحوث على نفسه إذا أدلى برأيه صراحة،كما قد لا يسمح الاستبيان بإدراج أسئلة كثيرة ومتعددة وذلك لان المبحوث قد يمل الإجابة عن الاستبانات الطويلة.

وللاستبانة مواصفات عامة لا بد وأن تراعى حتى تحقق الاستبانة الغرض منها وهي:

1. أن يكون موضوع الاستبانة محدداً ومختصراً بقدر ما تسمح به المشكلة، بحيث يدرك المستفتي بسهولة ما المطلوب من هذه الاستبانة؟.
2. أن يكون الموضوع أو السؤال الوارد في الاستبانة يبحث في نقطة واحدة، فلا يجمع بين نقطتين أو حادثتين معاً.
3. أن يستطيع المستفتى أن يجيب بسهولة واطمئنان، ولذلك يجب أن تكون أسئلة الاستبانة واضحة الألفاظ محدودة المعاني وفي مستوى الفهم العام.

4. أن يعنى بشرح النواحي التي قد يكون فيها لبس.
5. أن تكون الاستبانة صادقة، أي أن تطلب الأسئلة ما يراد معرفته فعلاً من موضوع البحث.
6. ينبغي أن لا تثير أسئلة الاستبانة أي تأثيرات انفعالية لدى المستفتي من شأنها أن تدفع بــه إلى إعطــاء معلومات غير صادقة.
7. أن تكون الاستبانة ثابتة؛ بمعنى ألا تحتمل تغيير إجابة المستفتي في فترة وجيزة.
8. أن تتطلب أسئلة الاستبانة إجابة موضوعية.
9. أن تبتعد أسئلة الاستبانة عن العموميات.
10. أن تتحاشى الاستبانة الإجابات الحرة بقدر الإمكان.
11. أن تبين فيها طريقة الإجابة بوضع تعليمات في الكتاب الغلافي للاستبانة.
12. أن يحدد وقت معقول للإجابة على الاستبانة.
13. أن يختار موعد مناسب لإجراء الاستبانة.
14. أن توجه الاستبانة إلي أكبر عدد ممكن من الأفراد والجهات المعنية بموضوع الاستبانة حتى يأتي التمثيل صادقاً بقدر الإمكان.
15. أن تكون العينة التي تستفتي قطاعاً طبيعياً ممثلة من الأفراد المطلوب أخذ رأيهم.
16. أن يسهل تبويب النتائج وتفسيرها عن طريق وضع استراتيجية للاستبانة.
17. أن تفرغ نتائج الاستبانة بعد استبعاد الإجابات المشكوك فيها، مع التحويل إلى تقديرات رقمية تتخذ أساسا للقياس.
18. ينبغي مراعاة أن قصر السؤال أو إطالة السؤال قد تؤدي إلى عدم وضوحه، وصعوبة فهمه، فضلاً عن أن إطالة السؤال قد تؤدي إلى إدخال عنصر الملل إلى نفس المبحوث.
19. أن يضع الباحث في اعتباره الغرض من البحث دائماً قبل وضع السؤال، فينبغي أن يقــيس الســؤال متغيراً مطلوباً في استراتيجية البحث.
20. ضرورة أن يتجنب الباحث الكلمات المتحيزة أو التي توحي بالتحيز.
21. ضرورة أن يتجنب الباحث الأسئلة الصعبة، أو ذات الإجابات الصعبة، أو غــير الممكنــة بالنســبة للمبحوث.
22. ضرورة أن يتجنب الباحث الأسئلة المحرجة.
23. يجب أن تكتب الأسئلة بلغة سهلة وبسيطة.
24. يجب أن تبدأ الاستبانة بسؤال يجذب الانتباه ويقلل من احتمالات رفض الاستبانة بالكامل.
25. يجب أن تتبع الأسئلة شيئاً من المنطق في تسلسلها من سؤال إلى سؤال، ومن موضوع إلى موضــوع، ويجب الالتزام بهذا التسلسل أثناء توجيه الأسئلة إلى المبحوث التزاماً تاماً.

26. تجنب الأسئلة القائدة أي التي تجعل المبحوث يعطيك أجابه متعمدة مفترضاً أنها الإجابة المثالية أو المطلوبة أو التي تفي بالغرض.

27. تجنب الكلمات التي قد تحمل أكثر من معنى، أو تحمل معنى غير محدد.

28. تجنب الكلمات المهجورة، والتي قد لا يفهمها الناس على نفس المستوى.

4-3-1-1 أنواع الاستبانات

1. الاستبيان المقيد المقفل: يحتوى على إجابات محددة لأسئلة معينة، وقد لا يطلب من المستفتي أكثر من وضع علامة (✓) في مدرج العبارة الثنائي الذي تكون الإجابة فيه (بنعم أو لا)، أو مدرج ثلاثـي (أوافق، متردد، لا أوافق)، أو مدرج خماسي (أوافق، أوافق بشدة، متردد، لا أوافق، لا أوافق بشدة). حتى الاستبانات الالكترونية تحتوي عادة على حقول تتكون من أزرار اختيار بحيث يضطر المشارك أن يختار إجابة واحدة فقط لكل سؤال.

2. الاستبيان الحر أو المفتوح: إن الاستبيان الحر أو المفتوح هو الذى يسمح للمستفتين بالإجابة الحرة على أسئلة الإستبيان وبطرائقهم الحرة الخاصة. والاستبانة الالكترونية قد توفر حقلاً نصياً – خاصة في نهاية الاستبانة كحقل إضافي – حيث يستطيع المشارك أن يكتب إجابته (غالباً في حدود عدد معين مـــن الكلمات أو الحروف) على السؤال.

3. الاستبيان المقيد الحر أو المقفل المفتوح: تستخدم في آن واحد الأسئلة المحددة للمستفتين، ثم يترك لهم صفحة أو صفحات بيضاء في آخر الاستبيان يكتبون فيها ما يشاءون من أمور لم يسأل الباحث عنها.

4. الاستبيان المصور: يقدم في شكل رسوم أو صور، بدلاً من العبارات المكتوبة، وهذا النوع مفيد مـــع الأطفال والأميين ومحدودي القدرة على القراءة بوجه خاص. ساعدت البرامج الحاسوبية الحديثة في تطويع الاستبانات الالكترونية لتسهيل استخدامها مع ذوي الاحتياجات الخاصة. مثلاً توجد بـــرامج تقرأ المكتوب على الشاشة وتحول كلام المستخدم لكلام مطبوع مما يساعد المشاركين الأكفاء، كما يمكن للأميين أن يشاركوا في ملئ الاستبانات الخاصة التي تتكون من صور يمكن الضغط عليها (عـــبر استخدام الشاشات الحساسة للمس) بحيث يعطي اختيار صورة ما إجابة معينة.

4-3-1-2 مكونات الاستبانة

يتكون الاستبيان من خطاب تقديم والبيانات الأولية والتعليمات أو الإرشادات التي تعين المسـتفتي علـــى الإجابة، ثم جسم الاستبيان الأساسي (أسئلة الاستبيان) وأخيراً خاتمة الاستبيان.

1. خطاب التقديم: ينبغي أن يوضح الباحث هدفه أو غرضه من البحث للمستفتي لكن عليه أيضاً أن يحدد وبوضوح للمبحوث عن سرية المعلومات التي يدلى بها المستفتي وأنها لن تستخدم إلا للأغراض العلمية كما عليه أن يشير لإسهام الموضوع في تقدم العلم وما يمكن أن يقدمه من خدمة للبشرية.

2. البيانات الأولية: وتتضمن البيانات الأولية عادة المعلومات الشخصية للمستفتي والتي تعين الباحث في تصنيف عينة البحث من حيث عدد من الخصائص تفيده في جدولة العينة في إجراءات البحث المنهجية. ومن أهم البيانات التي ترد عادة الآتي:

- الاسم: وينبغي أن يراعى فيه أن يكون ذكره اختيارياً لإتاحة الفرصة للتعبير عن الآراء دون حرج.
- الجنس أو النوع: وذلك لتحديد توزيع مجتمع عينة البحث من حيث الجنس أو النوع.
- الوظيفة: وذلك لحصر توزيع عينة مجتمع البحث من حيث الوظيفة.
- مقر العمل: وذلك لتحديد التوزيع الجغرافي لمجتمع عينة البحث.
- عدد السنوات في العمل: وذلك لحصر توزيع مجتمع عينة البحث وفق هذا العامل المهم.
- التخصص العلمي: يعتبر هذا العامل من أهم خصائص عينة البحث حيث يفيد في توزيع عينة البحث وفق مجال الدراسة.
- المؤهل العلمي: وذلك لتحديد توزيع المستويات التأهيلية التي تتميز بها عينة البحث.
- مكان الحصول على الدرجة العلمية: وذلك لحصر توزيع أفراد عينة البحث حسب مكان نيل الدرجة العلمية.

3. التعليمات أو الإرشادات: تعطى في الاستبيان تعليمات أو إرشادات كاملة وكافية، وتكون هذه التعليمات واضحة توضح كيفية تسجيل الإجابات أو إبراز صورة معينة أو شكل معين للمبحوث. وتوجه الإرشادات في الاستبيان على النحو التالي:

- قبل ملء الاستبانة يجب قراءتها بعناية.
- تتكون الاستبانة عادة من جزئين:

(أ) الجزء الاول: يشتمل على مجموعة من البنود وضعت بقصد الحصول على البيانات الشخصية التي تساعد على فهم ووضوح أبعاد ومعالم الموضوع من خلال الخصائص التي تتميز بها عينة البحث.

(ب) الجزء الثاني: يتكون عادة من مجموعة من العبارات وعددها ( ) في عبارة تشير إلى أبعاد ومعالم الموضوع.

- المطلوب بعد استيعاب العبارة وضع علامة (✓) في المدرج المناسب للعبارة.
- لا تضع أكثر من علامة بمدرج العبارة الواحدة.
- المرجو الإجابة على كل العبارات.

3-1-3-4 بناء أسئلة أو عبارات الاستبانة

في بناء جسم الاستبيان الأساسي (أسئلة الاستبيان أو عباراته) ينبغي أن تراعى قواعد أساسية لازمة لجميع مراحل تصميم وتقنين أداه البحث، وأهم هذه القواعد:

- شكل الاستمارة من حيث التنسيق.

- نوع الأسئلة التي تشتمل عليها الاستمارة وعلاقتها بالموضوع.
- صياغة العبارات من حيث اللغة.

إن وضع أسئلة أو عبارات الاستبانة يتمرحل على مراحل مختلفة وفقاً للآتي:

1. اختيار مشكلة البحث وتحديد البيانات والمعلومات المطلوبة (جمع المعلومات عن محاور الدراسة) وتحديد أفراد العينة الذين توزع الاستبانات عليهم.
2. تقسيم مشكلة البحث إلى عناصرها الأولية: أي أن تقسيم المشكلة من قبل الباحث إلى عناصرها الأولية أمر ضروري من أجل التمكن من وضع الأسئلة الممثلة لجوانب المشكلة.
3. وضع الأسئلة أو البيانات عن كل عنصر أو مجال من مجالات المشكلة.
4. بعد وضع الأسئلة عن كافة محاور الدراسة تصمم استراتيجية الاستبانة، لتساعد الباحث في تبويب عبارات الاستبانة وتوزيعها وتحليلها ومناقشتها، ويذكر الباحث بأن هذا الجزء من الاستبانة يتكون من كذا محور، يشتمل كل محور على عدد من العبارات (وتذكر في جدول مرقم) قدّر الباحث أنها تغطي الجوانب الفنية المهمة المتعلقة بأهداف وفروض البحث، لتبلغ في جملتها (...) عبارة من العبارات المغلقة ذات البدائل المتدرجة بمقياس (قد يكون ثنائي أو ثلاثي أو خماسي للاتجاهات)، فإذا كان المقياس ثلاثي الاتجاهات تكون الإشارة على نحو ما يلي:
   (أ) أوافق، تشير إلى موقف قبول العبارة.
   (ب) متردد، وتشير إلى موقف الحياد.
   (ت) لا أوافق، وتشير إلى موقف رفض العبارة.

ويفضل هذا المقياس (الثلاثي) على المقياس الخماسي وذلك نسبة لسهولته وقدرته على الإيفاء بمتطلبات الموقف المراد قياسه. يوضح جدول (4-5) استراتيجية الاستبانة من حيث توزيع عبارات الاستبانة على محور الدراسة.

جدول (4-5): إستراتيجية الاستبانة من حيث توزيع عبارات الاستبانة على محور الدراسة

ترتيب المحور	عنوان المحور	مدى العبارات بالمحور	عدد العبارات بالمحور

4-3-1-4 تحكيم واختبار الاستبانة

ينبغي بعد تصميم الاستبانة عرضها على عدد من زملاء الباحث، حيث يختارون بناء على خبرتهم في المجال المعين وبناء على ما نالوه من دراسة في مقررات التخصص في دراستهم فوق الجامعية أو التدريبية، فيقومون

بفحص تلك العبارات في الاستبانة وفق ما ورد بها. ثم يقوم الباحث بالتعديلات اللازمة فيها وفق ملاحظات الزملاء ثم تعرض بعد ذلك على الأستاذ المشرف على البحث أو قائد المجموعة البحثية، ثم يقوم الباحث بتسجيل ملاحظات المشرف، ثم تصاغ العبارات التي اتفق عليها بين الباحث والمشرف، ثم تعرض الاستبانة بعد ذلك على نخبة من المحكمين الخبراء في مجال البحث وعددهم يتراوح بين (5 إلى15 محكم) بغية تحكيمها وإبداء الرأي حول تصميمها، وذلك من حيث شكلها وتنسيقها وصياغة عبارتها ومدى ترابطها وتغطيتها لمحاور الدراسة. ثم يذكر الباحث المحكمين حسب سيرتهم الذاتية كما مبين في جدول (4-6).

جدول (4-6): هيئة تحكيم الاستبانة

رقم	الاسم	طبيعة العمل	مكان العمل والعنوان بالكامل

بناء على ملاحظات المحكمين وأرائهم، وبالرجوع إلى الأستاذ المشرف على البحث، تعدل بعض عبارات الاستبانة التي تتطلب التعديل، وفي الخطوة التالية يقوم الباحث بطباعة الاستبانة في شكلها الأولي. ثم تختبر الاستبانة بحيث توزع على عينة استطلاعية صغيرة تمثل 10% من مجتمع عينة البحث، وذلك للتأكد من ملاءمة استمارة الاستبانة لغرض البحث من حيث تحديد كيفية استجابة المفحوصين وفهمهم للعبارات، وأيضا للتعرف على العبارات والاقتراحات المتعلقة بتعديلها. وقد يجد الباحث أحياناً أن بعض العبارات تتطلب توضيحاً وبعضها يتطلب صياغة جديدة، ثم يقوم الباحث بإجراء التعديلات لكي تأتي الاستبانة أداة جيدة لدراسة مشكلة الدراسة وبحثها، ويكون الغرض كذلك من إجراء هذه التجربة هو التعرف على مدى ثبات الاستبانة وصدقها. وبعد الفراغ من التجربة الاستطلاعية وللتحقق من ثبات الاستبانة وصدقها يقوم الباحث بمعالجة البيانات المتعلقة بالتجربة بالطرق الإحصائية المتبعة، ليحصل على معاملي الثبات والصدق على نحو ما يلي:

أ) **ثبات الاستبانة:** يعد الثبات شرطاً جوهرياً لقياس مدى جودة بنود الأداة أو عدم جودتها. وثبات الأداة يعني أنها تعطي نفس النتائج إذا ما أعيد تطبيقها على نفس الأفراد وتحت نفس الظروف، ولكن نظراً لعدم إمكانية إعادة نفس الظروف فليس بالمستطاع الحصول على نفس النتائج وعلى ذلك فإن الثبات نسبي أيضاً. ويعرف فؤاد البهي السيد (1979م: ص 518) الثبات بأنه الجزء الحقيقي من التباين العام للاختبار أو الأداة، وهذا الجزء الحقيقي يعطينا القيمة العددية لارتباط الاختبار بنفسه، كما أن ثبات الأداة يعنى التناغم والتناسق في النتائج التي تعطيها. وتكون الأداة ثابتة إذا أعطت درجات لا تختلف إلا قليلاً عن الدرجات التي تعطيها عند إعادة استخدامها. وقد يقوم الباحث بقياس ثبات الأداة بطريقة التجزئة النصفية لبيرسون، وتقوم

هذه الطريقة التجريبية العلمية لحساب معامل الثبات على تجزئة الاستبانة إلى جزئين، بحيث يتكون الجزء الأول ورمزه (س) من الدرجات الفردية للاستبانة التي تبدأ بالرقم (1) وهكذا، والجزء الثاني والذي رمزه (ص) فتمثله الأرقام الزوجية والتي تبدأ من الرقم (2). وهكذا تصبح الاستبانة مكونة من جزئين متكافئين من العبارات، عدد كل منهما يساوي (...) عبارة، والتكافؤ هنا شرط لازم لتطبيق معادلة التنبؤ، التي يستخدمها الباحث والمنسوبة الى (سيبرمان-وبراون) وذلك لإيجاد الثبات الكلي للاستبانة. ولقياس ثبات الإستبانة لا بد من ايجاد معامل ارتباط الدرجات الفردية بالدرجات الزوجية، والارتباط في معناه العلمي الدقيق كما يعرفه فؤاد البهي السيد (1979م: ص 317) هو **"التغيير الاقتراني، أو بمعنى آخر النزعة إلى اقتران التغير في ظاهرة بالتغير في ظاهرة أخرى"**. ولإيجاد معامل ارتباط الدرجات الفردية بالدرجات الزوجية للاستبانة قد يستخدم قانون معامل ارتباط بيرسون Pearson correlation coefficient الذي يتميز بالدقة كما وصفه السيد محمد خيري (1975م: ص 167). يعتبر معامل ارتباط بيرسون اكثر المعاملات شيوعاً وأفضلهم جميعاً، وقد يتأثر بجميع القيم المعطاة .كما أنه يعد مقياساً دقيقاً لحساب مدى الثبات، وتتراوح معاملات الارتباط بين -1 و+1. ويعطي جدول (4-7) فكرة تقريبية عن درجة العلاقة بين مجموعتين من القيم (أي الثبات العالي والمنخفض).

وملخص معادلة بيرسون في رموز كما يشير لنكولن تشاو الستة هي:

$$\text{ر} = \frac{\text{ن مج س ص} - \text{مج س مج ص}}{\sqrt{\text{ن مج س}^2 - \text{مج (س}^2\text{) (ن مج ص}^2 - \text{مج(ص}^2\text{)}}} \qquad (4\text{-}4)$$

$$r = \frac{n\sum xy - (\sum x)(\sum y)}{\sqrt{(n\sum x^2 - (\sum x)^2)(n\sum y^2 - (\sum y)^2)}}$$

حيث:

ن = عدد أفراد العينة

س = درجات العبارات الفردية

ص = درجات العبارات الزوجية

وبتطبيق قيمة كل من (س) و(ص) والتي يحصل عليها الباحث في تجربته الاستطلاعية في معادلة التجزئة النصفية لبيرسون، يخرج الباحث بعدد من المؤشرات الآتية:

معامل الارتباط بين جزئي الإستبانة (أي نصف الثبات)= ...

جدول (4-7): **فكرة تقريبية عن درجة العلاقة بين مجموعتين.**

صفر __ 20	علاقة منخفضة جداً
21 __ 40	علاقة منخفضة
41 __ 60	علاقة متوسطة
61 __ 80	علاقة كبيرة
81 __ 100	علاقة وثيقة جداً

وباستخدام معادلة التنبؤ لسبيرمان وبراون، وبالاستعانة بقيمة ارتباط جزئي للاستبانة (ر) الناتجة من المعادلة 4-4 فإنه يمكن الحصول على ثبات الإستبانة الكلي وفق المعادلة 4-5.

ر = 2 ر ½ ÷ (**1** + ر ½) (4-5)

حيث:

ر ½ = معامل ثبات نصف الأداة من المعادلة السابقة

ر = معامل ثبات الأداة الكلي

معامل ثبات الإستبانة الكلي: للمزيد من التحقيق يرجى النظر إلى الجداول الإحصائية لعلم النفس والعلوم الإنسانية، ومراجعة توراندیك روبرت وهجين اليزابيث في كتابه القياس والتقويم في علم النفس والتربية. هذا المعامل للثبات والذي نتج عن استخدام معادلة التنبؤ يؤدي إلى ثبات الاستبانة.

ب) **صدق الاستبانة:** بعد ذلك من مراحل تقنين الإستبانة يقوم الباحث بقياس صدق الإستبانة، ومعنى الصدق أن الأداة تقيس ما وضع لأجلها، كما أن الصدق يعتبر نسبياً، والإختبار الصادق كما يعرفه فؤاد البهى السيد (1958م: ص549) **"يقيس ما وضع لقياسه، فإختبار الذكاء الذى يقيس الذكاء فعلاً هو إختبار صادق، مثله في ذلك مثل المتر في قياسه للاطوال، والكيلو في قياسه للاوزان، والساعة في قياسها للزمن"**. كما يعنى صدق الأداة كذلك أن وحدة القياس تقيس بالفعل الصفة التي ينوى الباحث قياسها؛ فإذا كانت وحدة القياس تتمتع بدرجة عالية من الصدق فإنها تؤدي الى قياس الشئ المراد قياسه دون إختلاط وبدرجة عالية من الكفاءة.

وقد يهتم الباحث بقياس الصدق بنوعيه الوصفي والإحصائي، فبالنسبة للصدق الوصفى يكتفي الباحث عادة بآراء المحكمين حول صلاحية الإستبانة من حيث التصميم والتنسيق والصياغة اللغوية ومضمون العبارات، وتعتبر في هذه الحالة نوع المؤهلات والخبرة عوامل ثابتة لا تؤثر في نتائج الفحص، ووجود توافق بين المحكمين على إعتبار أنهم يتمتعون بخبرة طويلة في التحكيم وبمعرفتهم التامة بالمعايير

التي تحلل بها الإستبانة، ويطلب من المحكمين في صدق الإستبانة إبداء رأيهم في مدى ملائمة فقرات الإستبانة ومجالها لموضوع البحث، وقد يوصون بإضافة فقرات جديدة كما سبقت الإشارة الى ذلك إذا تطلب الأمر ذلك، وبتعديل فقرات أخرى وبحذف بعض الفقرات الأخرى إذا تطلب الأمر ذلك. وقد يقوم الباحث نتيجة لذلك بإعادة صياغة الإستبانة وفقاً لتوجيهات المحكمين، ثم يعيد عرضها على بعضهم فقد يجد القبول من حيث إتصالها بموضوع الدراسة، وهنا يتحقق الصدق الوصفي للأداة. كما لا بد للباحث من إيجاد صدق المفهوم للإستبانة، خصوصاً إذا صممت الأداة لأول مرة وكانت المفاهيم في الأداة ليست واضحة التحديد والتعريف.

أما بالنسبة للصدق الإحصائي والذي يعتمد على ثبات الإستبانة، أي على معامل ارتباط الدرجات الحقيقية بنفسها، فهو كما يعرفه فواد البهي السيد (1958م: ص553) بأنه **"صدق الدرجات التجريبية للاختيار بالنسبة للدرجات الحقيقية التي خلصت من شوائب أخطاء القياس"**. ويقاس الصدق الإحصائي بحساب الجذر التربيعي لمعامل الثبات. والحد الأعلى لمعامل صدق الإستبانة كما يرى فؤاد البهي السيد (1958م: ص553) **"يساوى معامل صدق الإستبانة، من واقع نتيجة التجربة الاستطلاعية"**. وبمقياس الإحصاء السيكومترى فإن ما يتوفر للاستبانة من معدلات رفيعة في كل من معامل الارتباط (-و.) والثبات (-و.) والصدق (-و.) يكون كافياً للحكم عليها بجودة التصميم وصلاحية التقنين. وبعد ذلك يمكن الرجوع للأستاذ المشرف للتعرف على إمكانية طباعة الإستبانة وتوزيعها على عينة البحث بعد أن استقرت على شكلها النهائي.

5-1-3-4 الخاتمة

إذا كان لا بد لكل استبيان من مقدمة وجسم فلا بد له من خاتمة تذيله. وتحتوى الخاتمة على الآتي:

1. أن يطلب من المستفتي مراجعة إجاباته.
2. أن يطلب من المستفتي رد الإستبانة بسرعة.
3. أن يعد المستفتي بأن يرسل له ملخصاً بأهم النتائج.

2-3-4 المقابلة Interview

يعد أسلوب المقابلة من الأساليب المتبعة في جمع البيانات من ميدان الدراسة، وتعرف المقابلة بأنها **الحوار الجاد الموجه نحو هدف معين غير مجرد الرغبه في المحادثة أو الحوار لذاته.**

1-2-3-4 الخصائص العامة للمقابلة

1. يجب أن لا تقتصر فقط على الكلمات ومعانيها ودلالاتها والرموز ذات الدلالة، بل تتضمن أيضاً جوانب الخصائص العامة للمتحدث أو المتحدثين كالمظهر العام وكذلك تعبيرات الوجه وطريقة الكلام ودرجة الإنفعال والتحمس وغيرها.

2. التوجيه الهادف للمحادثة (المقابلة) وربط ذلك بشكل مستمر بالموضوع الذي يسعى الباحث لجمع بيانات عنه، وهذا الأمر يتطلب دائماً وضع حد للخروج من الموضوع والعودة الى صلب الموضوع مرة أخرى.

تعرف أحياناً المقابلة بالإستبار (من سبر الغور)، وهي لذلك تعرف أحياناً بأنها تفاعل لفظي بين باحث ومشارك في موقف وجهاً لوجه، ويثير الباحث بعض المعلومات لمعرفة خبرات المشارك وآرائه ومعتقداته واتجاهاته وذلك للاستعانة بها في دراسته أو لاستخدامها في التشخيص والعلاج والتوجيه. كما تعتبر المقابلة من الطرق التي تستخدم لتجميع البيانات، أو لاختبار الفروض البحثية. والمقابلة طريقة معروفة لاختيار المرشحين للوظائف والمهن والأعمال، وفي التوجيه التعليمي، والحرب. وتتميز المقابلة عن غيرها من أدوات البحث بالمباشرة والعمق، لذلك يمكن الحصول عن طريقها على بيانات أكثر دقة إذ يستطيع الباحث شرح ما عمق من الأسئلة الموجهة للمشارك، خصوصاً إذا كان المشارك أمياً أو من الأطفال. وقد تقتصر على فرد واحد أو تمتد لتشمل عدة أشخاص، ويحسن أن يقوم بالمقابلة لجنة مكونة من مختصين في علم النفس واختصاصيين في الميادين التي تتعلق بأغراض المقابلة.

4-3-2-2 إيجابيات المقابلة

أ) تعني المقابلة نوعاً من التفاعل اللفظي بين الأفراد، مما يساعد على تعميق المفاهيم وتحديد معانيها واستجلاء غوامضها.

ب) تصلح المقابلة بين فئات المبحوثين من الأميين.

ج) تتضمن المقابلة نوعاً من المرونة في عملية تتابع الأسئلة وتوضيحها للمبحوث.

د) يستطيع الباحث أن يحصل على إجابات لكافة الأسئلة التي يطرحها خلافاً للإستبيان.

4-3-2-3 أنواع المقابلة

هناك عدة أنواع للمقابلة يوظف الباحث منها النوع الذى يناسبه (انظر شكل 1-7). وتنقسم أنواع المقابلة إلى نوعين رئيسين هما: المقابلة المقننة، وغير المقننة.

أولاً – المقابلة المقننة: توصف المقابلة المققنة بأنها من النوع المقنن إذا كانت على درجة عالية من التحديد والضبط، سواء في نوعية الأسئلة التي توجه للمبحوث وعددها أو في ترتيب هذه الأسئلة حسب الأولوية. وهي مقابلة منظمة ومحكمة، توجه فيها الأسئلة بطريقة واحدة وبترتيب واحد، كما أن الأجوبة نفسها ذات خيارات محددة، على المشارك أن يختار إجابة من بين البدائل المختلفة. وهي بهذا يمكن تحويل أجوبتها إلى نتائج رقمية، ومن ثم الحصول على تعميمات علمية. وهى تعد أكثر علمية من أنواع المقابلات الأخرى. ومن السلبيات التي تكتنف المقابلة المقننة الجمود، وعدم التعمق، وبهذا فهي لا تختلف كثيراً عن الاستبيان سواء بإمكانية ملاحظة الباحث لتغيرات وتعبيرات الوجه ذات الدلالة عند أجراء المقابلة.

ثانياً – المقابلة غير المقننة: تكون المقابلة غير مقننة عندما لا تكون الأسئلة محددة بدقة، وهذا النوع من المقابلة يوفر للباحث وللمبحوث مرونة كبيرة في الإجابات والاستطراد والتعمق، كما يسمح بالتعبير الحر التلقائي عن المشاعر والأحاسيس. وتوظف المقابلات غير المقننة عادة في الدراسات الاستطلاعية التي تأتي تمهيداً لدراسات متعمقة. والمقابلات غير المقننة تشمل أنواع عدة هي: المقابلة نصف المقننة وذات العمق والحرة العفوية.

1. المقابلة نصف المقننة: وفيها يلتزم الباحث بوضع أسئلة محددة، ولكنه يترك الخيار للمشترك لكي يجيب عليها بطريقته الخاصة.
2. المقابلة ذات العمق: وهي مقابلة يوجه فيها الباحث الأسئلة ويقود الى الإجابة عن السؤال المطروح، ثم يترك للمشارك الحرية ليتكلم عما يريد ويتدخل الباحث من حين لآخر ليدفع المشارك ويشجعه على الحديث؛ أي أن يكون هنالك تداعي حر طليق.
3. المقابلة الحرة العفوية: وهذا النوع من المقابلات لا يعد فيه الباحث الأسئلة مقدماً، ولا يقوم بتسجيل ما يسمعه من المشارك، ويتم تسجيل حوار المقابلة خفية في جهاز تسجيل يضعه في جيبه أو عن بعد، كما يمكن له كتابة ما دار في المقابلة بعد مفارقة المشارك، حيث ينبغي أن لا يكون المشارك واعياً بأنه في مقابلة شخصية.

وليس الغرض من هذا النوع من المقابلات الحصول على بيانات أو معلومات من الاستجابات المبدئية التي يذكرها المشارك لأن الباحث في هذا النوع من المقابلات يحاول أن ينفذ لما وراء الإجابات المبدئية لمعرفة التعبيرات والإشارات ولمعرفة البيانات الدقيقة للمشارك.

4-3-2-4 خطوات إعداد استمارة المقابلة

هناك عدة خطوات منهجية ينبغي على الباحث أن يأخذها في اعتباره عند تصميم استمارة المقابلة، ومن هذه الخطوات:

1. التحديد الدقيق لنوع المعلومات والبيانات المطلوبة لأغراض البحث، ويأتي هذا التحديد من مشكلة أو موضوع البحث وفي ضوء المتغيرات التي يجرى قياسها (الفروض) .
2. تحديد الشكل العام للأسئلة وطريقة الإجابة، وفي هذه الخطوة يكون على الباحث أن يحدد بدقة الأسئلة المطلوب الإجابة عليها وترتيبها التسلسلي وكيفية صياغتها، وتجدر الإشارة إلى أن هناك نوعين من الأسئلة، يعرف الأول منها بالسؤال المفتوح ويعرف الثاني بالسؤال المغلق. فالسؤال المفتوح لا يقيد فيه المبحوث بإجابات محددة مثل: ما ملاحظاتك حول نشرة الأخبار في برامج الإذاعة المسموعة؟ أما السؤال المغلق أو المقيد فهو السؤال الذي يحدد الباحث فيه نمط الإجابة دون أن يترك للمشارك حرية الإجابة بتوسع أو بإجتهاد، مثل الأسئلة التي يطلب الأجابة عنها (بنعم أو لا)، أو(بالموافقة أو عدم

الموافقة). مثلاً يمكن أن يكون السؤال: (تعتبر البرامج السياسية للاذاعة المرئية جيدة). يصمم الباحث استمارته بحيث يضع علامة (✓) أمام الإجابة المناسبة بمدرج العبارة كما مبين على جدول 4-8.

جدول (4-8): مدرج العبارة

رقم	العبارات	أوافق بشدة	أوافق	لا أدري	لا أوافق بشدة	لا أوافق

ففي هذا المثال يحتوى السؤال المغلق إجابات محددة، ويطلب من المبحوث الإجابة المناسبة من الإجابات الواردة بالاستمارة.

3. تحكيم استمارة المقابلة:

خطوات تحكيم استمارة المقابلة تضاهي خطوات تحكيم الاستبانة (انظر فقرة تحكيم واختبار الاستبانة أعلاه).

4. اختبار استمارة المقابلة:

يشترط في تصميم استمارة المقابلة أن يقوم الباحث باختبارها على عينة صغيرة من المبحوثين (عينة استطلاعية)، وذلك للتأكد من ملاءمة الاستمارة لغرض جمع البيانات التي تعرف بعدة أمور منها:

(أ) تحديد كيفية استجابة المشاركين وفهمهم للأسئلة والتعرف على الأسئلة الغامضة وغير المحددة.

(ب) تحديد الوقت اللازم لتعبئة استمارة المقابلة.

(ت) الوقوف على رأى المشاركين حول بعض الأسئلة والاقتراحات بتعديلها.

5. ثبات استمارة المقابلة:

يقوم الباحث بإيجاد معامل الارتباط وثبات الاستمارة كما في حالة الاستبانة في الفقرات السابقة.

6. صدق استمارة المقابلة:

يمكن إيجاد صدق استمارة المقابلة إحصائياُ وذلك عن طريق الجذر التربيعي لثبات استمارة المقابلة.

7. التأكد من ثبات وصدق استمارة المقابلة وذلك بأن يكون الثبات والصدق في حدود العلاقة الكبيرة والوثيقة (انظر جدول 4-6).

8. وضع إستمارة المقابلة في شكلها النهائي. إذ بعد أن ينتهي الباحث من المراحل السابقة لتصميم إستمارة المقابلة يقوم بوضع هذه الإستمارة في شكلها النهائي، بعد أن أدخل عليها التعديلات اللازمة، وبشكل يجعلها صالحة لجمع البيانات من الناحيتين الشكلية والموضوعية.

9. طباعة استمارة المقابلة في شكلها النهائي وتوزيعها على الأفراد الذين تجري معهم المقابلة.

10. تحليل بيانات المقابلة للوصول إلى النتائج وتفسير هذه النتائج.

4-3-3 الإختبارات

دواعي كثيرة بدأت تلح على الباحثين لتبني طريقة الاختبار كإحدى أدوات البحث، وذلك لحل مشكلات شتى، ومنها الكشف عن القدرات والاستعدادات الخاصة التي يجب أن تتوفر لدى التلاميذ الذين يرومون الالتحاق بالمدارس المهنية أو الفنية.

4-3-3-1 مفهوم الاختبار Tests

هناك عدة تعريفات للاختبار فيعرف بأنه مقياس موضوعي مقنن لعينة من السلوك، وقد يعرف بأنه "طريقة منظمة للمقارنة بين الأفراد في عينة من السلوك ممثلة لشيء موضع القياس، وذلك لأننا لا نستطيع قياس السلوك أو معلومات الفرد كلها بل نقيس فقط عينة من السلوك في هذا المجال"، ولعل أفضل تعريف هو تعريف بكوت Pichot حيث يعرف الاختبار بأنه موقف تجريبي محدد يهيئ الظروف لإحداث مثيرات معينة للسلوك، ويقاس هذا السلوك بمقارنته الإحصائية بسلوك الأفراد الآخرين الذين يخضعون لنفس الموقف التجريبي السابق، وهو يهدف إلى تصنيف الأفراد تصنيفاً رقمياً أو وصفياً، وهو يشمل المعاني السابقة حيث يحتوي على المفاهيم التالية:

1- موقف تجريبي محدد،
2- تسجيل السلوك،
3- التحليل الإحصائي،
4- ترتيب الأفراد وفقاً لنتائج ذلك التحليل حتى يمكن المقارنة بينهم.

4-3-3-2 خطوات بناء الاختبار

أ) تحديد الغرض من الاختبار: ويتطلب هذا التحديد التفكير في المجتمع المراد تطبيق الاختبار عليه، وفي من سيعهد إليه بإجراء الاختبار.

ب) تحديد أهداف الاختبار: إن تحديد أهداف الاختبار من أهم الخطوات التي يجب على واضع الاختبار أن يفكر فيها جيداً قبل البدء في تصميمه، فيجب أن يفكر في مشكلات مثل: هل هدف الاختبار مجرد قياس تحصيل التلاميذ؟ أو مستواهم في خبرة مدرسية معينة كما يمثلها منهج مدرسي معين؟ أم الغرض تقويم مدى نجاح المدرسة في تحقيق الأهداف التربوية العامة فضلاً عن أهداف التربية الخاصة كالتحصيل في مادة معينة؟

ج) تحليل محتويات مادة الإختبار: ويقصد بها إعداد الخطوات العريضة لمحتويات الاختبار، فيأخذ الباحث في حصر الموضوعات الرئيسة المراد قياس التحصيل فيها، ويتبع ذلك بعمل تصنيف أو تقسيم لهـذه الموضوعات وتفاصيل كل موضوع.

1. بناء جدول المواصفات:

يجب أن تقيس الاختبارات المعطيات التعليمية المحددة التي تتناغم مع الأهداف؛ مثل معرفة الحقائق المحـددة، ومعرفة المصطلحات، وفهم المفاهيم، والأسس، والقدرة على تطبيق الحقائق وبعض القـدرات الأخـرى. ويمكن الاستعانة بالخطوات التالية لتحديد المعطيات:

- تحديد أهداف المقرر.
- وضع الأهداف في شكل معطيات عامة.
- تعداد المعطيات المحددة لكل هدف.
- قياس عينة المعطيات بالاختبار.

وجدول المواصفات عبارة عن قائمة ثنائية: جانب منها يحدد معطيات الاختبار، والجانب الآخر يحدد رؤوس الموضوعات. وتتعدد جداول المواصفات حسب الوحدات والأهداف كما مبين في جدول (4-9).

جدول (4-9): مواصفات الاختبار

المعطيات التعليمية	معرفة الحقائق	فهم الحقائق	تصنيف الحقائق	العدد الأجمالى
ما يشمله الهدف من مفردات	5	5		10
-	5	10	10	25
-	5	5	5	15
-	10	5	15	30
-	5	5	10	20
العدد الإجمالي لفقرات الاختبار				100

2. اختبار أنواع المفردات:

حيث يقوم الباحث باختبار مفردات الاختبار من جداول المواصفات المختلفة.

3. إعداد مفردات الاختبار: وفقاً للمبادئ والأسس الآتية:

- مقابلة المفردات للمخرجات: وضع كل مفردة بطريقة مباشرة بقدر الإمكان لمخرجة معينة (مثلاً المخرجة: التعرف على وظيفة عضو معين، ونوع مفردة الاختبـار: مـا وظيفـة الكلية؟).
- اختبار المستوى المناسب من صعوبة المفردة.

- استبعاد معوقات الإجابة (تجنب الغموض، والكلمات الصعبة، والجمل الطويلة).
- استبعاد القرائن (التي تقود للإجابة بطريقة غير مباشرة: من خلال الأسئلة السابقة يجيب على اللاحقة).
- التركيز على تحسين العملية المقصودة من الاختبار.

4-3-3-3 تقنين الاختبار

بعد كتابة مفردات الاختبار يضع الباحث تعليماته بحيث تكون واضحة ومباشرة حتى يفهمها كل مبحوث، ثم يقوم بعرضه على السادة المحكمين (الخبراء) بغية التأكد من صلاحيته، من حيث ملاءمة تعليماته وصياغة مفرداته ومدى تمثيل كل سؤال للهدف الذي وضع لقياسه، وبعد ذلك يقوم الباحث بتعديل مفرداته في ضوء التوجيهات التي يقدمها السادة المحكمين. والاختبار المقنن هو الاختبار الذي صيغت مفرداته وكتبت تعليماته بطريقة تضمن ثباته إذا ما كرر كما تضمن صدقه في قياس السمة او الظاهرة التي وضع لقياسها.

4-3-3-4 إجراء التجربة الاستطلاعية

يقوم الباحث بإجراء تجربة استطلاعية للاختبار على عينة محددة لم يطبق عليها الاختبار، والهدف من هذه التجربة هو حساب كل من التالي (شروط الاختبار الجيد، جدول 4-10): ثبات الاختبار، وصدق الاختبار، والزمن المناسب للاختبار، ومعامل السهولة، والموضوعية، والتمييز، والمعايير، وسهولة التطبيق وقلة التكاليف.

جدول (4-10): شروط الاختبار الجيد

الشرط
1. ثبات الاختبار أ) طريقة إعادة الاختبار ب) طريقة الصور المتكافئة ج) طريقة التجزئة النصفية 2. صدق الاختبار أ) صدق المحتوى ب) الصدق الظاهري 3. الموضوعية 4. المعايير 5. سهولة التطبيق وقلة التكاليف 6. حساب زمن الاختبار 7. معامل السهولة والصعوبة لأسئلة الاختبار

8. تعليمات الاختبار
9. طريقة تصحيح الاختبار
10. تجريب الاختبار وتعديله
11. تطبيق الاختبار
12. أسس تصنيف الاختبارات
   ب) بالنسبة للفرد
   ج) بالنسبة للأداء
   و) الاختبارات التحصيلية

1. **ثبات الاختبار:** وثبات الاختبار يعني أنه سوف يعطي نفس النتائج إذا ما أعيد تطبيقه على نفس الأفراد وتحت نفس الظروف، ولكن نظراً لعدم إمكانية إعادة نفس الظروف فليس بالمستطاع الحصول على نفس النتائج، وعلى ذلك فإن الثبات نسبي أيضاً. والاختبار الثابت يجب أن يراعى فيه ما يلي:

- تحقق معامل التنويع المناسب حتى يشمل جميع عناصر المنهج.
- تدرج الاختبار في السهولة والصعوبة.
- ملاحظة تأثير الظروف الجسمية والانفعالية (المرض، والتعب، والتوتر، وأداء الفرد).
- ملاحظة الظروف التي تحيط بإجراء الاختبار (اضاءة، وتهوية، وضوضاء).
- التدريب والتمرين: من المحتمل أن يستفيد الفرد من إعادة إجراء الاختبار ويحصل على درجة أعلى في الاختبار للمرة الثانية.
- المؤثرات التي ترجع إلى الصدفة (التخمين في الإجابات، أو سوء التعلميات).
- الاختلافات الثقافية والاختلافات بين الأفراد في الخبرة. ويحسب معامل الثبات باستخدام طرق مختلفة منها: إعادة الاختبار والصور المتكافئة والتجزئة النصفية.

أ) **طريقة إعادة الاختبار** : وفي هذه الطريقة يطبق الاختبار على مجموعة من الأفراد، وبعد فترة تتراوح بين أسبوعين إلى سته شهور يعاد تطبيقه مرة أخرى على نفس الأفراد، ثم يحسب معامل الارتباط بين درجات التطبيق الأول ودرجات التطبيق الثاني. ولكن هذه الطريقة قد تساعد على تحسن أداء الأفراد في التطبيق الثاني نتيجة لخبرتهم من التطبيق الأول وهذا يعتبر عيباً في طريقة إعادة الاختبار.

ب) **طريقة الصور المتكافئة:** وتعني وجود صورتين من الاختبار متكافئتين، ثم تطبق الصورتان على مجموعة من الأفراد، ثم يحسب معامل الارتباط بين درجات الأفراد على الصورتين المتكافئتين، وهذا المعامل يسمى أحياناً بمعامل التكافؤ. ومن عيوب هذه الطريقة صعوبة وضع صورتين متكافئتين.

ج) **طريقة التجزئة النصفية:** تتلخص محاولة تقسيم أسئلة الاختبار (بعد التطبيق) الى نصفين، بحيث يضم أحدهم الأسئلة الفردية والآخر الأسئلة الزوجية، ويلاحظ أن يكون هناك تكافؤ بين النصفين من حيث السهولة والصعوبة وما يقيسه كل نصف، وبعد ذلك يحسب معامل الارتباط بين درجات الإفراد على نصفي الاختبار، فينتج معامل ثبات نصف الاختبار، ثم يصححه الباحث باستخدام معادلة سيبرمان- براون لكي ينتج معامل ثبات الاختبار كله.

2. صدق الاختبار:

ومعنى الصدق أن الاختبار يقيس ما وضع من أجله، فإذا وضع اختبار لقياس القدرة اللفظية ووجد أنه يقيس القدرة العددية يعتبر اختباراً غير صادق في قياس القدرة اللفظية. كما أن الصدق نسبي بمعنى أن الاختبار الذي يصلح للتطبيق في الولايات المتحدة الأمريكية لا يصلح للتطبيق في السودان إلا بعد إعادة تقنينه. وهناك عدة أنواع رئيسة للصدق منها: صدق المحتوى، والصدق الظاهري.

(أ) **صدق المحتوى:** ويعني أسئلة الاختبار للمحتوى، أي تكون أسئلة الاختبار عينة ممثلة للمحتوى، ويتم ذلك عن طريق خبراء في المجال، أو الاستعانة بلجنة من المحكمين في ضوء الأهداف المحددة.

(ب) **الصدق الظاهري:** يدل هذا النوع من الصدق على المظهر العام للاختبار ومحتوى الاختبار، أي تكون أسئلة الاختبار عينة ممثلة للمحتوى ويتم ذلك عن طريق خبراء في المجال أو بالاستعانة بلجنة من المحكمين، ويتم التحكيم في ضوء الأهداف المحددة للاختبار. يدل هذا النوع من الصدق على المظهر العام للاختبار من حيث مناسبة الاختبار للمختبرين ووضوح تعلمياته، وعلى الباحثين أن يراعو ما يأتي للتوصل إلى اختبارات صادقة:

- تحديد الأهداف التي يرمي إليها الاختبار (قياس معلومات ... الخ).
- الابتعاد عن تأثير العوامل الخارجية مثل القدرة على القراءة.
- تقدير الزمن المناسب للإجابة.

3. الموضوعية: ومن مميزات الاختبار الجيد أن يكون موضوعياً في التطبيق والإجابة والتصحيح، وتكون طريقة إجراء الاختبار مقننة حتى تقلل من مصادر الخطأ، وأن تعنى مفردات الكلمات نفس الشيء للأفراد، كما أن الاستجابات يجب ألا تتاثر بالذاتية عند التصحيح، بمعنى ألا يختلف اثنان في تقدير تصحيح الإجابة.

4. المعايير: يجب أن يكون للاختبار الجيد معايير تستخدم لمقارنة إجابات الأفراد مع عينة التقنين، بشرط أن تكون تلك المعايير محسوبة باستخدام عينة ممثلة للمجتمع الذي يطبق عليه الاختبار.

5. سهولة التطبيق وقلة التكاليف: لكي يكون الاختبار جيداً يجب أن يكون سهل التطبيق، وله كراسة تعليمات للتطبيق، ومفتاح للتصحيح، ولا يستغرق تطبيقه أو تصحيحه وقتاً طويلاً ،كما يجب أن تكون تكاليفه مناسبة. وبناءاً على ذلك فإن الفرد يختار من بين الاختبارات – التي تعنى نفس الشيء – الاختبار الأقل تكلفة والأسهل في تطبيقه وتصحيحه.

6. حساب زمن الاختبار: تتأثر الاختبارات الموقوتة تأثيراً مباشراً بزمن الإجابة، وفي هذه الحالة يقوم الباحث بوضع زمن تجريبي للاختبار (ثلاث ساعات مثلاً)، ثم يوجد المتوسط التجريبي للدرجات في الزمن التجريبي المحدد (ما متوسط درجات التلاميذ؟) ثم يحسب المتوسط المرتقب للدرجات عند خروج جميع التلاميذ من الامتحان ويحسب الزمن وفق المعادلة 4-6.

ن2 = (م2 × زأ) ÷ م1 (4-6)

حيث:

زأ = تدل على الزمن المناسب للاختبار

م2 = المتوسط المرتقب للدرجات

م1 = المتوسط التجريبي للدرجات

وعند تطبيق هذه المعادلة يلاحظ الباحث هل الزمن التجريبي يحتاج لتعديل أم لا؟ أي هل الثلاث ساعات المقررة سلفاً قبل التجريب تحتاج لتعديل أم لا؟

7. معامل السهولة والصعوبة لأسئلة الاختبار: يقوم الباحث بحساب معاملات السهولة والصعوبة لكل سؤال من أسئلة الاختبار بالمعادلة 4-7.

معامل السهولة للسؤال =

الإجابات الصحيحة للسؤال ÷ (الإجابات الخاطئة + الاحتمالات الاختيارية) (4-7)

أي أن:

معامل السهولة = (ذ + ص) ÷ ن (4-8)

معامل الصعوبة = 1– معامل السهولة

حيث:

ص : يدل على عدد الإجابات الصحيحة

ذ : يدل على عدد الإجابات الخاطئة

ن : يدل على عدد الاحتمالات الاختبارية

وبعد حصول الباحث على هذه الاختبارات يعيد ترتيب الأسئلة ترتيباً تنازلياً حسب معامل سهولتها، ثم يقوم الباحث بتصحيح معاملات السهولة من أثر التخمين للأسئلة، إذ أنها بنيت على الاحتمالات الاختبارية، ويستخدم الباحث في ذلك المعادلات التالية:

- ص – ذ
- ن – 1
- ص + ذ

8. تعليمات الاختبار: وهي التعليمات المناسبة للإجابة من حيث مكان الإجابة وطريقتها.

9. طريقة تصحيح الاختبار: وهي نوع مفتاح التصحيح المستخدم في الاختبار، لذلك يجب أن يفكر واضعو الاختبار بإعطاء نموذج الإجابة عن كل سؤال والدرجة التي يصح إعطائها عند تصحيحه.

10. تجريب الاختيار وتعديله: يطبق الاختبار على عينة صغيرة من الأفراد المراد عمل الاختبار لهم، وتسجيل الملاحظات المختلفة عن الاختبار ومدى صلاحيته، وذلك تمهيداً لما يحتاج منها إلى تعديل من حيث اختيار المفردات الصالحة للاختبار وتوضيح مفهوم الأسئلة وصياغتها وإعادة ترتيبها وما يتطلبه التعديل من حذف وإضافة، على أن تكرر عملية تجريب الاختبار وإعادة تعديله عدة مرات حتى يصل الباحث إلى درجة الاطمئنان عليه.

11. تطبيق الاختبار: بقصد به الوقوف على مدى صلاحيته وثبات نتائجه ومدى تحقيقه لشروط الاختبار الجيد، ويحتاج ذلك لجهود ووقت كبيرين، وهو ما يطلق عليه تقنين الاختبار.

12. أسس تصنيف الاختبارات: وهي الطريقة التي بوساطتها يوضع اختبار معين مع فئة class من الاختبارات. وأما الأسس العملية لتصنيف الإختبارات فتقسم بالنسبة لميدان القياس، وللفرد، وللأداء، وللزمن، والمعايير على النحو التالي:

1. بالنسبة لميدان القياس:

أ) عقلية معرفية : مثل اختبارات الذكاء والقدرات والاستعدادات، والتي تكشف عن مستوى القدرة الذي تصلح بالتنبؤ للأداء المقبل، واختبارات التحصيل التي تكشف عن مستويات التعلم في مادة ما أو في جميع المواد التي درسها الفرد.

ب) مزاجية شخصية: مثل قائمة الأسئلة التي تكشف عن نواحي الجنوح والشذوذ، مثل الاختبارات الإسقاطية التي تكشف عن السمات المميزة للشخصية مثل اختبارات الموقف التي تقيس الفرد في موقف يمثل الحياة الواقعية التي يحياها أو يعد لها.

2. بالنسبة للفرد:

أ) فردية: وهي التي يختبر بها العلماء كل فرد من الأفراد على حدة، مثل إختبار بينيه للذكاء.

ب) جماعية: وهي التي يختبر بها العلماء مجموعة من الأفراد في جلسة واحدة، مثل اختبار القدرات العقلية الأولية.

3. بالنسبة للأداء:

أ) كتابية: وهي مثل تصميم اللوحات والأجهزة والآلات، وهي تستخدم في أداء معين أو مهارة معينة، ولا يحتاج إجراؤها إلى الورقة والقلم.

ب) شفهية: وهي التي يجاب على أسئلتها شفهيا (كما يحدث في المقابلة).

4. بالنسبة للزمن:

أ) موقوتة: وهي التي يحدد زمن إجابتها تحديداً دقيقاً، وتسمى أحياناً اختبارات السرعة، مثل اختبار القدرات العقلية الأولية.

ب) الاختبارات غير الموقوتة: وهي التي لا يحدد لها زمن معين للإجابة، وتسمى أحياناً اختبارات القوة.

5. بالنسبة للنمو:

أ) ما قبل المدرسة: وهي التي تصلح للطفولة المبكرة؛ ولذا تحسب مستوياتها بالنسبة لأطفال الحضانة ورياض الأطفال.

ب) التعليم العام: وهي التى تصلح للطفولة المتوسطة والمتأخرة والمراهقة؛ ولذا تحسب مستوياتها بالنسبة للتلاميذ مرحلة الأساس والمرحلة الثانوية.

ج) الرشد والشيخوخة: وهي تصلح لمرحلة الشباب والنضج؛ ولذا تحسب مستوياتها للطلاب الجامعيين وغيرهم من الناضجين.

6. الاختبارات التحصيلية:

أ) اختبارات المقال: وهى الأسئلة التي تتطلب الإجابة عليها كتابة موضوع متكامل، قد تتطلب صفحة أو أكثر، وهى غير موضوعية وبالأخص في تصحيحها.

ب) الموضوعية: وهي تشمل الأنواع التالية: أسئلة التكميل، وأسئلة الاختيار، والاستجابات الحرة، وإعادة الترتيب.

- أسئلة التكميل: وهو نوع مناسب لقياس التذكر ولكنه يحتاج إلى مهارة كبيرة في إعداده، وقد يكون ذاتياً في تصحيحه بناءاً على نوع التكملة وهل هي كلمة؟ أو جملة؟ أو عدة جمل؟
- أسئلة الاختيار: وتنقسم إلى ثلاثة أنواع: (أ) الصواب والخطأ (ب) الاختيار من متعدد (ج) المزاوجة.
- الاستجابات الحرة : مثل اختبار بقع الحبر- مفردات الاختبارات الإسقاطية الأخرى.

- إعادة الترتيب: مثل إعطاء مجموعة من الأرقام غير مرتبة، وعلى الفرد أن يعيد ترتيب هذه الأرقام بحيث تتزايد بنسب ثابتة، أو إعادة ترتيب خطوات تجربة ما.

7. بالنسبة للمعايير:

أ) معايير الأعمال النقلية: وهي التي تحدد لكل عمر الأسئلة التي تناسبه.

ب) معايير الفرق الدراسية: وهي التي تحدد الفرق الدراسية التي تقابل درجات الطلاب.

ج) المستويات المتتابعة: وهي التي تحدد لكل فرقة دراسية مستوياها المتتابعة، والتي تبدأ بالمدارج الضعيفة وتنتهي إلى الامتياز والعبقرية، كما يتضح ذلك عند دراستنا لاختيار القدرات العقلية الأولية.

4-3-4 الملاحظة Observation

الملاحظة وسيلة من وسائل جمع المعلومات، أو هي أداة من الأدوات التي بوساطتها تجمع المعلومات من أفراد العينة محل البحث، وعندما يجمع باحث بيانات ما لأغراض بحث علمي فإنه قد يحتاج لمشاهدة الظواهر بنفسه أو قد يستخدم مشاهدات الآخرين. ووردت كلمة ملاحظة في اللغة بمعنى الترغب الدقيق والترصد، أما في الاصطلاح فهي تعني الاهتمام والمتابعة لحدوث ظاهرة معينة. والملاحظة لها عدة أشكال ولها وظائف متعددة، وتكون ملاحظة بعض الظواهر التي لا يستطيع الباحث السيطرة عليها وعلى عناصرها، كما في التجارب التي تحدث في المختبر العلمي والمعمل وحقول العلم الطبية، أو في حالة الظواهر التي لا يستطيع الباحث التأثير في عناصرها. وفي كلتا الحالتين ينبغي على الباحث الحصول على المعلومات والبيانات بنفسه وذلك عن طريق ملاحظته ومشاهدته بنفسه، أو عن طريق فرق يقوم الباحث بتدريبها لهذا الغرض.

1-4-3-4 أنواع الملاحظة

يمكن تقسيم الملاحظة من حيث درجة الضبط إلى:

أ) ملاحظة بسيطة: وهي غير المضبوطة وتتضمن صور من المشاهدة والاستماع، وهي ملاحظة للظواهر والأحداث التي تحدث تلقائياً وفي ظروفها الطبيعية دون تأثير من قبل الباحث.

ب) ملاحظة منظمة: وهي النوع المنظم والمضبوط، والتي تتضمن مخططاً مسبقاً وتتبعه، وتخضع لدرجة عالية من الضبط العلمي، وتحدد فيها ظروف الملاحظة بالنسبة للزمان والمكان.

تعتبر العوامل التالية اعتبارات مهمة من أجل الحصول على بيانات مفيدة عند جمع المعلومات بوسيلة الملاحظة. ويجب الإنتباه إلى أن هذه الاعتبارات هي عوامل مساعدة وقد تكون هنالك اعتبارات أخرى مهمة:

1. الحصول على معلومات مسبقة عن الشيء الذي يجب ملاحظته من ظواهر، والإهتمام بالظواهر التي تستحق التسجيل.

2. الأهداف العامة والمحددة، حيث أن صياغة البحث بشكل عام وإدراج العناصر المحددة التي تحتاج للبحث تملي على الباحث الجوانب التي يجب ملاحظتها. وتعرض الضوابط على الملاحظ، وقد يحصل الباحث على معلومات جيدة عما يجب ملاحظته وتسجيله، عن طريق مراجعة الأبحاث والدراسات التي كتبت حول الموضوع.
3. تحديد السلوك والظواهر المتوقع مشاهدتها سيمكن الباحث من موضوعيته في الملاحظة، وسيمكن الباحثين الآخرين من إدراك حدود وأبعاد بياناته ومعلوماته، وهذا يسمح له بإثبات صحة بحثه عن طريق القيام باتباع خطوات البحث مرة أخرى للتأكد من النتائج، وبناء على ذلك فإن وضع برنامج واضح يبين خطوات عملية الملاحظة يساعد الباحث في هذا المجال.
4. اعتماد طريقة محددة لتسجيل النتائج. وذلك من أجل الاقتصاد في الوقت، وتنمية الأسلوب. ولكي يقوم أكثر من باحث مستقل بالملاحظة فإنه من الأهمية بمكان تحديد الوحدات الإحصائية والبيانية التي تستخدم في تسجيل نتائج المشاهدات. ورغم أن الباحثين متفقين على ضرورة تسجيل البيانات إلا أنهم كثيراً ما يختلفون في تلك المهمة، لهذا فإن وضع برنامج محدد، أو قائمة للأمور التي يجب ملاحظتها وكيفية إثباتها، ستساعد في عملية جمع البيانات بأقل مجهود وأكبر كفاءة.
5. التدريب الجيد على استعمال أداة تسجيل النتائج، حيث يمكن بوساطتها تسجيل الملاحظة بدقة وفي أقصر وقت ممكن مع التأكيد على أهمية تدريب الفريق لإزالة الفوارق.

2-4-3-4 تسجيل الملاحظة

كيفية التسجيل وضبط الوقت المناسب للتسجيل هما ضمان نجاح الملاحظة، وكما أن تسجيلها أثناء حدوثها يقلل من التحيز للرأي، كذلك فإن عدم التسجيل يكون سبباً في نسيان جزء كبير من الملاحظة.

3-4-3-4 التدريب على الملاحظة

الشخص الذي يقوم بالملاحظة هو أحد المتغيرات في نجاح وفشل جمع المعلومات، لأنه أداة قياس. والتدريب يعني شرح الأهداف التي من أجلها سوف تستخدم الملاحظة وتوضيح الجوانب المستكشفة بوساطتها. ووضع الأسئلة التي يجب أن تجيب عليها الدراسة والتدريب على تسجيل التفسيرات عند الضرورة، والتمييز بين هذه التفسيرات والأحداث الموضوعية.

يمكن القيام بتجربة تدريبية على الباحث نفسه قبل تنفيذ الملاحظين مهمتهم الفعلية. وذلك عن طريق استخدام مجموعات متشابهة، أو وضع مشابه للوضع الذي سيواجهه الملاحظون. وهذا يمكن القائم على الملاحظة من اعتياد الموقف.

4-4-3-4 مزايا وعيوب الملاحظة

الملاحظة لها مزايا تخدمها وأيضا لها سلبيات. ومزايا الملاحظة تضم:

1. أفضل طريقة مباشرة لدراسة عدة أنواع من الظواهر.
2. هناك عدة جوانب للتصرفات الإنسانية لا يمكن دراستها إلا بهذه الطريقة.
3. أنها لا تتطلب جهداً كبيراً يبذل من قبل المجموعة التي تجري ملاحظتها مع طرق بديلة أخرى.
4. تمكن الباحث من جمع بيانات تحت ظروف سلوكية مألوفة، وتمكن من جمع حقائق سلوكية في وقت حصولها.
5. لا تعتمد كثيراً على الاستنتاجات.
6. تسمح بالحصول على بيانات ومعلومات من الجائز أن لا يكون قد فكر بها الأفراد موضوع البحث حين إجراء مقابلات شخصية معهم.

أما عيوب الملاحظة فتضم:

1. من الصعب توقع حدوث حادثة عفوية بشكل مسبق وذلك لطول فترة الانتظار.
2. تعيقها بعض الأشياء غير المرئية.
3. محكومة بعوامل محددة زمنياً وجغرافياً إذ قد تستغرق عدة سنوات، وتحدث في عدة أماكن، وبالتالي تكون مهمة الباحث صعبة.

5-3-4 تحليل المحتوى أو المضمون

أداة من أدوات البحث العلمي التي يستخدمها الباحث لجمع بيانات معينة ينشد الوقوف عليها. تضم خطوات تحليل المحتوى أو المضمون التالي (انظر جدول 4-11):

جدول (4-11): خطوات تحليل المحتوى أو المضمون

1. تحديد المشكلة
2. تحديد فروض البحث
3. تحديد فئات التحليل
4. وحدات التحليل
5. أداة التحليل
6. توجيه المحتوى
7. تحديد العينة
8. القياس والتفسير

أولاً – تحديد المشكلة:

تحديد المشكلة يلقى الضوء على القضايا التي يود الباحث معالجتها، كما يكشف عن أهداف المشكلة، وفي ضوء الأهداف يحدد الباحث نظام التصنيف الذى يناسب دراسته.

ثانياً – تحديد فروض البحث:

والتي يستخلص منها فئات التحليل من مضمون كل فرض.

ثالثاً – تحديد فئات التحليل:

يعتمد نجاح تحليل المحتوى على التحديد الدقيق لفئات التحليل، وتستخدم الفئات في الوصف الموضوعي لمضمون مادة الإتصال، ويقصد بفئات التحليل العناصر الرئيسة أو الثانوية التي توضع وحدات التحليل فيها (كلمة أو موضوع أو قيم ... الخ) والتي يمكن وضع كل صفة من صفات المحتوى فيها. وينبغي أن تتصف فئات التحليل بعدد من الصفات أهمها:

1. أن تحدد بدقة من فروض البحث،
2. أن تكون شاملة للمحتوى المراد دراسته،
3. ينبغي أن تكون الفروق بينها واضحة تماماً،
4. ينبغي أن تكون تفصيلية بحيث يوضع كل سطر من المحتوى في الفئة المناسبة له.

وتقسم فئات تحليل المحتوى من حيث الموضوع والاتجاه والأوزان:

1. الموضوع: موضوعات رئيسة تندرج تحتها موضوعات فرعية.
2. الاتجاه: مؤيد ومحايد ومعارض، أو: اتجاه إيجابي مطلق، وإيجابي نسبي، والاتجاه المتوازن، والاتجاه السلبي المطلق، والاتجاه الصفري.
3. معايير أو أوزان المحتوى: تعتمد على الأرقام من درجة صفر حتى 3 بمعنى التأييد = 3 الحياد = 2 المعارضة = 1.

رابعاً – وحدات التحليل:

للتوصل الى التقدير الكمي لظواهر التحليل لا بد من وجود وحدات يستند الباحث اليها، مثلاً الموضوع – ويعتبر من أهم وحدات التحليل، وقد يكون الموضوع جملة بسيطة أو فكرة تدور حول قضية محددة.

خامساً – أداة التحليل:

الاستمارة التي يصممها الباحث لجمع البيانات ورصد معدلات تكرار الظواهر، وهي استمارة تحليل المحتوى.

سادساً – توجيه المحتوى:

تفسير المادة وتحديد نوع الاتجاه.

سابعاً – تحديد العينة:

تحديد مستويات العينة وإطار العينة وحجمها.

132

ثامناً – القياس والتفسير:

بعد تحديد الفئات وتوجيه المحتوى- يتم التحليل الكمي في شكل جداول تتضمن المعالجة الإحصائية للبيانات ثم إبراز الاتجاهات السائدة والمقارنة بين البيانات ثم تفسير النتائج.

4-3-5-1 نموذج لتحليل محتوى مقرر العلوم لطلاب مرحلة الأساس وفق أشكال المعرفة العلمية

- خطوات التحليل وهي كالآتي:
  1. قراءة الوحدة التدريبية موضوع التحليل (كتاب العلوم) للاستيعاب ومعرفة أسلوب العرض.
  2. قراءة المحتوى الفرعي لكل وحدة وفق عملية التقسيم حسب التخصصات لعينة المحللين.
  3. تقسيم الموضوع الفرعي وفق أنواع أو أشكال المعرفة العلمية (الحقائق العلمية، والمفاهيم العلمية، والتعميمات العلمية) (قوانين وقواعد ونظريات).
- النشاطات العلمية وفق الجدول (4-12).

جدول (4-12): النشاطات العلمية

الوحدة التدريسية	المحتوى الفرعي	الحقائق		المفاهيم		المبادئ		التجارب	
	موضوعات	التكرار	%	التكرار	%	التكرار	%	التكرار	%
التفـــــاعلات الكيميائية	1-	50							
	2-	30							
	3-	15							
	4-	10							
المجموع الفرعي									

- يستخدم التكرار كوحدة أساسية لتعدد ظهور المعرفة العلمية بأشـــكالها المختلفـــة، ثم يـــتم تحويـــل التكرارات الى نسب مئوية ومقارنتها بالنسب المقترحة بالمعيار، والتي قام بوضعها المحكمون الخبراء في المجال وحددوها، مثلاً الآتي: معرفة 25 %، فهم 30%، نظريات 25%، تطبيق 20%.
- يقوم بالتحليل مجموعات من المعلمين في تدريس المادة حسب التخصص.
- ولضمان ثبات التحليل ينبغي إيجاد محللين مستقلين يتبعون نفس إجراءات تحليل المحتوى للوصـــول الى النتائج نفسها التي توصل إليها المحللون وفي فترات زمنية مختلفة.
- الوصول الى النتائج ثم تفسير هذه النتائج.

- صياغة مجموعة من التوصيات على ضوء هذه النتائج.

6-3-4 تصميم الدراسة التجريبية في العلوم الإنسانية والاجتماعية

تهدف أي دراسة تجريبية إلى تأكيد أو عدم تأكيد فروض الدراسة، ودور الباحث في إجراء التجربة. وتقتصر الدراسة التجريبية على مجموعة تجريبية ومجموعة ضابطة، ويقدر الباحث ما يحدث لكل مجموعة ويسجل – وتضبط جميع العوامل التي تؤثر في نتائج التجربة- ثم يحدد نوع التغيير الذي يحدثه المتغير المستقل في نهاية الدراسة، ويلاحظ الباحث أثر المتغير المستقل على المجموعتين والعينة موضع الدراسة.

وخطوات الدراسة التجريبية في العلوم الإنسانية والاجتماعية تتوالى كما في الفقرات التالية (انظر جدول 4-13).

جدول (4-13): خطوات الدراسة التجريبية في العلوم الإنسانية والاجتماعية

1- الملاحظة.
2- صياغة الفروض.
3- التجربة الدقيقة المضبوطة.
4- تحليل النتائج وتفسيرها.
5- تطبيق دلالة إحصائية مناسبة.

1-6-3-4 الملاحظة

حيث تلاحظ المشكلة وتحلل تحليلا دقيقاً ثم بعد ذلك تعرض وتحدد.

2-6-3-4 صياغة الفروض

تصاغ الفروض بحيث ينبغي أن يوضح في كل فرض من فروض المشكلة: المتغير المستقل، والمتغير التابع، والمتغيرات الوسيطة، والمتغيرات الدخيلة.

المتغيرات الأساسية في التصميمات التجريبية: يتوقف نجاح التجربة على مدى الدقة في تحديد المتغيرات، وتنحصر المتغيرات الأساسية في التصميمات التجريبية في ثلاثة أنواع يمكن توضيحها خلال دراسة موضوع مثلاً: أثر عرض فيلم تعليمي على معارف التلاميذ بمرحلة الأساس.

1. المتغير المستقل هو المتغير الذي المراد قياس تأثيره على المتلقي (الفيلم الذي يعرض على المتلقين [التلاميذ]).
2. المتغير التابع هو المتغير الذي ينبغي إخضاعه للملاحظة أو التسجيل، مثل ما آثار عرض الفيلم على جمهور المتلقين (النتائج)؟

3-6-3-4 التجربة الدقيقة المضبوطة

قد تحدث مشكلة عدم الثبات خلال عملية قياس المتغير التابع.

الثبات

مثال لعدم ثبات قياس المتغير التابع:

1. طريقة تقديم عرض الفيلم تختلف من شخص لآخر، وبهذا فإن اختلافاً في استجابة المبحوثين سوف يلاحظ.
2. أيضاً إذا كان المتغير التابع وصل الحد الأقصى له في القياس عندها لن يحدث اختلاف بين الأفراد المبحوثين، وبالتالي قد يستنتج الباحث أنه لا توجد فروق فردية بين المبحوثين، وهو استنتاج مزيف لأن الفروق موجودة ولكنه لم يستطع قياسها لوصول الجميع للحد الأقصى الذي يستطيع المقياس تسجيله.
3. المتغير المضبوط وهو المتغير الذي يُخشى أن يلعب دور المتغير المستقل، في حين أن المراد به ألا يتدخل في التجربة، لذلك يُضبط أي (يتم التحكم فيه وتثبيته) بافتراض أن المراد معرفة تأثير عرض فيلم معين على المتلقين (التلاميذ)، ويتضح ذلك من خلال الآتي:

(أ) المعرفة السابقة تكون متغيراً قد يتدخل في صدق النتائج، وقد يكون للسن أثر آخر، وأنواع التعليم كلها متغيرات قد تؤثر في قياس تأثيرات عرض الفيلم على المتلقين، وعلى ذلك مطلوب عزلها أى تثبيتها وحجب تأثيرها على المتغير التابع، فمثلاً في حالة السن يُقارن بين تأثير المتغير المستقل على الأفراد في نفس الفئة العمرية، وفي حالة التعليم تكون المقارنة داخل المستوى التعليمي الواحد والمتقارب (دراسة البحث على مدرسة واحدة) وفي فصل دراسي واحد.

(ب) وتحدث مشكلة عدم الصدق عندما لا يكون هناك ضبط كاف لهذه المتغيرات الدخيلة أو الوسيطة أو الزائفة التي تحتاج الى ضبط.

(ت) التجربة الدقيقة المضبوطة يعد لها. لذا يجب قبل إجراء التجربة مراعاة الآتي:

- إختيار عينة من المفحوصين لتمثل المجتمع
- تجانس هذه العينة
- تحديد مكان التجربة
- تحديد زمان التجربة
- تحديد المدة التي تستغرقها التجربة
- التعرف على العوامل التي تؤثر في المتغير التابع وتقوم بدور المتغير المستقل (المتغيرات الدخيلة)

أسس تحديد المتغيرات الدخيلة:

1. الخبرة السابقة بالظواهر التي قام بدراستها الباحث.
2. التحاليل الدقيقة للمشكلة.
3. الفحص الشامل لجميع البحوث التي تناولت نفس المتغير التابع.

أنواع المتغيرات الدخيلة التي يجب ضبطها:

1. مجموعة العوامل (المتغيرات) التي تنشأ من المجتمع الأصلي للعينة (خصائص المفحوصين كالمستوى الإقتصادي...الخ).
2. مجموعة العوامل (المتغيرات) التي ترجع الى بعض المؤثرات الخارجية (مثل الضوضاء).

طرق ضبط المتغيرات التي تؤثر في المتغير التابع:

1. العزل: حيث يحول الباحث دون تأثير المتغير الدخيل، بحيث يكون التأثير فقط هو تأثير المتغير المستقل في المتغير التابع، حيث يقوم الباحث بإبعاده أو تقليل أثره وقد يكون هذا الإبعاد فيزيقياً أو يكون الإبعاد إحصائياً.
2. التثبيت: حيث تثبت المتغيرات الدخيلة لكل من المجموعة الضابطة والمجموعة التجريبية بحيث يكون الفرق بسيطاً، وذلك بوساطة دلالة إحصائية معينة.

4-6-3-4 تحليل النتائج وتفسيرها

الوصول إلى نتائج الدراسة التجريبية بوساطة إحدى نماذج التصميمات التجريبية.

الهدف الأساس في عملية تصميم التجارب هو الضبط والتحكم وعزل المتغيرات الدخيلة، عدا أثر المتغير المستقل على المتغير التابع، مثلاً: إذا كان الفرض الرئيس هو (ما مدى أثر عرض فيلم مصور في معتقدات ومعارف تلاميذ مرحلة الأساس بولاية الخرطوم؟) تطبيق هذا الفرض في مختلف أنواع التصميمات التجريبية على النحو التالي:

1. تصميم المجموعة الواحدة البعدية: وفي هذا التصميم يختار فصل دراسي واحد ويعرض عليه الفيلم، ثم يقاس تأثير هذا الفيلم بعد ذلك (بحيث يكون عمر التلاميذ واحداً مع المساواة في جميع المتغيرات الدخيلة) ثم يجرى القياس (م–ت)، حيث (م) هي الفيلم و(ت) هي إجراء الاختبار. هذا التصميم يتميز ببساطة تطبيقه وسهولته، وقلة تكاليفه؛ إلا أنه تصميم قاصر، فمثلاً لا يعرف أي مصدر آخر من مصادر المعرفة قد يكون الأفراد تعلموا منه موضوع التجربة قبل التعرض للفيلم، لذلك فإن هذا التصميم لا يفيد كثيراً، فلا يستطيع الباحث معرفة حجم التغير الذي حدث على المتلقين.

2. المجموعة الواحدة قبل التجربة وبعدها (القبل–بعدية):

أولا: تُقاس تأثيرات الفيلم (معتقدات، وإتجاهات، وسلوك، ومعرفة) بإجراء اختبار قبلي.

ثانياً: بعرض الفيلم وسؤال المجموعة مرة أخرى (معتقدات، وإتجاهات، وسلوك، ومعرفة) وذلك بإجراء اختبار بعدي، يمكن معرفة الفرق بين القياسين، وهو تأثير الفيلم. أي أن تأثير الفيلم هو (ت1 — م — ت2) والنتيجة هي = ت2 — ت1. ولكي يُحسب إذا كان الفرق ذا مغزى إحصائي أم لا؟ فعادة تستعمل إحدى الاختبارات الإحصائية، مثل اختبار (ت) الذي يقيس الفرق بين متوسطين (قبل وبعد التجربة). ورغم القوة الظاهرة لهذا التصميم إلا أن مجموعة من المشكلات المنهجية قد تهدد ثبات (أي دقة أو صحة) النتائج ومنها عوامل: النضوج والاختبار، وتداخل التأثير.

(أ) عامل النضوج، فبين القياس الأول والثاني يمكن القول أن نوعاً من النضوج أو النمو قد حدث للأفراد ولذلك فالفارق بين ت1 وت2 قد لا يرجع للتأثير الحقيقي للفيلم.

(ب) عامل الاختبار: أي تأثير القياس القبلي، فهذا القياس قد يكون هو المؤثر في القياس البعدي- وليس الفيلم نفسه هو الذي أدى إلى التغيير وإنما عملية الاختبار نفسها هي التي أدت إلى ذلك.

(ت) عامل تداخل التأثير: أو التأثيرات المشتركة، وهذا يعني تفاعل القياس أو الاختبار مع المتغير المستقل، فتوجيه السؤال أولاً ثم عرض الفيلم عن نفس الموضوع قد يخلقان معاً تأثيراً مشتركاً لا يخلقه أساساً المتغير المستقل وحده (الفيلم).

3. المقارنة الإستاتيكية بين مجموعة تجريبية وأخرى ضابطة:

في هذا التصميم يعرض الفيلم "متغير مستقل" على المجموعة التجريبية، ثم تقاس النتائج، ثم تقارن بين نتائج هذه المجموعة (التجريبية) والنتائج المأخوذة من مجموعة أخرى لم تتعرض للتجريب، أي أن عرض الفيلم (المجموعة الضابطة) م ج = م - ت1 م ض:ت وبالطبع فإن الفارق بين ت1 وت2 يرجع نظرياً الى الفيلم، أي إلى المتغير المستقل، ولكن هذا الفارق عملياً قد لا يكون كذلك، فهو ربما يرجع الى عامل الإتصال بين المجموعتين، فيحدث أن تنتقل المعلومات بين المجموعتين، أما العامل الأخر فهو عامل التسرب من التجربة، وقد يخلق هذا التسرب تحيزاً في النتائج.

4. المجموعتان التجريبية والضابطة والقياسات لكل منهما:

في هذا التصميم يُدخل في الإعتبار مجموعتان بطريقة عشوائية، ولكن واحدة منهما فقط (التجريبية) يدخل عليها عملية التجريب (في هذه الحالة عرض الفيلم مثلاً)، أما المجموعة الأخرى فهي مجموعة ضابطة، وهي المجموعة التي لا يتم عليها التجريب. فالمتغير المستقل يدخل فقط على المجموعة الأولى التجريبية ويجرى عليها اختبار قبلي وبعدي.

مثال: م ج = ت1 — م — ت2

م ض = ت3 _____فترة زمنية_____ (بعد مدة من الزمن) ت4

أثر المتغير المستقل على المتغير التابع أي النتيجة = ف ج – ف ض

م ج = المجموعة التجريبية، ت1 ـ الاختبار الأول، ت2 ـ الاختبار الثاني.

م ض = المجموعة الضابطة، ت3 ـ الاختبار الثالث، ت4 ـ الاختبار الرابع.

ف ج = الفرق بين المجموعة التجريبية، ف ض = الفرق بين المجموعة الضابطة.

ويطبق هذا التصميم على المجموعات التالية:

أ) **المجموعات المتكافئة:** وتتمثل في إيجاد مجموعتين من التوائم، وتوزعان على المجموعة التجريبية والمجموعة الضابطة.

ب) **المجموعات المتماثلة:** يحاول الباحث هنا إيجاد اثنين من المفحوصين يتماثلان في صفة ما، وبعد اختبار عدد كافٍ من الأزواج تمثيلاً لكل الصفات، يوزع كل فرد على أحد المجموعتين التجريبية أو الضابطة، على أن تختار الأزواج بطريقة عشوائية.

ج) **المجموعات المتناظرة:** عندما يتعذر تصميم مجموعات مكافئة أو مماثلة يلجأ الباحث الى المجموعات المتناظرة، حيث يقسم الباحث المفحوصين إلى مجموعتين تجريبية وضابطة، وإذا لاحظ الباحث وجود متغير يؤثر في المتغير التابع ويقوم بدور المتغير المستقل أي وجود متغير دخيل (مثلاً متغير الذكاء كمتغير دخيل) يقوم الباحث بإجراء اختبار ذكاء على المجموعتين ويوجد المتوسط للذكاء للمجموعتين، فإذا وجد أن مجموعة ترجح في الذكاء على مجموعة، يقوم بإعادة توزيع الأفراد حتى يتساوى مستوى الذكاء ويجرى التجربة بعد ذلك.

د) **الطريقة الإحصائية :** قد يتعذر على الباحث ضبط المتغيرات الدخيلة باستخدام الطرق السابقة، لذا يلجأ الباحث للاختبار غير المباشر (الإحصاء) وتستخدم طرق الضبط الإحصائي إذا لم يتيسر للباحث مساواة المجموعات قبل التجريب، ويستخدم في هذه الحالة أسلوب تحليل التباين المتلازم للتوازن بين المجموعتين، ويتم ذلك بتنظيم البيانات الخام واختصارها بطريقة تؤدى إلى تقدير غير متحيز للأثر الذي يفترض وجوده (أثر المتغير التابع) (النتائج) ثم يقوم الباحث بتحليل هذه النتائج وتفسيرها.

هـ) **طريقة تدوير المجموعات:** يتغلب الباحث في هذه الطريقة على الصعوبات التي واجهته في الطرق السابقة بايجاد الفرق بين المجموعة التجريبية والضابطة بعد تعرض المجموعة التجريبية للفيلم وعدم تعرض المجموعة الضابطة إليه، والعكس صحيح. ويتم وفقاً لهذا النموذج التوصل إلى النتائج الناتجة عن أي من التصميمات المختلفة، وتفسير النتائج، والتوصل إلى عدد من التوصيات.

ف ج ض1= ف ج1 –ف ض1

مجموعة تجريبية م ج = ت1 – م – ت2

مجموعة ضابطة م ض = ت3 ـــفترة زمنيةـــ ت4

ف ج ض = ف ج – ف ض

مجموعة ضابطة م ص = ت1 - م- ت2

مجموعة تجريبية م ج = ت3 ــــفترة زمنيةــــ ت4

ف ج ض = ف ض – ف ج

أثر المتغير المستقل على التابع = ف ج ض – ف ض ج

4-3-6-5 تطبيق دلالة إحصائية مناسبة

يطبق الباحث دلالة إحصائية مناسبة لتحديد مدى الثقة في نتائج الدراسة وتحقيق الفروض.

4-3-6-6 العقبات التي اعترضت طريق تطبيق المنهج التجريبي في العلوم الإنسانية

1. إن طبيعة الموضوعات التي تعالجها كل من العلوم الإنسانية تختلف تمام الاختلاف عن موضوعات العلوم الطبيعية، ومن ثم لزم أن تختلف المناهج التي تعالجها، أي أن قوانين العلوم الطبيعية مطلقة دقيقة لا تتقيد بظروف الزمان والمكان، ولكن قوانين العلوم الإنسانية مقيدة بظروف الزمان والمكان مما يجعلها تخضع للاستثناء الذي يبرأ منه القانون العلمي.
2. الإرادة الإنسانية الحرة تتدخل في تحريك مسار الظاهرة البشرية، وهذا لا يحدث في أي ظاهرة طبيعية، وقد أدى هذا إلى إمكان تكرار الظاهرة الطبيعية بعكس الظاهرة البشرية التي يصعب في محيطها التكرار.
3. إن التنبؤ العلمي في مجال الظاهرة الطبيعية ميسور، ولكنه ليس كذلك في مجال العلوم الإنسانية على وجه دقيق. ذلك لامكانية التكهن بالمعلومات في العلوم الطبيعية متى أدركت عللها، ولكن ليس من السهل ذلك في العلوم الإنسانية.
4. من الصعوبة أن يخضع الإنسان للتجريب العلمي كما هو الحال في الظاهرة الطبيعية، ولما كانت التجربة سبيل الوصول إلى القانون العلمي فإن مثل هذا القانون إن تيسر الوصول إليه في ظواهر الطبيعية تعذر الوصول إليه في العلوم الإنسانية.
5. بينما تعتمد العلوم الطبيعية على التقدير الكمي واستخدام أساليب الرياضة في قوانينها العلمية، فمن الصعب إخضاع الظاهرة الإنسانية للقياس الكمي إذا يتعذر وربما يصعب اختراع ترمومتر لقياس حرارة العواطف، أو لهيب الهجر، أو درجة الصدق، أو بارومتر لقياس ضغط الحب وهكذا فإن تلك أمور تخضع للفهم الكيفي لا للتفسير الكمي.
6. ليس من السهل تحقيق قدر تام من الموضوعية في العلوم الإنسانية، وتلك من أهم الصفات التي يجب على الباحث أن يتصف بها في مجال البحث العلمي التجريي، لأن الباحث في الدراسات الإنسانية يصعب عليه أن يتخلص تماماً من أهوائه وميوله.

7-6-3-4 رد مزاعم العلماء التجريبيين

الذين قالوا: مما يقلل من استخدام المنهج التجريبي في العلوم الإنسانية استطاعة تصميم الموقف التجـــريبي في العلوم الطبيعية وصعوبة تحقيقه في العلوم الإنسانية، ولقد قيل أنه من الصعب استخدام التجربة في مجال العلوم الإنسانية لأنها لا يمكن أن تكشف عن خفايا النفس البشرية وسبر غور ما يدور في أعماقها مـــن مشـــاعر وعواطف تستعصي على التجريب العلمي، وإن قياس التجربة في المنهج ينبغي أن يكون عن طريق الفهـــم الداخلي لا عن طريق التفسير الخارجي للظواهر، وقد رد العلماء في العلوم الإنسانية بأن قيـــاس الظـــاهرة الإنسانية لا يكون عن طريق مباشر وإنما عن طريق وساطة مادية مشاهدة كعالم الطبيعة الـــذي لا يقـــيس الحرارة نفسها وإنما يقيس طول عمود الزئبق.

7-3-4 تصميم الدراسة التجريبية في العلوم الطبيعية

انظر جدول (4-14).

جدول (4-14): خطوات تصميم الدراسة التجريبية في العلوم الطبيعية

1- اختيار المشكلة وتحديدها بما في ذلك صياغة الفروض.
2- اختيار العينة ويراعى فيها الأسس السليمة لاختيار العينة.
3- تحديد أدوات القياس والتجهيزات للتجربة.
4- اختيار التصميم التجريبي المناسب.
5- تنفيذ إجراءات التجربة بعد الإعداد المسبق لها.
6- تحليل البيانات الميدانية الناتجة عن التجربة.
7- صياغة النتائج وتفسيرها.
8- إصدار عدد من التوصيات.
9- تحقيق فروض البحث إحصائياً.

أولاً: اختيار المشكلة وتحديدها: تختار مشكلة جوهرية في مجال العلوم الطبعيـــة أو الحيويـــة، ويراعـــى في اختيارها مراعاة شروط اختيار عنوان البحث الجيد كما تحدد أهداف هذه الدراسة تحديداً دقيقاً وبنـــاءاً على ملاحظات مباشرة تصاغ فروضها صياغة تمكن من اختيارها كما يتضح من خلال صياغة كل من فرض المتغير المستقل والمتغير التابع والمتغيرات الدخيلة. وقد تأخذ صياغة الفروض في الدراسات التجريبية عدة أشكال منها:

أ) وجود المتغير المستقل مقابل غيابه.

ب) وجود المتغير المستقل بدرجات مختلفة.

ج) وجود نوع مقابل نوع آخر من المتغيرات.

ويستحسن اتمام الدراسة التجريبية بفرض واحد على الأقل، يصاغ في شكل علاقة سببية موفقة بين متغيرين. (متغير مستقل ومتغير تابع) وهناك عدة متغيرات دخيلة تؤثر في التجربة والتي ينبغي ضبطها.

ثانياً: اختيار العينة: ويراعى في العينة التي تختار لأجراء الدراسة التجريبية أن تكون مناسبة من حيث الحجم أو المقدار، وأن تكون من نوعية سليمة تمكن من إجراء الدراسة عليها، ويراعى كذلك أن تكون ظروف حفظها وسلامتها مناسبة وأن تتخذ الحيطة ويؤخذ الحذر عند تناول العينة في الدراسة التجريبية.

ثالثاً: تحديد أدوات القياس والتجهيزات اللازمة للتجربة: تقوم التجربة عادة على التحضير الذي يشمل الإعداد الوافي للتجربة قبل القيام بها. ويشمل هذا التحضير التمكن من تحديد أدوات القياس اللازمة للتجربة، وتحضير المعدات والمواد اللازمة للتجربة، وأن يُراعى في جميع هذه التجهيزات دقتها في القياس وسلامتها، حتى يتمكن الباحث من استخدامها بكفاءة عالية.

رابعاً: اختيار التصميم التجريبي المناسب: وفي هذه المرحلة محدد الخطوات وما تتطلبه كل خطوة من معلومات ومواد وتجهيزات وإجراءات ومتطلبات مختلفة، والعمل الذي ينبغي القيام به في كل خطوة.

خامساً: تنفيذ إجراءات التجربة: بعد تحديد الخطوات وما تتطلبه كل خطوة ينبغي في هذه المرحلة قيام الباحث بتنفيذ الخطوات اللازمة للقيام بالتجربة، وهنا تستخدم أدوات القياس والمواد والتجهيزات المختلفة اللازمة لإجراء التجربة استخداماً عملياً وتطبيقياً.

سادساً: تحليل البيانات الميدانية الناتجة عن التجربة: ومن خلال الملاحظات المباشرة الناتجة عن التجربة يقوم الباحث بتحليل البيانات الناتجة عن التجربة تحليلاً دقيقاً بهدف الوصول إلى نتائج التجربة.

سابعاً: صياغة النتائج وتفسيرها: في هذه المرحلة من مراحل عمل البحث تصاغ النتائج صياغة دقيقة تمكن من استخدامها والعمل بها، كما تفسر أيضاً من خلال هذه المرحلة نتائج الدراسة الميدانية بالاستعانة بنتائج الدراسات السابقة وآراء المفكرين والعلماء ورؤية الباحث لما ذهبت إليه النتائج من تفسيرات.

ثامناً: اصدار عدد من التوصيات في ضوء النتائج.

تاسعاً: تحقيق فروض البحث إحصائياً: بعد الوصول إلى نتائج التجربة وتفسيرها واصدار عدد من التوصيات التي قامت على افتراضات محددة، يتحقق الباحث من فروض البحث إحصائياً، وذلك بإخضاعها إلى المعاملات الإحصائية التي تبين مدى تأكيد صحتها او تحقيقها او عدم صحتها وبالتالي عدم تحقيقها.

8-3-4 تصميم المشروع فى الدراسات الإنتاجية

تمثل الخطوات التالية أساسا لتنفيذ أحد المشروعات المقترحة متى تتهيأ ظروف النجاح له (انظر جدول 4-15).

جدول (4-15): خطوات تصميم المشروع في الدراسات الإنتاجية

1. اختيار المشروع.
2. وضع خطة المشروع.
3. تنفيذ المشروع.
4. الحكم على المشروع.

أولاً: اختيار المشروع: إن الاختيار الموفق للمشروع يمهد سبيل النجاح له، ويهيئ الفرصة لاكتساب الخبرات المناسبة، أما إذا أسيئ اختيار المشروع إنهار أساسه ويصبح غير ذا قيمة مهما كانت الخطوات التالية جيدة وفي ذلك ينبغي أن يراعى الآتي:

1. أن يكون المشروع متفقاً مع رغبة من يقوم به. ويتأتى بعد التحقق من قيمته المعنوية، ومدى مناسبته للغرض الذي اختير من أجله.
2. أن يكون المشروع معالجاً لقضية مهمة من قضايا المجتمع: من الخطأ الاعتماد فقط على رغبة من يقوم بتنفيذ المشروع عند اختيار المشروع، فقد تكون رغبة من يقوم به طارئة ،كما أن المشروع قد يكون غير ذا جدوى، لذا ينبغي أن يتم اختيار المشروع بناءاً على دراسة أحد قضايا حياتنا ومشكلاتنا الجوهرية.
3. أن يؤدى المشروع إلى خبرة متعددة الجوانب، وألا يقتصر المشروع على القيمة الإنتاجية، ولذلك ينبغي أن تكون المشروعات متنوعة وأن تكون فرصة لدراسة ميادين حيوية.
4. أن يكون المشروع مناسباً لمستوى خبرات من يقوم به.
5. أن تراعى الإمكانات المتاحة عند اختيار المشروع ويراعى في ذلك الآتي:

أ) توافر جميع المواد والآلات وسائر ما يحتاج اليه المشروع،

ب) قدرة من يقوم بالمشروع بتحمل ما يتطلبه من نفقات مالية،

ج) مراعاة الوقت المخصص للقيام بالمشروع فلا يمتد إلى اكثر مما هو مقرر، حتى لا ترتفع تكلفته.

ثانياً: وضع خطة المشروع: ينبغي وضع خطة للمشروع تعين على حسن توزيع العمل، وتنسيق الجهود، وبلوغ الغاية، بدلاً من التخبط والتشتت في اتجاهات مختلفة أو غير مجدية. ومن الأفضل الإلتزام بتسجيل الخطة في صورة خطوات تحدد طريقة العمل وتسلسل خطواته وتحديد مسئوليات التنفيذ ودور كل فرد فيها.

ثالثاً: تنفيذ المشروع: إن تنفيذ المشروع يمثل الفرصة لكسب الخبرة التي يؤدي اليها القيام بالمشروع. ومرحلة التنفيذ من المراحل المهمة وأكثر الخطوات استثارة، وهي تمثل الحركة والنشاط وتحقيق الذات. ويراعى أن

يقوم منفذ المشروع بنفسه بالعمل مع استشارة مجموعة من الخبراء في تنفيذ المشروع وينتج عن تنفيذ المشروع ما يلي:

أ) اكتساب خبرة مباشرة حية مرتبطة بحياة الإنسان.

ب) يعطى تنفيذ المشروع وفق المنهج العلمي الفرصة للتدريب على الأسلوب العلمي في التفكير كما يعطي مجالاً للابتكار.

ج) كما يتيح بحث تنفيذ المشروع مجالاً لممارسة أساليب الحياة الاجتماعية، مثل الإعتماد على النفس، وتحمل المسئولية، والتعاون مع الآخرين في تحقيق الأهداف المشتركة.

د) تنفيذ المشروع يعطي الفرصة أمام الفرد لاختيار ما يناسبه من الأعمال التي تلائم قدراته واستعداداته، وذلك تحقيقاً لمبدأ مراعاة الفروق الفردية بين الأفراد.

هـ) يعنى الإلتزام بخطة تنفيذ المشروع الصمود أمام الصعاب والمشكلات والمثابرة نحو تحقيق الهدف.

<u>رابعاً: الحكم على المشروع:</u> من الضروري في نهاية عمل المشروع القيام بتقويمه والحكم عليه، قبل المضي إلى مشروع جديد ،لكي يتبين مدى ما تحقق من غاية وما اكتسب من خبرة في شتى النواحي. وفي تقويم المشروع ينبغي أن يجاب عن الأسئلة التالية:

1. هل استتعين بالكتب والمراجع المتنوعة؟ والاستماع إلى أخصائيين أثناء القيام بالمشروع؟ والى أي مدى نمت الخبرات في هذا المجال؟
2. هل أتاح المشروع للباحث الفرصة للتفكر الجماعي والفردي في المشكلات المهمة بالنسبة له؟ والى أي مدى؟
3. هل أتاح المشروع للباحث الفرصة على توجيه الميول واكتساب ميول واتجاهات جديدة مناسبة له؟ وإلى أي مدى؟

الحكم على المشروع يوضح ما وقع فيه منفذ المشروع من أخطاء، وكذلك الدروس المستفادة عند القيام بالمشروعات القادمة، حتى لا تكرر الأخطاء مرة أخرى. كما يجب على مقوم المشروع أن يجتمع بمنفذي المشروع على هيئة مؤتمر، وذلك بغرض مناقشة المشروع والحكم عليه في صورة جماعية وينتهي المؤتمر بكتابة تقرير موجز يبين ما حققه المشروع، وما أدى إليه من فوائد بالنسبة للمجتمع. وينبغي نشر هذا التقرير لكي يستفاد منه في تطوير المجتمع.

<u>9-3-4 التصميم الهندسي للمنتجات المبتكرة</u>

- **متطلبات بناء التصميم الهندسي:**

1. توفر الاستشارات الهندسية المحلية والأجنبية،
2. توفر برامج التدريب،

3. توفر مهارات التشغيل،
4. توفر مهارات الصيانة،
5. التعرف على الأسس العلمية والنظرية التي تقوم عليها كل خطوة من خطوات التصميم الهندسي
6. تجهيز مستلزمات القيام بالتصميم الهندسي من مواد وأدوات وآليات وتجهيزات مختلفة.

جدول (4-16): خطوات بناء التصميم الهندسي

1-	اختيار المشكلة وتحديدها.
2-	التوصل إلى المواصفات الأولية للتصميم الهندسي.
3-	التهيئة للتجارب العلمية الأولية.
4-	إجراء التجارب الأولية للمواصفات الأولية.
5-	الوصول إلى نموذج التصميم الهندسي بمواصفاته النهائية.
6-	تصنيع الوحدة التجريبية لنموذج التصميم الهندسي النهائي.
7-	إجراء تجارب التطوير للوحدة التجريبية المصنعة.
8-	إنشاء التقنية والتوسع في استخدامها.
9-	التصنيع الدقيق والمتقدم والأرحب.

- **خطوات بناء التصميم الهندسي (انظر جدول 4-16):**

أولاً: تحديد المشكلة: تلمس مشكلات المجتمع المختلفة، وذلك بالرجوع إلى مؤسساته المتعددة لتحديد واختيار مشكلة جوهرية تواجه أحد مؤسسات المجتمع. وبعد تحديد المشكلة تبنى افتراضات علمية تعين على حل المشكلة. هذه الافتراضات المتخيلة ينبغي أن تبنى على ملاحظات مباشرة، وعلى نظريات وتصميمات علمية سليمة، مع استشارة الخبراء في بناء هذه الافتراضات. وهذه الافتراضات تعني في الأساس أفكاراً جديدة تسهم في حل المشكلة المطروحة.

ثانياً: التوصل إلى المواصفات الأولية للتصميم الهندسي بناءاً على الافتراضات المتخيلة السابقة: وهذه المواصفات الأولية يتوصل إليها بالاستعانة بالخبرات السابقة والاستشارات الهندسية المحلية والأجنبية ونتائج البحوث في المجالات قريبة الشبه بموضوع التصميم الهندسي المقترح، كما يعتمد في تحديد هذه المواصفات على الحقائق العلمية والمبادئ والتصميمات والنظريات العلمية. هذا التصور للمواصفات الأولية للتصميم الهندسي الأولي يمكن الوصول إليه بإتباع الخطوات التالية:

1. بتنظيم الاستفادة من تعدد الخبرات والإستبصارات للإستعانة بها في التصميم الهندسي المقترح.

2. تنظيم الاستفادة من القدرة على التخيل والإبداع للاستعانة بها في التصميم الهندسي المقترح.
3. تخطي التنبؤ الحدسي الذي يكتفي برسم صورة خيالية للتصميم الهندسي المقترح إلى التشكيل الواعي للتصميم الهندسي المرغوب في تحقيقه.
4. وضع الأسس النظرية والمعايير والأهداف اللازمة لكل خطوة من خطوات التصميم الهندسي المقترح، مع توضيح كيفية الانتقال من خطوة إلى أخرى في التصميم الهندسي المقترح
5. إشراك مجموعة من الخبراء المتخصصين في المجال الهندسي موضع التصميم بغرض الاستشارة الهندسية التي تساهم في تطوير التصميم الهندسي المقترح، وذلك للاطمئنان على شكله النهائي.

ثالثاً: التهيئة للتجارب العلمية الأولية للتصميم الهندسي المقترح .

رابعاً: إجراء التجارب الأولية للمواصفات الأولية للتصميم الهندسي المقترح: وتتم هذه الخطوة أيضاً بالاستعانة بالخبرات والاستشارات الهندسية، ونتائج البحوث العلمية والقوانين والمبادئ والتصميمات والنظريات العلمية. وفي هذه الخطوة تحدد المعالجة الهندسية للمواصفات الأولية.

خامساً: الوصول إلى نموذج التصميم الهندسي بمواصفاته النهائية: وذلك من خلال المعالجة الهندسية للمواصفات الأولية التي تمت في الخطوة السابقة.

سادساً: تصنيع الوحدة التجريبية لنموذج التصميم الهندسي النهائي.

سابعاً : إجراء تجارب التطوير للوحدة التجريبية المصنعة لنموذج التصميم الهندسي النهائي: وبهذه الخطوة يتوصل إلى توليد تقنية ناجعة نتيجة لتجارب التطوير المتعددة للتصميم الهندسي النهائي، مما يؤدي إلي التمكن الكامل من الصنع والتطوير في المعدات والأجهزة والمحركات المتعلقة بالتصميم الهندسي النهائي.

ثامناً: إنشاء التقنية والتوسع في استخدامها بعد تبنيها وتسجيل براءات اختراعها في المؤسسات والهيئات المعنية.

تاسعاً: بعد الخطوة السابقة يصل الباحث إلى مرحلة التصنيع الدقيق والمتقدم والأرحب من خلال هذه التقنية التي تفيد في أحد المجالات الصناعية والزراعية أو التجارية أو الخدمات في شكل منتج يستخدم لتحسين نوعية حياة المجتمع.

4-4 قائمة مراجع الفصل الرابع

أحمد الشيخ حمد، (1994م) اتجاهات البحث العلمي بكلية التربية جامعة الخرطوم: رسالة ماجستير (غير منشورة) كلية التربية جامعة الخرطوم.

أحمد الشيخ حمد، (1998م) المنهج في البحوث المستقبلة، رسالة دكتوراة (غير منشورة) كلية الدراسات العليا جامعة الخرطوم.

السيد محمد خيري، (1975م) الإحصاء النفسي والتربوي، الرياض، مطبوعات جامعة الرياض.

ديو بولد. ب. فان دالين، (1979م) مناهج البحث في التربية وعلم النفس.ترجمة محمد نبيل نوفل وآخرون القاهرة: المكتبة الانجلومصرية.

كمال اليازجي، (1986م) إعداد الأطروحة الجامعية، بيروت: دار الجيل.

ل.ر.جاي، (1993م) مهارات البحث التربوي، (ط^3) ترجمة جابر عبد الحميد جابر القاهرة: دار النهضة العربية.

محمد الغريب عبد الكريم، (1987م) المنهج والإجراءات (ط^3) القاهرة: مكتبة نهضة الشرق.

مصطفى زايد، (1990م) الإحصاء والاستقراء، القاهرة هجر للطباعة والنشر.

عبد الرحمن أحمد عثمان، (1995م) مناهج البحث العلمي وطرق كتابة الرسائل الجامعية، الخرطوم: دار جامعة أفريقيا العالمية للنشر.

عبد الغني عبود، (1979م) البحث في التربية، القاهرة: دار الفكر العربي.

فؤاد البهي السيد، (1958م) الجداول الاحصائية لعلم النفس والعلوم الإنسانية الأخرى، القاهرة: دار الفكر العربي.

فؤاد البهي السيد، (1958م) علم النفس الاحصائي قياس العقل البشري، (ط3)القاهرة: دار الفكــر العربي.

كامـــــــل ســــــــالم أبوضــــــاهر، (2015) العينــــــــات الإحصــــــــائية، http://site.iugaza.edu.ps/kabudaher/files/2015/.pdf

تغريد عصام محمد عبد الماجد وعصام محمد عبد الماجد، نشر بحوث الدراســـات العليــــا وتحـــديات الانتحال، ورقة علمية قدمت في مؤتمر الدراسات العليا السنوي السابع للعام 2015م، من تنظيم كلية الدراسات العليا بجامعة النيلين، في الفترة من 22 إلى 23 ديســـمبر 2015م، تحت شعار "النشر العلمي وتحديات الانتحال" GC@neelain.edu.sd، (Doi 10.13140/RG.2.1.3515.4009)

147

الفصل الخامس: عرض البيانات الإحصائية وتحليلها

1-5 مقدمة

يتعلق هذا الفصل بأساليب عرض البيانات الإحصائية باستخدام أسس الإحصاء الوصفي، والاستدلالي (الاستنتاجي) بغرض إكساب الخبرة في استخدام هذه الأساليب في كافة المجالات التطبيقية التي تهم الباحث. ويتصل الفصل لنظم تحليل البيانات الإحصائية وفحصها بروية باستخدام أساليب رياضية معينة، واستنباط المعلومات المتوفرة فيها، ثم استخدامها لفائدة أهداف البحث العلمي واتخاذ القرار المناسب. ينبغي عند جمع البيانات الإحصائية الالتفات إلى المكونات الأساسية المطلوب جمعها، ونوع البيانات المطلوبة، وتحديد عدد المفردات التي تجمع منها البيانات وكيفية اختيارها، وأنماط الحصول على البيانات الإحصائية.

2-5 الإحصاء الوصفي Descriptive statistics

تختلف البيانات الإحصائية فيما بينها، ومن ثم يتعلق التحليل الإحصائي الوصفي بطريقة وصف الاختلاف في هذه البيانات عن طريق جمعها وتبويبها وتنظيمها وتلخيصها وعرضها، واستخدام المقياس الإحصائي المناسب لتوضيح سماتها الأساسية. ويشار إلى الأنماط والطرق الباحثة في كيفية الاختلاف في البيانات وصفها وتحليلها بالإحصاء الوصفي (السيد نور، 1989م) دون الوصول إلى نتائج أو استدلال خاص بالمجموعات الأكبر حجماً.

3-5 الإحصاء الاستدلالي (الاستنتاجي) Evidentiary statistics (deductive)

هو تقرير المعلومات المجهولة لمجتمع من بيانات العينة (بانكروفت وآخرون، 1998م). وبدلاً من اختبار المجموعة الإحصائية (المجتمع الإحصائي أو المجموعة الكلية) تختبر عينة من المجموعة. وإن كانت العينة ممثلة للمجتمع فيمكن الحصول على نتائج مهمة وواقعية عن المجتمع عند تحليل هذه العينة. ولتحقيق هذا ينبغي الاهتمام بالشروط الواجب توافرها لسلامة الاستدلال المتحصل عليه من ناحية أن تكون العينة ممثلة للمجتمع وأن يحدد احتمال الخطأ في التعميم (سلفانور، 1997م). ويطلق على فرع الإحصاء الذي يركز على هذه الشروط بالإحصاء الاستقرائي أو الاستدلال الإحصائي (شبيجل، 1961م). وتستخدم في هذا النوع من الاستدلال الاحتمالات عند عرض النتائج لأن الاستدلال غير مؤكد؛ ومن ثم يختص الإحصاء الاستدلالي بالوصول إلى تعميم عن خواص الكل (المجتمع) من واقع فحص جزء من هذا الكل (العينة).

4-5 استخدام الحاسوب لتحليل البيانات الميدانية

يمتد العمل الإحصائي إلى تفسير وشرح أسباب الاختلاف في مفردات البيانات الإحصائية عبر العوامل التي ترتبط بها. ويستفاد من النماذج الإحصائية للتوصل لاستنتاج إحصائي عبر عملية تجريد رياضية تحدد السمات الجوهرية للظاهرة مستخدمة نظرية الاحتمالات الرياضية للتوصل إلى نتائج تدل على خواص المجتمع المعني. وكلما تعددت الاحتمالات كلما تعدد تعقد الحل للنموذج؛ الشيء الذي يتطلب الجهد والوقت. ومن هنا يساعد الحاسوب في الإسراع بتغطية الحسابات الإحصائية ودراستها؛ مما يعطي مجالاً أكبر للتركيز على التعامل مع البيانات وشرحها وتفسير نتائجها. ويستخدم الحاسوب أساساً في التالي:

أ) خزن كميات ضخمة من البيانات الإحصائية وسهولة استرجاعها واستخدامها.

ب) تنوع الأساليب الإحصائية المساعدة في تحليل البيانات الإحصائية.

ج) القيام بالعمليات الرياضية المعقدة وتحليل البيانات طبقاً لهذه العمليات في زمن وجيز.

د) تنوع أساليب الأنمذجة والمحاكاة لتمثيل البيانات الإحصائية.

ويسبق استخدام الحاسوب مراحل مراجعة صحائف البحث مكتبياً، ومراجعة البيانات وضبط الجودة، وإعداد دليل الترميز، وتهيئة البيانات لإدخالها للحاسوب، وكيفية استخدام برنامج الحاسوب المنتقى، ثم فرز البيانات وتبويبها وتسجيلها وعرض النتائج وتحقيق فروض البحث إحصائيا (أحمد الشيخ، 2001م). وتعني مراجعة صحائف البحث محاولة اكتشاف بعض الأخطاء في البيانات، ويستخدم الترميز بدلاً عن المعلومات الحقيقية ويتم استبدالها برموز أو متغيرات وهمية. وتقوم الجداول الإحصائية بتحويل البيانات إلى هيكل وحالة أخرى حسب أغراض البحث وحاجاته (شفيق العتوم، 1992م).

من أكثر برامج الحاسوب الإحصائية تداولاً مجموعات SPSS و SAS و BMDP و SYSTAT و QI Analyst و SigmaGel و SigmaStat وSigmaPlot و PeakFit و Table Curve 2D وTable Curve 3D وJMP4 Statistical Discovery Software وغيرها من برامج الحاسوب الجاهزة التي تعج بها الساحة الإلكترونية. أما نجاح برنامج مثل SPSS فقد نبع من مقدرة البرنامج التحليلية، ومرونته وسهولة تشغيله، ويسر إدخال المعلومات والبيانات ومشاهدتها، وجودة التسهيلات المعينة لتوزيع النتائج لصنع القرار (كوهل، 1994 وانتوني، 1996م، وروس 1996).

بدأ أول نتاج لبرنامج SPSS في 1968 بوساطة Norman H. Nie و C. Hadlai Hull و Dale Bent من جامعة استانفورد. وقد بدأ العمل به في الحواسيب الضخمة حتى 1984؛ والتي صدر بعدها +SPSS/PC للحواسيب الشخصية. ثم صارت SPSS أكبر مطور للبرامج الإحصائية لنظام مايكروسفت ويندوز حيث جاءت إصدارة 1995 بلغات مختلفة. وبين 1994 و 1999 اكتسبت

SPSS تسعة اتحادات للحقوق هـــي: SYSTAT Inc., BMDP Stastistical Software, Jandel Scientific Software, Clear Software, Quantime Ltd., In2itive Technologies A/S, Integral Solutions Ltd., and Vento Software Inc. وبمطلع عام 2000 تطورت حلول SPSS لقطاعات مختلفة ضمت الاتصـــالات، والعنايـــة الصـــحية، والمصارف، والمالية، والتأمينات، والتصنيع، وطرود البضائع الاستهلاكية، وبيع التجزئة، وبحـــث الســـوق، والقطاع الخاص. وفي عام 2009 قامت عملاقة الحواسيب IBM بشراء SPSS وصار اسمـــه الرسمـــي IBM SPSS Statistics. ولمزيد من المعلومات يمكن الدخول إلى موقع الشركة على شبكة الإنترنت http://www-01.ibm.com/software/analytics/spss/products/statistics/.

طُور برنامج SAS بوساطة معهد SAS بالولايات المتحدة الأمريكية؛ وهو نظام برنامج لتحليل البيانات بالتركيز على التحليل الإحصائي. وشأنها شأن أي لغة؛ فللغة SAS مصطلحاتها الخاصة وأوامرها وبناؤهـــا اللغوي. وتعرف في برنامج SAS البيانات والطرق التشغيلية التي ستتعرض لها البيانات. ويمـــنح برنـــامج SAS التسهيلات التالية (مصطفى زايد، 1987م):

- تنظيم البيانات لإيجاد منظومة بيانات في إطار محدد مقبول لبرنـــامج SAS يـــتمكن معـــه البرنامج من تحليلها إحصائياً.
- التصنيف والطباعة والقيام بمختلف عمليات التحليل الإحصائية للبيانات.
- رسم الرسومات البيانية في شاشة الحاسوب والرسام وغيرها من المخرجات.

أما SYSTAT فهو مكتشف فعال يعطي الرسومات البيانية حيوية بوضعها في ثلاثة أبعاد مع تحريكهـــا وتحويلها في زمن قياسي، وتحدّث الرسومات البيانية وتطور لحظياً عند تعديل فترات الثقة وعوامـــل الدقـــة والصقل. وهو خيار ممتاز للبحث الإحصائي ذي النوعية العالية للعلماء والمهندسين والإحصائيين. وهنـــاك عدة إصدارات من هذه البرنامج لأنظمة تشغيل مايكروسوفت ويندوز وماكنتوش.

يقوم برنامج EasyStat بتسهيل تحليل البيانات بالطرق الإحصائية مثل اختبار ت t test المعتمد علـــى اختبار ف و ANOVA واختبار مانتل هنسزيل Mantel-Haenszel وغيرهـــا. أمـــا برنـــامج Statiscope من إنتاج Mikael Bonnier بالسويد 1996 - 1997 فيعرض ملخص البيانـــات ورسوماتها التوصيفية: إما بإدخالها بطريقة مباشرة أو باستخدام الإنترنت. وتضم الرســـومات: التوزيـــع، والاحتمالات، والكثافة، ورسم الصندوق، والجذع، والورقة، وغيرها، كما يضـــم البرنـــامج اختبـــارات الفروض وحسابات فترات الثقة. ويسهل البرنامج إمكانية المشاركة في البيانات لمستخدمين مختلفين يقومون بأبحاث مختلفة.

أما برنامج STATS للدوال الإحصائية للبحث التسويقي Statistical Functions for Marketing Research من برامج IBM لويندوز فيقوم بعمل التالي:

- توليد الأرقام العشوائية.
- حساب أحجام العينة المطلوبة للمسوحات.
- حساب الوسيط والانحراف المعياري، والخطأ المعياري والقياس، ومدى لإدخال البيانات بلوحة المفاتيح.
- إيجاد الخطأ المعياري لجزء.
- عمل اختبار الثقة بين عينات مستقلة.
- تحليل الجداول المتصلة (مثل تربيع كاي chi square distribution).

أما برنامج Vista النظام المرئي للإحصاء The visual statistics system فيحوى رسومات لتلخيص تحليل البيانات ونظم للحساب والتحليل والعرض وكتابة التقرير وتعديل برامج الحاسوب المصاحبة.

5-5 عرض نتائج التحليل الاحصائي

يمثل جمع البيانات الإحصائية ركيزة أساسية لاتخاذ القرار. وتتنوع سبل جمع البيانات باختلاف البحث العلمي؛ إذ تستخدم عدة أساليب نظرية وعملية بغرض فحص كافة وحدات المجتمع أو جزء منه (عينة). وينبغي مراعاة شروط ومتطلبات المقاييس والأساليب المستخدمة لوصف المجتمع لتتوفر فيها عوامل الصدق والثبات والتمثيل بالإمكانات المتاحة ووفق الخطة المجازة والمتوخاة. ومن ثم قد يعول على الاستقراء (مصطفى زايد، 1987 ومصطفى زايد، 1991م) لتعميم وصف المجتمع الإحصائي بناء على بيانات العينة، والذي يقود بدوره لصنع القرار وفق نماذج معينة تتوافر فيها مجموعة من قواعد اتخاذ القرار. وللاستفادة من البيانات المتجمعة ينبغي إعادة ترتيبها وتنظيمها، ثم التفكر في إعداد الجداول الإحصائية بناءاً عليها، وربما تمثيلها بيانياً لتسهيل استنباط دلالاتها.

تعين الجداول والرسومات البيانية الإحصائية لتسهيل التفسير للظاهرة الإحصائية وإظهار أساسيات مجموعاتها لتسهيل الفهم، وإظهار أهم الملامح، وتسريع اتخاذ القرار (اوليف دوون، 1989م). ومن ثم يتعلق تنظيم وعرض البيانات بعملية وضع البيانات في جداول منسقة وعرضها بطرق مناسبة مثل: الأشكال الهندسية، والرسوم البيانية، والتوزيعات التكرارية (محمد أبو صالح وآخر، 1990 وسليمان محمد، 2001م). تعمل التوزيعات التكرارية على تنظيم البيانات وتلخيصها في صورة مركزة على هيئة توزيعات تكرارية موضوعة في جداول مناسبة وربما مُثلت بيانياً (محمد أبو يوسف، 1989م). ومن أهم طرق عرض البيانات التالي:

1) طريقة الجداول: بوضع البيانات في جداول لعرض الظاهرة مع متغير معين.

2) طريقة المستطيلات أو الأعمدة: بوضع البيانات على محور (عمودي أو أفقي). يمثل ارتفاع المستطيل المنشأ على المحور قيمة المسمى الرقمية، ويتم استخدام مقياس رسم معلوم.

3) طريقة الخط المنكسر (الخط البياني): لعرض البيانات على محورين متعامدين لمتغير variable أو عدة متغيرات برصد إحداثيات الظاهرة.

4) طريقة الخط المنحني: للتعبير عن تغير الظاهرة وفق منهاج محدد.

5) طريقة الدائرة (اللوحة الدائرية): لتقسيم الكل إلى أجزائه (محمد أبو صالح وآخر، 1990م)؛ وتمثل القطاعات التي تنقسم إليها اللوحة نسبة كل منها للآخر أو للمجموع الكلي (سلفانور، 1997م).

6) الطريقة التصويرية: بتصوير عدد الظاهرة للتمثيل. أي باستخدام صور الأشياء للدلالة عليها، ويراعى أن يدل حجم الصورة على قيمتها الحقيقية.

6-5 تحليل البيانات الميدانية

يعنى تحليل البيانات بإيجاد قيم لمقاييس واقتراحات معينة، تحدد قيمها من البيانات المذكورة (محمد أبو صالح وآخر، 1990م). ويمكن قياس السمات المتعلقة بظاهرة إحصائية بمقاييس وأساليب منها التصنيفية، والوصفية، والثبات وصدق الأداة، وتحقيق الفروض. أما الأساليب التصنيفية لعينة البحث فتضم: النسبة المئوية، والتوزيع المناسب، والتوزيع الأمثل (أحمد الشيخ، 2001م). والأساليب الوصفية تستخدم كبديل للتوزيع التكراري للحصول على أهم خصائص التوزيع ولأغراض التحليل الرياضي. وتضم الأساليب الإحصائية لقياس ثبات وصدق الأداة: معامل الارتباط، وأسلوب اسبيرمان براون للصدق، وأسلوب قياس صدق الأداء للثبات. ولا تحل هذه المقاييس الإحصائية محل البيانات التفصيلية؛ غير أنها تعطي فكرة واضحة عن الظاهرة قيد الدراسة والبحث (شفيق العتوم، 1992م). وتضم المقاييس الوصفية التالي: مقاييس الوضع، والتشتت، والالتواء، والتفرطح .

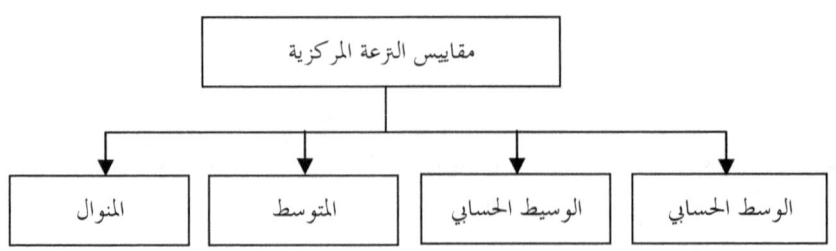

شكل (5–1): مقاييس النزعة المركزية

أ) <u>مقاييس الوضع</u> (أو المركز، أو التوسط، أو النزعة المركزية، انظر شكل 5-1): تستخدم عندما لا يوجد اختلاف كبير بين المشاهدات، وللتعرف على النزعة المركزية للبيانات ولإجراء المقارنة. ومن أشهرها لوصف التوزيع التكراري: الوسط الحسابي، والوسط الحسابي المعدل، والمتوسط، والوسيط، والمنوال، واختبار ت، واختبار K^2، ومعامل الارتباط.

- **الوسط** الحسابي Arithmetic mean : **وهو مجموع المشاهدات مقسوماً على عددها.**

- المتوسط mean: هو مقياس **للنزعة** المركزية داخل مجموعة بيانات مرتبة حسب قيمها، وهو القيمة النموذجية أو الممثلة لمجموعة من البيانات (شبيجل، 1961م).

- المنوال mode: لمجموعة من القيم هو القيمة الأكثر تكراراً في البيانات، أو الصفة الأكثر شيوعاً؛ أي هي القيمة التي تتكرر أكثر من غيرها أو القيمة الأكثر شيوعاً (شبيجل، 1961م).

- الوسط الحسابي المعدل (المؤقلم) Mean average: ويقوم بإزالة تـأثير القيم المتطرفة outliers على الوسط الحسابي بنسبة تعديل.

- الوسيط Median: الوسيط لمجموعة من القيم مرتبة ترتيباً تصاعدياً أو تنازلياً هـو القيمة التي تقسم المشاهدات إلى قسمين متساويين.

- الوسط الهندسي geometric mean: وهو العدد المقابل للوغاريثم الوسط الحسابي للوغاريثمات المشاهدات، ولمجموعة من الأرقام الموجبة فإن الوسط الهندسي أقل من أو يساوي وسطها الحسابي، ولكنه أكبر من أو يساوي وسطها التوافقي.

- الوسط التوافقي: وهو مقلوب الوسط الحسابي لمقلوبات المشاهدات والقيم.

- الربيع الأدنى: هو القيمة التي يقل عنها أو يسبقها 25 بالمائة مـن القيـم. والربيـع الأعلى: هو القيمة التي يقل عنها أو يسبقها 75 بالمائة من القيم.

- العشيرين الأعلى والأدنى: هما القيمتان اللتان يقع أقل منهما أو يسبقهما 90 أو 10 بالمائة من القيم على التوالي.

- المئيان الأعلى والأدنى percentiles: هما القيمتان اللتان يقع أقل منهما أو يسبقهما 99 أو واحد بالمائة من القيم على التوالي.

ب) <u>مقاييس التشتت dispersion measures</u> (أو الاتساع، أو الاختلاف، انظر شـكـل 5-2): التشتت dispersion أو التغير هو الدرجة التي تتجه بها البيانات الرقمية للانتشار حول قيمة وسط؛ ومن أمثلتها المدى الانحرافي المتوسط، ونصف المدى الربيعي (الانحراف المعياري)، والمدى والانحراف المعياري لقياس درجة الاختلاف بين المشاهدات ووسطها الحسابي.

- المدى: لمجموعة من القيم والبيانات هو الفرق بين أكبر مشاهدة وأصغرها في البيانات.

153

- المدى الربيعي: هو الفرق بين الربيع الثالث والأول للمشاهدات، ويعمل على تقليل اعتماد المدى على المشاهدات المتطرفة بحذف جزء منها بعد ترتيبها تصاعدياً.
- الانحراف المتوسط Mean deviation: هو الوسط الحسابي للقيم المطلقة لانحرافات كل مشاهدة عن المتوسط (وسطها الحسابي).
- التباين variance: هو عبارة عن انحراف المشاهدات عن وسطها الحسابي.
- الانحراف المعياري standard deviation: يعبر عن مقياس التشتت حول الوسط الحسابي. وهو الجذر التربيعي الموجب للتباين (الجذر التربيعي لمتوسط مربعات انحرافات مجموعة من القيم عن وسطها الحسابي). وعند حساب الانحراف المعياري ينبغي تعديل الخطأ الناتج من تجميع البيانات في فئات باستخدام معاملات تصحيح التباين مثل تصحيح شبرد وغيره.

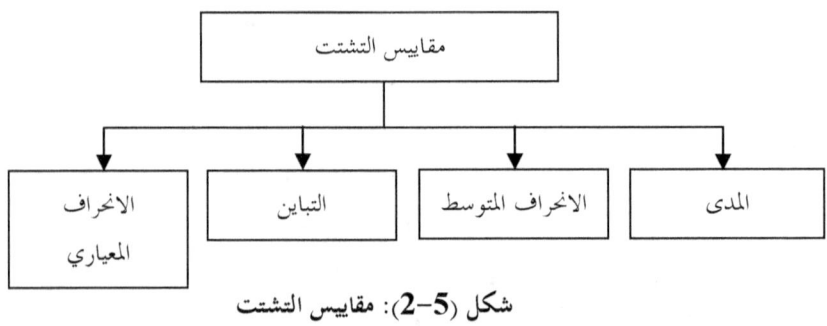

شكل (5-2): مقاييس التشتت

ج) مقاييس الالتواء skewness coefficient: هو درجة تماثل أو البعد عن التماثل لتوزيع، ويمكن تعريفه على أنه نسبة الفرق بين الوسط والمنوال إلى الانحراف المعياري عبر معامل بيرسون الأول والثاني للالتواء أو معامل الالتواء الربيعي، ومعامل الالتواء المثيني أو معامل الالتواء باستخدام العزوم وغيره. ويستخدم معامل الالتواء لتحديد عدم التماثل في التوزيع التكراري، ولتحديد العلاقة بين الوسط الحسابي والوسيط بالنسبة للانحراف المعياري.

د) مقياس التفرطح kurtosis coefficient: لتحديد نمط التوزيع التكراري من حيث تركز المشاهدات حول المركز ومن شكل ذيلي التوزيع (السيد نور، 1989م)، والتفرطح هو درجة تدبب قمة التوزيع التكراري بالقياس إلى التوزيع الطبيعي. ويمكن تقسيم المنحنيات التكرارية من حيث تفرطح قمتها إلى معتدلة (متوسطة) التفرطح، ومدببة التفرطح، ومفرطحة.

ومن الأهمية بمكان أخذ حجم العينة في الاعتبار عند التفكر في اعتماد القياسات الإحصائية؛ إذ يكون توزيع المعاينة للكثير من الإحصائيات تقريباً مماثلاً للتوزيع الطبيعي للعينات الكبيرة (أكبر من 30)؛ مع ازدياد

الجودة التقريبية بزيادة عدد العينات. أما بالنسبة للعينات الصغيرة (أقل من 30) فينبغي إدخال التعديلات المناسبة مثل توزيع استودينت (ت t) Student T distribution؛ وتوزيع كا تربيع (كا^2) (السيد نور، 1989 وسلفانور، 1997 ومصطفى زايد، 1987م).

ويمكن تمثيل توزيع استيودنت ت[22] بالمعادلة 5-1.

$$f(t) = c(1 + t^2/ v)^{-\frac{1}{2}(v+1)} \qquad (5\text{-}1)$$

حيث:

f(t) = توزيع الكثافة الاحتمالي للمتغير العشوائي t

t = المتغير العشوائي ($-\infty < t < \infty$)

v = درجات الحرية

c = ثابت يعتمد على v ليجعل المساحة تحت المنحنى تساوي الوحدة.

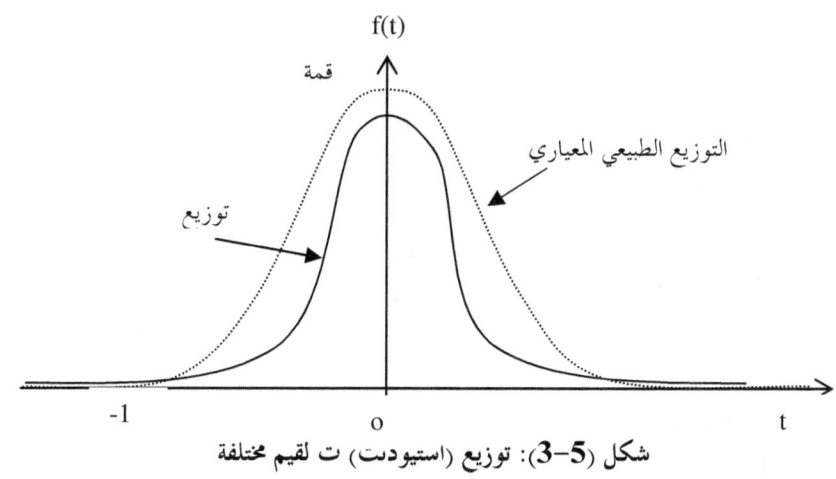

شكل (5-3): توزيع (استيودت) ت لقيم مختلفة

تنتج المعادلة 5-1 منحنى توزيع يشبه الجرس، أحادي المنوال وله قمة عند $t = 0$، ويتماثل حول العمود المقام على القمة، ويماثل في شكله التوزيع الطبيعي المعياري (حسب درجة حريته)؛ غير أنه ينخفض عنه ويتقارب طرفاه من الصفر عند t ما لانهاية بصورة أبطأ من التوزيع الطبيعي، وينبغي أن يكون للإحصاءة توزيع معتدل وأن تكون القيمة المشاهدة هي تقرير غير متحيز لوسط الإحصاءة (محمد أبو يوسف، 1989م).

[22] t Student's distribution

أما توزيع كا – تربيع (كا^2)[23] فيستخدم لمقارنة تكرارات الحدوث لاختبار بعض الفروض حولها، ويتطلب أن تكون العينة عشوائية فيمكن تمثيله بالمعادلة 5-2.

$$f(\kappa^2) = c\,(\kappa^2)^{\frac{1}{2}(v-2)}\, e^{-\frac{1}{2}(\kappa^2)} \qquad (5\text{-}2)$$

حيث:

$f(\kappa^2)$ = توزيع الكثافة الاحتمالي للمتغير العشوائي κ

v = درجات الحرية

c = ثابت يعتمد على v ويحدد بحيث تكون المساحة تحت المنحنى مساوية للوحدة.

يعتمد المنحنى الاحتمالي كلية على درجات الحرية. وعند صحة الفرض يكون κ^2 صغيراً نظراً لصغر التكرارات المناظرة المشاهدة والمتوقعة.

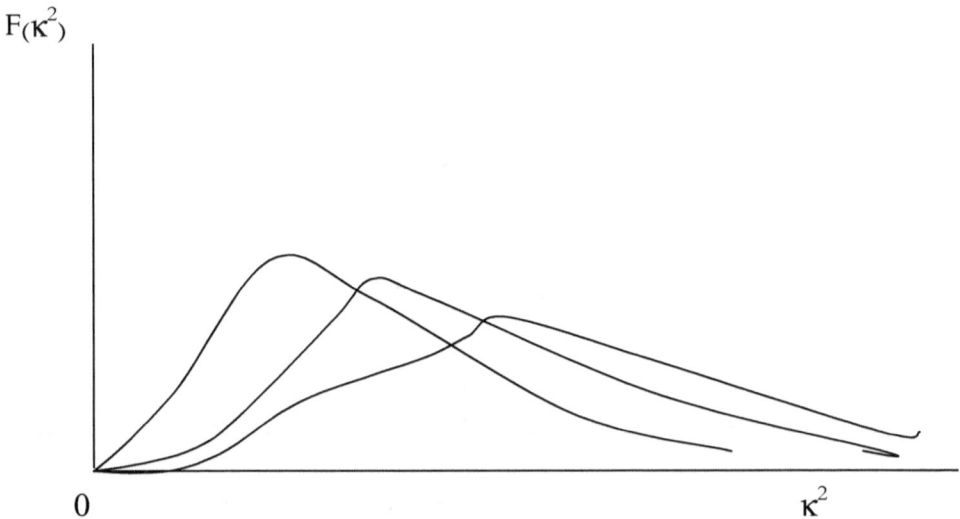

شكل (5-4): منحنيات توزيع تربيع كا

أما توزيع (ف) الاحتمالي[24] الذي يستعمل في اختيار الفرضيات فيمكن تصويره في المعادلة 5-3.

$$f(F) = cF^{(v-2)/2} / \{(v_2 + v_1 F\}^{(v_1 + v_2)/2} \qquad (F > 0) \qquad (5\text{-}3)$$

حيث:

F = توزيع الكثافة الاحتمالي للمتغير العشوائي F

---

[23] Chi-square distribution, κ^2

[24] F - distribution

v_1 , v_2 = درجات الحرية

c = ثابت يتعمد على v_1 , v_2 ويعين بحيث تصبح المساحة تحت منحنى التوزيع تساوي الوحدة.

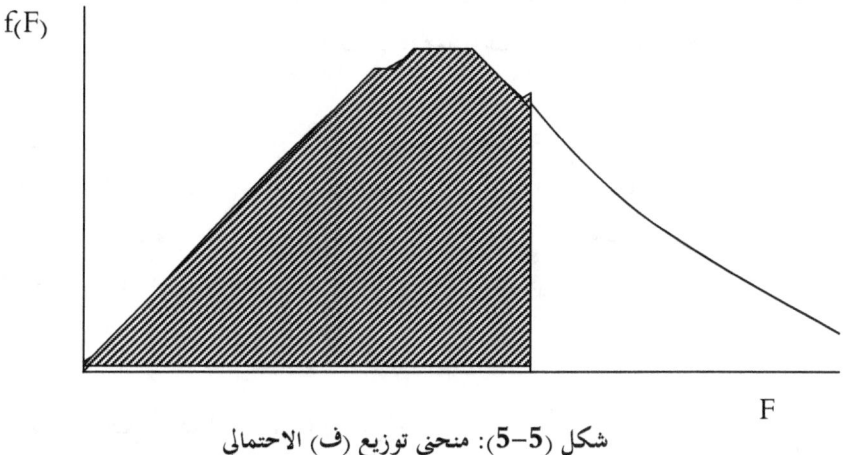

شكل (5-5): منحنى توزيع (ف) الاحتمالي

5 - 7 مناقشة النتائج وتفسيرها

ينبغي أخذ الجانب الإحصائي في الحسبان عند تصميم التجارب وتنفيذها للتحليل الجيد للبيانات، واختيار التصميم الأمثل والكفؤ ليعطي أكبر قدر من البيانات والنتائج بأدنى حد من الجهد التجريبي، ومن ثم بقليل من الأخطاء التجريبية. ويعين وضع النموذج الإحصائي للأسس الإحصائية المحددة لأسلوب التحليل وتأثير المتغيرات المؤثرة. ويمكّن هذا الأمر من المناقشة الجيدة، والتفسير المناسب للنتائج التي حصل عليها من تحليل البيانات إحصائياً. ولاتخاذ القرار الجيد ينبغي النظر في العناصر المؤثرة على صنعه من: وضوح الأهداف، والاستراتيجية المتاحة والمتبعة لدراسة الوسائل الواجب اتباعها لتحقيق الأهداف؛ وحالات الطبيعة للظروف المحيطة بعوامل الشك والمخاطرة، والفوائد الفعالة لتحقيق الأهداف وفق حالات الطبيعة. ويُعنى تفسير المعلومات باستخلاص ما تمثله هذه الأرقام من حقائق واتجاهات. ويتم ذلك من خلال مقارنة النتائج مع أخرى من دراسات مماثلة، إن وجدت، لتحديد أوجه الاتفاق أو الاختلاف؛ أو تقارن بمعايير معينة لتعطي المعاني التي تتناسب معها. وقد يعمد الباحث إلى الخروج بتعميمات محددة من نتائج بحثه، أو يستخدمها في عمليات التنبؤ بناءً على اتجاهها العام المميز، وربما جاءت النتائج ضمن نطاق التوقعات المرصودة في البحث أو خارجة عنه مما يستوجب تفسيرها بتحفظ وحذر، اعتماداً على مصادر العينات ودرجة تمثيلها لمجتمعها (عبد الرحمن عدس، 1989م).

157

5 - 8 تحقيق فروض البحث

يقوم الباحث بتطبيق دلالة إحصائية مناسبة لتحديد مدى الثقة في نتائج الدراسة وتحقيق الفروض المصاغة للبحث (سلفانور، 1997م) عن طريق معاملات الثبات والصدق. إن الثبات (عدم الاختلاف invariance property) شرط أساس لقياس مدى جودة بنود الأداة أو عدم جودتها، ويشير الثبات إلى أن الأداة تعطي نفس النتائج المتناغمة والمتناسقة عند إعادة تطبيقها على نفس أفراد العينة، وتحت ظروف مماثلة مما يجعل الثبات نسبياً. ومن طرق قياس الثبات طريقة معامل التجزئة النصفية لبيرسون.

أما صدق الأداء فيعمل على قياس ما وضع لأجله أو لقياسه بدرجة عالية من الكفاءة. وقد يكون الصدق وصفياً أو إحصائياً. حيث يكتفي الباحث بآراء المحكمين حول صلاحية الأداة في حالة الصدق الوصفي، أما الصدق الإحصائي فيعتمد على ثبات الأداة عبر معامل ارتباط الدرجات الحقيقية بنفسها، ويمكن أن يقاس الصدق الإحصائي بالجذر التربيعي لمعامل الثبات ومقياس الإحصاء السيكومتري (أحمد الشيخ، 2001م).

9-5 قائمة مراجع الفصل الخامس

أحمد الشيخ حمد، (2001) المرشد في إعداد وتقويم البحث العلمي، مذكرة لطلاب كلية التربية بجامعة السودان للعلوم والتكنولوجيا، (غير منشورة).

السيد نور، (1989) مقدمة الإحصاء، دار القلم للنشر والتوزيع، دبي.

أوليف جين دوون، (1989) ترجمة الزروق مصباح الهوني، وعلي حسين العجيلي، وعلي عبد السلام العماري، أساسيات علم الإحصاء، مجمع الفاتح للجامعات.

جوردن بانكروفت وجورج أوسليفان، (1998) ترجمة جمال سامي مقدس، الرياضيات والإحصاء لدراسات المحاسبة والأعمال، الدار الدولية للنشر والتوزيع، القاهرة.

دومينيك سالفانور، (1997) ترجمة سعدية حافظ منتصر، الإحصاء والاقتصاد القياسي، الدار الدولية للنشر والتوزيع، القاهرة.

محمد أبو يوسف، (1989) الإحصاء في البحوث العلمية، المكتبة الأكاديمية القاهرة.

محمد صبحي أبو صالح وعدنان محمد عوض، (1990) مقدمة في الإحصاء، مركز الكتب الأردني.

مصطفى أحمد عبد الرحيم زايد، (1987) الإحصاء والاستقراء، الجزء الأول: أسس الاستقراء.

مصطفى أحمد عبد الرحيم زايد، (1991) الجزء الثاني: منطق الاستقراء، المؤسسة المصرية للنشر والترجمة، الجيزة، مصر.

سليمان يحي محمد، (2001) مناهج البحث العلمي، مذكرة لطلاب كلية الفنون الجميلة والتطبيقية بجامعة السودان للعلوم والتكنولوجيا، (غير منشورة).

عبد الرحمن عدس، (1989) مبادئ الإحصاء لبرنامج الأعمال الإدارية والمالية في كليات المجتمع، دار الفكر للنشر والتوزيع، عمان، الأردن.

م. ر. شبيجل، (1961) سلسلة ملخصات شوم– نظريات ومسائل في الإحصاء، الدار الدولية للنشر والتوزيع، القاهرة، مصر.

شفيق العتوم، (1992) مقدمة في الأساليب الإحصائية، مطبعة التاج، عمان، الأردن.

Anthony, J. H., (2012) Probability and statistics for engineers and scientists, Duxbury Press; 4 edi.

Kuehl, R. O., (1994) Statistical principles of research design and analysis, Bemont, CA, Duxbury Press.

Ross, Paul W., ed., (1996) The handbook of software for engineers and statistics, Boca Raton, FL, CRC Press, New York, IEEE Press.

SAS Institute Inc., Book Excerpt, (2008) SAS/STAT 9.2 User's Guide Introduction

⟨https://support.sas.com/documentation/cdl/en/statug introduction/61750/PDF/default/statugintroduction. pdf⟩.

الفصل السادس: تصميم تقرير البحث

1-6 مقدمة

يدور الحديث في هذا الفصل حول تصميم هيئة البحث العلمي، في مختلف المجالات الأكاديمية التي تشمل الدراسات الإنسانية والاجتماعية والعلوم التطبيقية والطبيعية والعلوم الهندسية. هذا بالإضافة إلى الأسس والمعايير الواجب إتباعها عند الإقدام على تقويم البحث العلمي وطباعته ونشره.

6-1-1 هيئة البحث العلمي

هيئة البحث العلمي هي عبارة عن الشكل الذي يقدم من خلاله البحث في صورته النهائية للقارئ. بالتالي فهي تعتبر الإطار الإجرائي العام الذي يحوى ما اشتملت عليه الرسالة ومحتوياتها. وهي بذلك تعكس التسلسل المنطقي لخط سير إجراءات البحث. ويشتمل تصميم هيئة البحث العلمي على الغلاف الخارجي، ونظام ترتيب مادة البحث وعرضها في صورتها النهائية. وتحكم درجة تشعب الموضوع اختيار نظام الأبواب أو الفصول في توزيع مادة البحث. ويتكون تصميم الغلاف من كتابة بعض المعلومات بخطوط عريضة ومختلفة الأحجام، وتشمل اسم المؤسسة المانحة للدرجة العلمية أو الجامعة، واسم الكلية، واسم القسم، وعنوان البحث، والدرجة العلمية المطلوبة، ومجال الدراسة، ومعد البحث، والإشراف وأخيراً التاريخ. وأما بالنسبة لمحتويات البحث سواءً كانت مقسمة في شكل أبواب وفصول، أو فصول ومباحث فلابد أن تتدرج وفقاً للنظام الآتي:

أولاً - ما قبل المقدمة:

ترك الصفحة الأولى بعد الغلاف الخارجي خالية من الكتابة. تليها صفحة تحمل بيانات الغلاف الخارجي، وترتب بنفس الصورة مع ملاحظة أن هذه الصفحات لا تحمل أرقاماً أياً كان نوعها. ثم تأتي الصفحات التالية وهي تحمل عناوين أخرى مرتبة كالآتي: الإهداء، والشكر والعرفان، وخلاصة البحث باللغة العربية، والخلاصة مترجمة إلى اللغة الانجليزية، وأخيراً المحتويات (ربما في بداية الرسالة)، وترقم الصفحات بالحروف الأبجدية أو الهجائية.

ثانياً - المقدمة:

المقصود بها المقدمة العامة للرسالة ككل. وتشمل بصورة رئيسة الخطة وما تحتويه من عناصر أساسية لإجراء البحث. ويبدأ الترقيم من أول صفحة في المقدمة، ويتسلسل الترقيم عددياً حتى نهاية البحث أو إلى آخر ورقة تنتهي فيها الكتابة. ولما كانت المقدمة تعتبر فصلاً قائماً بذاته، فلابد من أن تفرد لها صفحة كاملة، غير

مرقمة، يكتب في وسطها بخط عريض اسم **المقدمة** كعنوان منفصل عن الكتابة التي تبدأ من الصفحة التالية دون حاجة إلى تكرار العنوان مرة أخرى.

ثالثاً - الأبواب والفصول:

تأتي بعد المقدمة وتبدأ بالباب (أو الفصل) الأول، ويتبع فيها نفس نظام المقدمة حيث يكتب اسم الباب (أو الفصل) في منتصف صفحة كاملة مخصصة لذلك، ثم يكتب تحته عنوانه، ويوضع أمامه رقم صفحة البداية وصفحة النهاية مع وضع شرطة هكذا (-) بينهما. وتكتب تحت هذا العنوان بحروف أصغر عناوين الفصول أو المباحث التي يتكون منها كل من الباب أو الفصل، وذلك مع ترك فراغ بمقدار مسافتين تحت العنوان الرئيس للباب أو الفصل. وهذه الصفحة والصفحة التي تليها لا ترقمان عادة. حيث يكتب على الصفحة التالية اسم الفصل وعناوينه في حالة اتباع نظام الأبواب، واسم المبحث وعناوينه في حالة اختيار نظام الفصول، وأن يبدأ كل فصل بمقدمة خاصة به تنتهي بخلاصة لما ورد فيه. ويتواصل الترقيم العددي من نهاية المقدمة ويشمل في تسلسه مقدمة كل فصل أو مبحث، ويستمر على هذا المنوال إلى نهاية البحث. ويترك للباحث حرية اختيار عدد الأبواب وفصولها أو الفصول ومباحثها، وذلك وفقاً لطبيعة موضوعه، وحجم المادة التي يحتويها بحثه شريطة أن يقوم بترتيبها على النحو التالي: المقدمة والإطار النظري، وتفصيل المشكلة أو المشروع، وإجراءات الدراسة (تحديد المجتمع، والعينة البحثية، والمعالجات، والإحصاءات، والحسابات والبرامج المستخدمة)، والعملي والتجارب المعملية، والنتائج، وتحليل ومناقشة النتائج، والخاتمة والتوصيات، ثم الملاحق، وقائمة المراجع والمصادر العربية والأجنبية. جدول (6-1) يوضح التصميم النموذجي لهيئة الرسالة العامة، والذي يمكن تطبيقه في مختلف مجالات الدراسات الإنسانية.

2-6 تصميم الهيئة العامة للبحث العلمي في مجال الدراسات الإنسانية

(انظر سليمان يحيى،2000م)

جدول (6-1): تصميم نموذجي لهيئة الرسالة العامة

الأقسام	العناصـــــر	طريقة الترقيم	
ما قبل الأبواب بفصـــولها، أو الفصـــول ومباحثها.	الغلاف الخارجي الصفحة الخالية صفحة العنوان	بدون ترقيم	
	الإهـــــداء الشكر والعرفان تجريد اللغة العربية التجريد باللغة الانجليزية المحتوى	أ ب ج د هـــ	الترقيم بالحروف الأبجدية أو الهجائية
المقدمة	المقدمة	1	الترقيم بالأرقام العربية المتسلسلة
الأبواب مقسمة إلى فصول أو الفصول مقسمة إلى مباحث	الباب الأول أو الفصل الأول .... الباب الثاني أوالفصل الثاني .... الباب الثالث أو الفصل الثالث .... الباب الرابع أو الفصل الرابع .... الخاتمة .... التوصيات	من نهاية المقدمة من نهاية الأول من نهاية الثاني من نهاية الثالث من نهاية الرابع من نهاية الخاتمة	
ما بعد الفصول والأبواب	الملاحق وتشمل أدوات البحث مثل: الاستبانة، والخرائط، والجداول، والرسومات، والوثائق، والصور وغيرها، وتنتهي بالمراجع والمصـــادر العربية والأجنبية.	ترقيم متسلسل من نهاية الخاتمة.	
	الصفحة الخالية		بدون رقم

3-6 تصميم هيئة بحث في مجال الدراسات الهندسية

يحق للباحث في مجال الدراسات الهندسية أن يختار إما نظام الأبواب وتقسيمها إلى فصول ومباحث، أو نظام الفصول وتقسيمها إلى مباحث أو عناوين رئيسة وأخرى فرعية. وينقسم البحث في مجال الدراسات الهندسية بصورة عامة إلى جزءين رئيسين حيث يخصص الجزء الأول لشرح وتعريف مشكلة البحث، وتحديد أبعادها. ويشتمل الجزء الثاني على دراسة المشكلة بصورة تفصيلية وتحليلها على ضوء المادة المتعلقة بها، وإجراء جميع المقارنات والاختبارات والاستنتاجات الأولية المصحوبة بالجداول والرسومات التوضيحية وصولاً إلى النتائج

النهائية. هذا بالإضافة إلى المقدمة العامة للبحث التي تأتي في صدر الرسالة، أما الخاتمة والتوصيات والملاحق والمصادر والمراجع فتأتي في نهاية الرسالة. ويفضّل أن يبدأ كل باب أو فصل أو مبحث بمقدمة خاصة بـه وينتهي بمخلص كذلك. ويمكن التعبير عن الهيئة العامة للبحث في مجال الدراسات الهندسية بالجدول (6-2).

جدول (6-2): أنموذج تصميم هيئة بحث في مجال الدراسات الهندسية

<table>
<tr><th>الرقم</th><th>الموضوع</th><th>العناصر</th><th colspan="2">الترقيم</th></tr>
<tr><td>1.</td><td>ما قبل المقدمة</td><td>الإهداء، الشكر العرفان، التجريد باللغة العربية، التجريد مترجم باللغة الانجليزية، المصطلحات، الفهرست.</td><td colspan="2">إما الحروف الأبجدية أو الأرقام الرومانية.</td></tr>
<tr><td>2.</td><td>المقدمة</td><td>تحوي إعادة صياغة عناصر الخطة وعرض مختصر لمحاور الدراسة، وملخص عام لأهم نتائجها، والمصادر والمراجع التي استخدمها الباحث في كتابتها.</td><td>يبدأ الترقيم بالأرقام العربية من أول صفحة للمقدمة.</td><td rowspan="4">ترقيم متسلسل من المقدمة وحتى نهاية الرسالة</td></tr>
<tr><td>3.</td><td>الجزء الأول: نظري ويحوي عرض المشكلة وتعريفها وتحديد أبعادها.</td><td rowspan="2">الباب الأول أو الفصل الأول...
الباب الثاني أو الفصل الثاني...
الباب الثالث أو الفصل الثالث...
الباب الرابع أو الفصل الرابع...
الخاتمة ....
التوصيات............</td><td rowspan="2">يتواصل من نهاية المقدمة.
يتواصل من نهاية الأول
يتواصل من نهاية الثاني.
يتواصل من نهاية الثالث.
يتواصل من نهاية الأخير.
يتواصل من نهاية الخاتمة.</td></tr>
<tr><td>4.</td><td>الجزء الثاني: تطبيقي ويحوي: التحليل، والمقارنة، والقياس، والنتائج الأولية والنهائية، والخاتمة، والتوصيات.</td></tr>
<tr><td>5.</td><td>الملاحق:</td><td>تحوي الموضوعات وبعض المصادر البحثية التي يفضل أن تكون خارج المتن.</td><td>يتواصل من نهاية التوصيات.</td></tr>
</table>

الرقم	الموضوع	العناصر	الترقيم	
6.	المصادر والمراجع العربية والأجنبية وتحوي الكتب، والدوريات،وغيرها.	تثبت كل على حدة مصنفة إلى منشورة وغير منشورة.	يتواصل من نهاية الملاحق.	

4-6 تصميم هيئة بحث في مجال الدراسات الطبيعية والتطبيقية

يحق للباحث في مجال الدراسات الطبيعية والتطبيقية أن يختار إما نظام الأبواب وتقسيمها إلى فصول ومباحث، أو نظام الفصول وتقسيمها إلى مباحث أو عناوين رئيسة وأخرى فرعية. وينقسم البحث في مجال الدراسات الطبيعية والتطبيقية إلى جزءين بصورة عامة وهي عبارة عن المحاور التي يدور في إطارها البحث. حيث يخصص الجزء الأول للجانب النظري ويشمل تعريف المشكلة وشرح أبعادها ومكوناتها. ويخصص الجزء الثاني للجانب التطبيقي ويشمل التجارب والاختبارات والقياسات الهامة والرصد وتسجيل الملاحظات والنتائج الأولية والنهائية. هذا بالإضافة إلى المقدمة العامة للبحث التي تأتي في صدر الرسالة. والخاتمة، والتوصيات، والملاحق، والمراجع والمصادر وتأتي في ذيل الرسالة. ويفضّل أن تكون لكل باب أو فصل مقدمة وخاتمة خاصة به. ويمكن التعبير عن الهيئة العامة للبحث في مجال الدراسات الطبيعية والتطبيقية بالجدول (6-3).

5-6 تقويم البحث

تستند معايير تقويم البحث العلمي إلى مجموعة من المبادئ والأسس المتعلقة بموضوع البحث والأسلوب الذي استخدم في الدراسة وشكل البحث. وذلك باعتبار أن عملية البحث العلمي هي سلسلة من الخطوات والعمليات المترابطة؛ تبدأ بالمشكلة وتحديدها، وتنتهي بالوصول إلى النتائج عن طريق استخدام منهج أو أسلوب علمي منظم. بالتالي فإن لكل عملية من هذه العمليات شروطاً أو معايير تحدد المنطق العلمي لهذه العملية. ومن هنا كانت قيمة أي بحث تتحدد من خلال إلتزامه بالمنطق العلمي أو بالأسس والمعايير العملية المتمثلة في الدقة والأمانة والموضوعية، غير أن هذه الصفات العامة لا تلقى ضوءاً كاشفاً عن البحث. لذلك لا بد من استخدام معايير نوعية مفصلة تمكن الباحث من تقويم بحثه تقويماً ذاتياً، وتمكن القارئ من تقويم أي بحث يدرسه (بدري، 1990م).

من المهم ملاحظة أن نتائج أي بحث علمي ليست حكماً نهائياً قاطعاً أو مسلمات لا تناقش، عليه لابد من فحص البحث العلمي وإخضاعه لمعايير تقويمية قبل الثقة به والالتزام بنتائجه. فالأبحاث الجامعية التي يعدها الطلاب في مجال الدراسات الأكاديمية تخضع لعملية تقويم شاملة خاصة في المراحل العليا ويشارك فيها عدد من المهتمين بشئون البحث العلمي في موضوع الدراسة. كما أن الأبحاث العلمية المنشورة تتعرض لعملية

تقويم فاحص من قبل المهتمين والباحثين في موضوعات هذه الأبحاث. وسواء كانت الأبحاث العلمية أبحاثاً جامعية أو غير جامعية، فإن عملية تقويمها تتم من خلال الموضوع والأسلوب والشكل (فوزي السيد).

جدول (6–3): أنموذج تصميم هيئة بحث في مجال الدراسات الطبيعية والتطبيقية

<table>
<tr><th>الرقم</th><th>الموضوع</th><th>العناصر</th><th colspan="2">الترقيم</th></tr>
<tr><td>1.</td><td>ما قبل المقدمة</td><td>الإهداء، الشكر العرفان، التجريد باللغة العربية، التجريد مترجم باللغة الانجليزية، المصطلحات، الفهرست.</td><td colspan="2">أما الحروف الأبجدية أو الأرقام الرومانية.</td></tr>
<tr><td>2.</td><td>المقدمة</td><td>تحوي إعادة صياغة عناصر الخطة، وعرض مختصر لمحاور الدراسة، وملخص عام لأهم النتائج، والمصادر والمراجع التي استخدمها الباحث في كتابتها.</td><td>يبدأ الترقيم من أول صفحة للمقدمة بالأرقام العربية.</td><td rowspan="3">ترقيم متسلسل من المقدمة وحتى نهاية الرسالة</td></tr>
<tr><td>3.</td><td>الجزء الأول: نظري ويشمل تعريف المشكلة، وشرح أبعادها ومكوناتها.</td><td rowspan="2">الباب الأول بفصوله أو الفصل الأول بمباحثه...
الباب الثاني بفصوله أو الفصل الثاني بمباحثه...
الباب الثالث بفصوله أو الفصل الثالث بمباحثه...
الباب الرابع بفصوله أو الفصل الرابع بمباحثه...
الخاتمة ....
التوصيات...............</td><td rowspan="2">يتواصل من نهاية المقدمة.
يتواصل من نهاية الأول.
يتواصل من نهاية الثاني.
يتواصل من نهاية الثالث.
يتواصل من نهاية الأخير.
يتواصل من نهاية الخاتمة.</td></tr>
<tr><td>4.</td><td>الجزء الثاني: تطبيقي ويشمل التجارب، والاختبارات، والقياسات، والرصد والملاحظة والنتائج</td></tr>
</table>

الرقم	الموضوع	العناصر	الترقيم	
.5	الملاحق:	تحوي الموضوعات وبعض المصادر البحثية التي يفضل أن تكون خارج المتن.	يتواصل من نهاية التوصيات.	
.6	المصادر والمراجع العربية وغير العربية وتحوي الكتب، والدوريات، وغيرها.	تثبت كل على حدة مصنفة إلى منشورة وغير منشورة.	يتواصل من نهاية الملاحق.	

6-5-1 تقويم موضوع الدراسة

إن نجاح الباحث في اختيار مشكلة بحثه يعتبر النقطة الإيجابية الأولى في إجراء عملية البحث، ومن ثم تقويمها. وتقوم مشكلة البحث بالنظر إليها من حيث الحداثة والخبرة والابتكار. هذا بالإضافة إلى قيمتها العلمية ومستوى انعكاس نتائجها على جمهور واسع من الناس عامة، أو أهميتها لدى قطاع كبير من المجتمع علاوة على مساهمتها في فتح المجال أمام دراسات جديدة يمكن إجراؤها لاحقاً.

6-5-2 تقويم أسلوب الدراسة

إن الأسلوب المنهجي الذي يتبعه الباحث يعتبر معياراً أساسياً في تقويم البحث، لأنه هو الذي يحدد قيمته. فإذا اعتمد الباحث أسلوباً علمياً في تحديده لمشكلته وتخطيط إجراءته المنهجية وتنفيذها وتحليل نتائجها، فإن ذلك يعطى البحث قيمة علمية كبيرة، وذلك وفقاً لمعايير تحديد المشكلة وتخطيط إجراءات الدراسة وتنفيذها وتحليل نتائجها. وتتلخص تلك المعايير في قدرتها على تحديد مجال الدراسة وتخير موضوعها. وبالتالي لابد لها من أن تتسم بالوضوح والتعبير عن المشكلة بعبارات أو أسئلة دقيقة. وأن تحدد المشكلة على ضوء مسلمات معينة، وتعرض من خلال البحث في مكان بارز. وتتكون معايير تخطيط إجراءات الدراسة ومن ثم وضع الخطة وتوضيح العناصر الأساسية التي تحويها، كالمسلمات والفروض الكافية لتفسير مشكلة البحث، والإجراءات المرتبطة بفحص الفروض، وتحديد أدوات البحث، وتحديد العينة والاختبارات والتجارب المعملية والمقاييس اللازمة لإجرائها وبيان المصطلحات الهامة في الدراسة.

تعتمد معايير تنفيذ الدراسة على اختيار العينة البحثية، وتقويم التجارب والأدوات والاختبارات التي استخدمها الباحث، والطرق التي اتبعها لإثبات فروض بحثه، وإجاباته على جميع أسئلة الدراسة والمراجع

والمصادر التي استند عليها من حيث الكفاءة والحداثة. وتحتوى معايير تحليل النتائج على تقويم الموضوع في عرضها، والرسوم والجداول التي استخدمها في ذلك، وتحديد مدى إرتباط النتائج بأسئلة وفروض البحث، وتقويم الموضوعية في تحليل النتائج، وجودة التعبير عنها من حيث اللغة والأدلة والبراهين وبسط الحقائق وربطها بالأسباب بالقدر الذي يبرز شخصية الباحث. وأن تكون تعميمات البحث منطقية ومرتبطة بالنتائج والأبحاث الأخرى التي تفترض الدارسة القيام بها (سامية جابر، 1988).

3-5-6 تقويم شكل الدراسة

يعتبر شكل الدراسة من أكثر جوانب البحث أهمية في عملية التقويم. حيث يفترض أن تلتزم الدراسة بشكل معين من حيث المظهر وتسلسل عرض أقسامها المختلفة، وطريقة تسجيل وتثبيت المصادر والمراجع التي استخدمها الباحث واستفاد منها حقيقة. وبالتالي فإن معايير تقويم شكل الدارسة تركز بصورة رئيسة على الإطار العام الذي اتخذته الدراسة من حيث الأناقة والترتيب. ويستوجب ذلك تقسيم الدراسة إلى أبواب تتبعها فصول ومباحث، أو فصول تتبعها مباحث وعناوين رئيسة وأخرى جانبية. مع أهمية مراعاة أن تكون الأبواب والفصول والمباحث متساوية في حجمها. وأن تكون العناوين واضحة، والتقليل منها بقدر الإمكان. وأن يسجل المراجع والمصادر المختلفة بطريقة سليمة، مع ضرورة مراعاة خلو الدراسة من الأخطاء المطبعية واللغوية. وأن يكون حجم الدراسة معقولاً قياساً بموضوعها وإجراءاتها الداخلية (إبراهيم حبيب الله، 1999م، ومحمد حمدان، 1998م، ولائحة التأليف والنشر).

يبين جدول (6-4) نموذج تقويم rubric مستخدم في جامعة الدمام لتقويم بحوث الطلاب.

جدول (6-4): نموذج معايير تحكيم البحوث العلمية وتقويمها **rubric** بحوث الطلاب.

رقم المشاركة: .... اسم المحكم.................

عنوان البحث ....

عنصر التقويم	5 نقاط	4 نقاط	3 نقاط	نقطتان	مج
المقدمة	☐ حدد ت مشكلة البحث وأهدافه بوضوح تام.	☐ أوضحت مشكلة البحث وأهدافه.	☐ أوضحت مشكلة البحث وأغفل أهدافه.	☐ لم توضح مشكلة البحث وأهدافه.	
	☐ حددت موضوعات البحث الفرعية بوضوح تام.	☐ حدد ت موضوعات البحث الفرعية.	☐ حدد ت بعض موضوعات البحث الفرعية	☐ لم تحدد موضوعات البحث الفرعية.	
	☐ ذكرت خطة البحث وفق منهجية مبتكرة صحيحة	☐ ذكرت خطة البحث وفق منهجية متبعة	☐ ذكرت خطة البحث وفق منهجية غير منضبطة	☐ لم تتضمن المقدمة خطة البحث	
الدراسات السابقة	☐ ذكر **كل** الدراسات ذات الصلة بالبحث	☐ ذكر **بعض** الدراسات ذات الصلة بموضوع	☐ ذكر دراسات تتناول البحث **بصورة جزئية**.	☐ لم يذكر دراسات ذات صلة بموضوع البحث.	
الاستشهادات (الاقتباسات)	☐ دلت على استعراض واسع شامل لمصادر البحث وفهمها بعمق.	☐ دلت على استعراض واسع لمصادر البحث وفهمها.	☐ دلت على استعراض جزئي لمصادر البحث،وسطحية فهمها.	☐ لايوجد اقتباسات مع الحاجة إليها/توجد اقتباسات غير مناسبة.	
الاستدلال والمناقشة والاستنتاج	☐ أظهر البحث الموضوعية والبعد عن التحيز تماماً	☐ أظهر البحث الموضوعية، وحاول البعد عن التحيز	☐ أظهر البحث ضعفاً في الموضوعية، وميلا إلى التحيز	☐ أظهر البحث تحيزا واضحاً	
	☐ عكس البحث فهما مستوعبا متقدماً لموضوع البحث.	☐ عكس البحث فهماً واضحاً لموضوع البحث.	☐ عكس البحث فهماً مناسباً لموضوع البحث.	☐ عكس البحث فهماً ضئيلاً لموضوع البحث.	
	☐ الاستنتاج مميّز وعكس أهداف البحث بوضوح	☐ الاستنتاج عكس أهداف البحث بوضوح .	☐ الاستنتاج عكس بعض أهداف البحث بشكل غير واضح	☐ لم يعكس الاستنتاج أهداف البحث.	
	☐ اعتمد الاستدلال على حجج قوية جدا لإثبات النتيجة	☐ اعتمد الاستدلال على حجج قوية في الغالب لإثبات النتيجة.	☐ اعتمد الاستدلال على حجج مقبولة لإثبات النتيجة	☐ افتقر الاستدلال للحجج لإثبات النتيجة	
	☐ المنهج واضح ومحدد بدقة ومناسب لتحقيق أهداف البحث	☐ المنهج واضح ومناسب لتحقيق أهداف البحث.	☐ المنهج واضح ومناسب نوعاً ما لتحقيق أهداف البحث	☐ المنهج غير واضح وليس مناسباً لتحقيق أهداف البحث	
	☐ ناقش البحث النتائج وفسرها بتفصيل مبينا الإضافة الجديدة لمجال البحث	☐ ناقش البحث النتائج مبينا الإضافة الجديدة لمجال البحث	☐ ناقش البحث النتائج مناقشة محدودة	☐ لم يناقش البحث النتائج ولم يفسرها	
التنظيم والأسلوب	☐ ترتيب فصول البحث ومباحثه مميز في	☐ ترتيب فصول البحث ومباحثه خدم	☐ ترتيب فصول البحث ومباحثه خدم	☐ ترتيب فصول البحث ومباحثه	

				اللغوي
لم يخدم موضوع البحث وأهدافه.	موضوع البحث وأهدافه بعض الشيء.	موضوع البحث وأهدافه.	خدمة موضوع البحث وأهدافه	
☐ لا ترابط بين أجزاء البحث.	☐ الترابط واضح بين بعض أجزاء البحث.	☐ الترابط بين أجزاء البحث واضح.	☐ الترابط بين أجزاء البحث واضح بطريقة مميزة .	
☐ أسلوب غير جذاب،ويمنع من مواصلة القراءة.	☐ أسلوب الكتابة غير جذاب، لكنه لا يخلو من الجاذبية أحيانا.	☐ أسلوب الكتابة جذاب إجمالا ويبقي على اهتمامه ..	☐ أسلوب الكتابة مبدع يشد القارئ ويبقي على إمتاعه	
☐ الأخطاء الإملائية أو النحوية أعاقت الانسيابية في فهم الموضوع .	☐ وجد الكثير من الأخطاء الإملائية والنحوية التي قللت من جودة البحث.	☐ وجد القليل من الأخطاء الإملائية أو النحوية التي ربما قللت من جودة البحث.	☐ ربما وجدت بعض الأخطاء الإملائية أوالنحوية،ولكنها نادرة ولم تقلل من جودة البحث.	
☐ لم يبيّن البحث نتائج البحث	☐ بيّن البحث بعض نتائج البحث.	☐ بيّن البحث النتائج دقيقة منظمة.	☐ بيّن البحث النتائج دقيقة منظمة معروضة بإبداع	النتائج والتوصيات
☐ لم يقدم البحث أي توصيات للعمل المستقبلي	☐ قدم البحث توصيات غير واضحة للعمل المستقبلي	☐ قدم البحث بعض التوصيات واضحة للعمل المستقبلي	☐ قدم البحث توصيات واضحة ومحددة للعمل المستقبلي	
☐ لم ترتب المراجع داخل البحث وفي نهايته وفق منهج معين	☐ رتبت المراجع في البحث وفي نهايته مع خلل في المنهج	☐ رتبت المراجع في البحث وفي نهايته وفق منهج واضح.	☐ رُتبت المراجع داخل البحث وفي نهايته وفق منهج واضح مميز	المراجع
☐ البحث غير متناسب إطلاقاً مع الدرجة العلمية (دكتوراه ، ماجستير ، بكالوريوس).	☐ البحث متناسب بعض التناسب مع الدرجة العلمية (دكتوراه ، ماجستير ، بكالوريوس).	☐ البحث متناسب مع الدرجة العلمية (دكتوراه ، ماجستير ، بكالوريوس).	☐ البحث متناسبة تماماً مع الدرجة العلمية دكتوراه،ماجستير ، بكالوريوس)	الملاءمة يجب أن تمتاز مشاركة طالب الدكتوراه بالأصالة.
☐ البحث مشترك ولكن عدد المشتركين زائد بشكل واضح عن حاجة البحث	☐ البحث مشترك و من الممكن تقليل عدد المشتركين في البحث.	☐ البحث مشترك وعدد المشتركين متناسب مع البحث	☐ البحث مفرد/ مشترك ومن المؤكد أن عدد المشتركين متناسب تماما مع البحث.	
المجموع الكلي من (100)				

تعليق المحكم

نقاط محددة تميزت بها المشاركة: أهم ثلاث نقاط رئيسية بحد أقصى

نقاط محددة أضعفت المشاركة : أهم ثلاث نقاط رئيسية بحد أقصى

نقاط محددة لتحسين أو تطوير العمل

6-6 طباعة البحث العلمي

من الأفضل الإقدام على طباعة البحث بعد الإنتهاء من كتابة الرسالة كلها. حيث يقوم الباحث بقراءة الرسالة قراءة هادئة مرة أو أكثر، ويصحح كل ما جاء فيها لتصبح في صورها النهائية جيدة التسلسل متناسقة، ويراعى الشمول سواء فيما يتعلق بالخطة أو الأسلوب العلمي، ويهتم بتنظيم المراجع؛ فيعيد كتابة الصفحات التي كثر التغيير فيها بالحذف أو الإضافة. وعلى الباحث أن يتريث ويتيح لنفسه فرصة مراجعة الرسالة لمدة أسبوعين إلى شهر، ويتفحصها جيداً ليرى إن كان بها تكرار، أو تقديم ما يلزم تأخيره، أو تأخير ما يحسن أن يقدّم، أو استطراد مخل، أو قصور في الإبانة فيعيد تصحيح ذلك بدقة. ويتأكد من أن أفكارها تبدو متسلسلة ومتصلة ببعضها ومترابطة ومرتبة بدقة: تبدأ بعرض مشكلة البحث، وتسير في تسلسل منطقي في معالجة هذه المشكلة في إتساق وانسياب حتى تنتهي إلى حل وخاتمة. ومن ثم يقدم على طباعتها.

هناك بعض الاعتبارات المهمة والمختلفة التي لابد للباحث من أن يلاحظها قبل الإقدام على طباعة الرسالة خاصة الاصطلاحات والنظم الخاصة بها. من الأهمية بمكان أن يحس الباحث بأنه هو المسئول عن كل خطأ طباعي، أو إخلال بالقوانين الخاصة بالكتابة من حيث اتساع الهوامش، والمساحة بين كل سطرين، وكيفية وضع الأرقام في صلب الرسالة وفي الهوامش، ونظام ترقيم الصفحات، وغير ذلك من الأسس المتعلقة بكتابة الرسالة.

يمكن أن يستعين الباحث بشخص آخر في مراجعة ما طبع مقارنة بالأصل، ويقوم بإعادة طبع الصفحات التي تكثر فيها الأخطاء قبل التجليد، وعليه أن يسعى لأن تبدو الرسالة أنيقة جميلة، وألا تترك التصحيحات أثراً واضحاً في الورق. وأن يستعمل الكتابة المزدوجة لتسهيل مهمة القراءة، وحتى يسهل معها – عند الضرورة – إضافة كلمة أو جملة بين السطرين إذ لا يجوز كتابة شئ في الهامش. ولا بد أن تكون الكتابة على وجه واحد من الورقة، وأن يستعمل الورق الأبيض غير المسطر على أن يكون مقاسه ستة وعشرين سنتمتراً طولاً وعشرين سنتمتراً عرضاً. ويلزم أن يكون الهامش مستقيماً جداً من الجهتين يميناً وشمالاً، وأن يكون عرض الهامش الأيمن خمسة سنتمترات ليستغل بعضها في التجليد. أما الهامشين الأعلى والأسفل فيكون عرض كل منهما ثلاث سنتمترات . ولا بد أن يراعى دقة نظام ترقيم الصفحات، ومن الأفضل أن يوضع الرقم في الطرف الأعلى من جهة الشمال في الصفحة، وأن لا توضع نقطة بعد الرقم، كما أنه يجب ألا يحاط بالأقواس تفادياً للإلتباس بينه وبين أرقام الهوامش. أما في حالة الاضطرار لحذف ورقة أو أكثر بعد ترقيم الصفحات خاصة بعد تجليد الرسالة، فالواجب في هذه الظروف وضع رقم الصفحات المحذوفة على الصفحة السابقة لهذا الحذف بالإضافة إلى رقمها، فإذا حذفت الصفحتان 78، 79 مثلاً فإن الصفحة رقم 77 سيكون رقمها: 77، و78، و79. أما في حالة إضافة ورقة أو رقتين بعد إجراء الترقيم أو التجليد النهائي فإن الرقم الذي تحمله الصفحة السابقة يعطى هو نفسه للصفحة أو الصفحات الجديدة مع إضافة

حروف أ، ب، ج... وهكذا. فإذا أضاف الباحث ورقتين بعد صفحة 153 فإن الورقة الأولى منهما ستعطى رقم 153أ، والثانية 153ب، ثم تأتي بعد ذلك صفحة 154.

7-6 نشر البحث العلمي

لتقويم نتائج البحث وتحديد صلاحيته للنشر أو الاستخدام، فإن هناك بعض الضوابط التقويمية والمعايير، والأدوات النوعية الإجرائية المتعارف عليها في تحديد صلاحية التقارير كسجلات محسوسة للبحوث. وتعتبر تلك المعايير، والأدوات، والضوابط وسائل مباشرة لقياس نتائج البحوث وأهليتها للنشر أو الاستخدام. ويمكن إجازتها فيما يلي:

1. مشكلة البحث من حيث جدتها ومدى أهميتها للمعرفة والفرد والمجتمع، ثم مناسبة تحديدها للبحث.
2. الإطار النظري العام من حيث المعارف والدراسات، ومدى صلاحيته في تناول المشكلة المطروحة، وقدرته الإجرائية على تحديد الحاجة لبحثها.
3. النواحي الإجرائية والمنهجية من حيث تمثيلها للمشكلة والخطة وقدرتها على إحداث النتائج والحلول المقصودة.
4. نتائج البحث من حيث كفايتها الإجرائية الكمية والنوعية لحل المشكلة.
5. تقرير البحث من حيث تمثيله للعناصر 1-4، ومناسبة خصائصه الفنية للنشر أو الاستخدام.
6. استيفاء البحث للمعايير التي تقوم عليها الأداة القياسية لتقويم البحث وتحديد صلاحيته للنشر أو الاستخدام (إبراهيم حبيب الله، 1999م ولائحة التأليف والنشر).

1-7-6 أداة تقويم صلاحية البحث العلمي للنشر (انظر مرفق 2 ومرفق 3)

البحث العلمي هو عملية استقصاء منظم مدروس لمعرفة علمية سواء كانت نظرية أو تطبيقية تفيد تقدم الفرد والمجتمع. وحتى تكون هذه العملية صالحة وفعالة في تحقيق المعرفة المطلوبة، يجب أن يتوفر في محتواها وأسلوب تنفيذها عناصر سلوكية معينة تشكل معاً مؤشرات أساسية تحدد هوية البحث العلمي، وهي المشكلة ومنهجية البحث ثم نتائجه. وهناك بعض الجوانب العلمية المهمة التي تحيط بهذه العناصر، ومن ثم ترتكز عليها بصورة رئيسة تقارير المحكمين المتخصصين في تحديد مدى صلاحيتها للنشر يمكن تلخيصها في الآتي:

1. جدة مادة البحث ومساهمتها في تقدم المعرفة.
2. مناسبة عنوان البحث ومصداقية تعبيره عن المحتوى.
3. وضوح مشكلة البحث وتكامل عرضها المنطقي.

4. مناسبة تصميم البحث وصحته (إطار البحث العام) لطبيعة المشكلة وعواملها ونتائجها.
5. مناسبة الأدوات وكفاية الإجراءات المستخدمة في جمع البيانات.
6. مناسبة أساليب عرض البيانات ومصداقيتها، وإجراءات تحليلها.
7. كفاية الخلاصة والاستنتاجات وتمثيلها المباشر لبيانات البحث.
8. كفاية المراجع ومناسبتها وحسن استخدامها في البحث.
9. مناسبة تقرير البحث من حيث المحتوى والإخراج وصيغة التقديم.
10. مراعاة المواصفات المقترحة من جهة النشر (محمد حمدان، 1998م ولائحة التأليف والنشر، 1999).

ويمكن تلخيص تقارير المحكمين المختصين حول تقويم البحث العلمي وتحديد مدى صلاحيته للنشر وصياغة التقرير في شكل نسب مئوية تحدد معها الدرجة الموازية لها ما يتبعها من توجيهات خاصة، وهي كالآتي:

1. الدرجة 21% - 40% من المجموع = مقبول، ويعني حاجة البحث لتعديلات كثيرة.
2. الدرجة 41% - 60% من المجموع = جيد، ويعني حاجة البحث لتعديلات عدة.
3. الدرجة 61% - 80% من المجموع = جيد جداً، ويعني حاجة البحث لتعديلات طفيفة.
4. الدرجة 81% وأعلى من المجموع = ممتاز، ويعني تفوق البحث وإمكانية إجازته للنشر كما هو.

ويمكن تمثيل أداة التحكيم في شكل (6-5) بحيث تتدرج القيم لكل عنصر من صفر – 10.

جدول (6-5): تمثيل أداة التحكيم

1	2	4	6	8	10
ضعيف		مقبول	جيد	جيد جداً	ممتاز

شكل (6-1) عبارة عن رسم توضيحي لمكونات وعمل المسئوليات والمجالات التقويمية التي يمكن تناولها من الجهات المعنية بالبحث العلمي (محمد حمدان، 1998م).

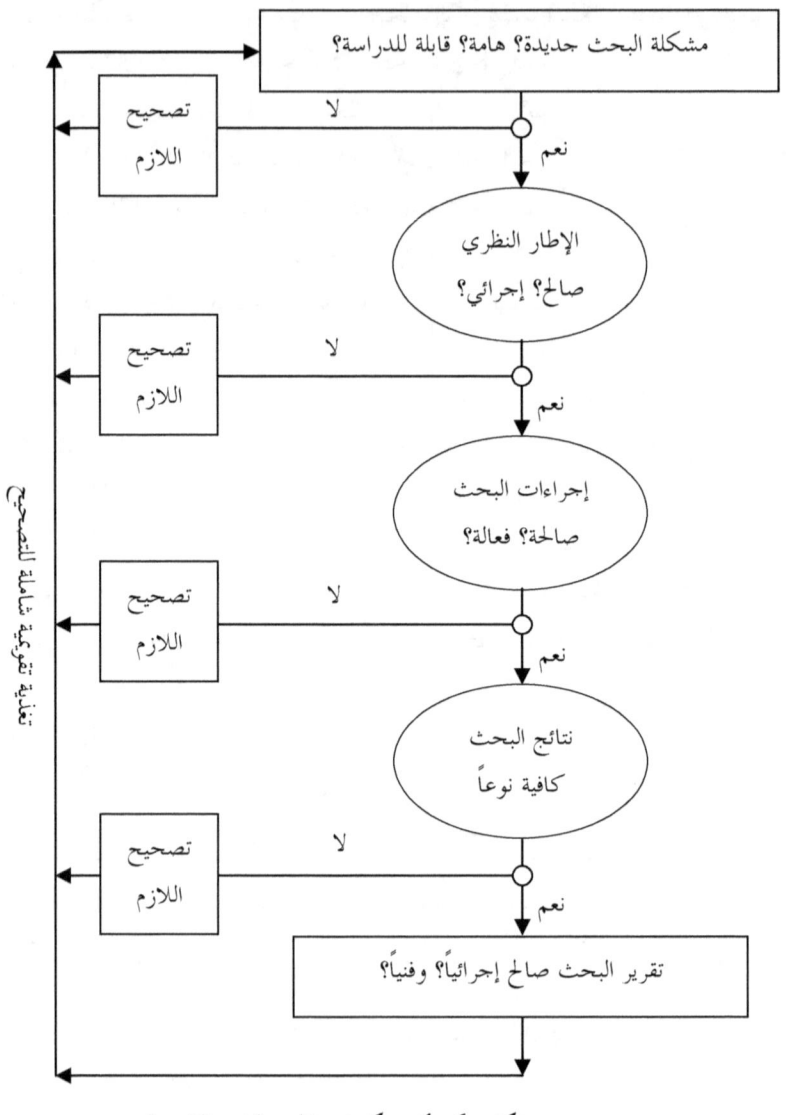

شكل (6-1): مكونات المسئوليات التقويمية

6-8 قائمة مراجع الفصل السادس

إبراهيم حبيب الله. (1999م) طرق وأساليب البحث العلمي. مذكرة غير منشورة. (الخرطوم).

آدم الزين محمد. (1998م) دليل الطالب إلى منهجية البحث وكتابة الرسالة الجامعية في العلـــوم الاجتماعية. الخرطوم: مطبعة جامعة الخرطوم.

أحمد شلبي. (1981م) كيف تكتب بحثاً أو رسالة . ط3. (القاهرة: مكتبة النهضة المصرية،).

سامية محمد جابر. (1988م) منهجية البحث في العلوم الاجتماعيـة. (الاسـكندرية: دار المعرفـة الجامعية).

سليمان يحيى محمد. (2000م) مناهج وطرق البحث العلمي. مذكرة غير منشورة. (الخرطوم).

فوزي السيد، وحلمي عبد المنعم صابر. مناهج البحث. مادة مسجلة في أشرطة كاسيت. (واشنطن: كلية الدراسات الإسلامية والعربية، الجامعة الأمريكية).

لجنة التأليف والنشر. (1999م) لائحة التأليف والنشر. جامعة السودان للعلوم والتكنولوجيـا، دار جامعة السودان للطباعة والنشر والتوزيع. (الخرطوم).

محمد زياد حمدان. (1998م)كيف تنجز بحثاً – دليل مبسط للباحثين في التربية والآداب والعلـوم. (عمان: دار التربية الحديثة).

Badri, A.Elsadik and Bunchinal, L. G. (1990) Methods for Social Research in Developing Countries, Omdurman: Ahfad University for Women.

مسائل عامة واختبارات

1) في اطار الصياغة العلمية المعتمدة، حدد مشكلة بحثية (أو موضوع بحثي) للصورة. علل اختيارك للمشكلة. ما الأهداف المتوقعة لاجراء بحث حول هذه القضية؟ ضع على الأقل ثلاثة من الفروض البحثية المناسبة لحل المشكلة. برر اختيارك لكل فرض. اقترح المصادر الثانوية والأولية لجمع المعلومات والبيانات لحل القضية البحثية المختارة (السنة التحضيرية، مساق مهارات البحث العلمي، جامعة الملك فيصل، 2009).

2) أكتب تعريف موجز عن "البحث العلمي" و"مفهوم البحث العلمي" مستعيناً بأسلوب "لوحة بناء المفهوم". بيّن المصادر والمراجع المستخدمة.

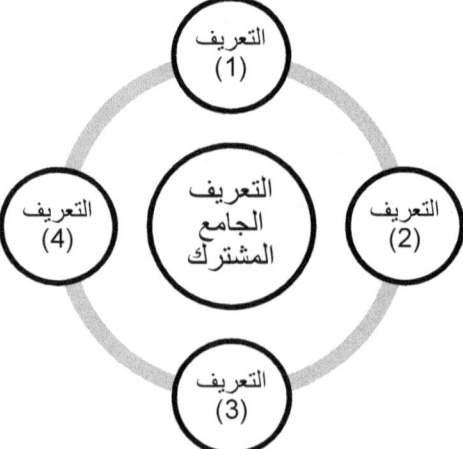

3) اختر مشكلة محددة لتجري عليها بحثاً علمياً يسلم تقريره العلمي بنهاية المساق. أكتب الهدف العام للمشكلة البحثية المختارة والأهداف المتخصصة المتعلقة بها. بيّن المصادر والمراجع المتوقع استخدامها.

4) ما الكيفية التي اتبعتها لاختيار الموضوع البحثي الذي تعمل عليه؟ بيّن أسباب اختيارك لهذه الطريقة.

5) ما صياغة مشكلة البحث الذي اخترته؟ علل اجابتك. ما الفروض الموضوعة لهذا البحث؟.

6) ما مصادر البيانات والمعلومات للبحث العلمي المختار من قبلك؟ أي مجتمع للبحث وقع عليه اختيارك؟ وكيف اخترت العينة المناسبة له؟.

7) كيف تسجل وتحلل المعلومات والبيانات للبحث العلمي؟ لماذا هذه الطريقة للتسجيل والتحليل.

8) ما النتائج التي توصلت إليها من تحليل البيانات والمعلومات المتعلقة بالبحث العلمي؟ هل حققت فروض البحث الموضوعة ابتداء؟.

9) ما التصميم الذي وضعته لاكمال تقرير البحث العلمي ووضعه في صورته النهائية؟.

10) راجع تقرير البحث العلمي الذي قمت به على ضوء مبادئ الكتابة العلمية.

11) راجع عرض المراجع والمصادر التي استعنت بها والتي وردت بتقرير البحث العلمي الذي قمت به على ضوء الطريقة العلمية لكتابتها. قم بتسليم أطروحة البحث للمناقشة والتقويم.

12) ضع علامة (✓) امام الاجابة الصحيحة من بين الاجابات الواردة على الاسئلة المرفقة التالية (جامعة الملك فيصل، السنة التحضيرية، مساق مهارات البحث العلمي، 2009):

1. البحث العلمي:

أ) عملية منظمة لكن ليس بالضرورة أن يكون هدفها التوصل لحلول مشكلة.

ب) عملية منظمة تهدف للتوصل لحلول لمشكلات محددة. ✓

ج) أحياناً يتبع أساليب علمية محددة وأحيانا يتبع أساليب غير علمية.

د) كل ما سبق.

2. من صفات الباحث العلمي المهمة:

أ) أن يكون علي درجة عالية جداً من الذكاء وحماسة ذاتية ورغبة في العمل.

ب) أن يكون على درجة معقولة من الذكاء وحماسة ذاتية ورغبة في العمل. ✓

ج) أن يكون ذو منصب إداري رفيع يمكنه من حل المشكلات الإدارية التي تواجه البحث العلمي.

د) لاشئ مما سبق.

3. الفرق بين العلم والتكنولوجيا:

أ. التكنولوجيا تمثل الجانب التطبيقي والعملي للعلم. ✓

ب. العلم يمثل الجانب التطبيقي والعملي للتكنولوجيا.

ج. العلم والتكنولوجيا مصطلحان لمفهوم واحد.

د. لا شئ مما سبق.

4. **من الأمور المهمة التي يجب أن يأخذها الباحث العلمي في الحسبان:**

أ. عدم الإفصاح عن الغرض من الدراسة لأي فرد من عينة البحث لضمان السرية.

ب. توضيح الغرض من الدراسة لجميع المشاركين في عينة البحث. ✓

ج. توضيح الغرض من الدراسة فقط لذوي الخبرة العلمية من المشاركين في عينة البحث.

د. توضيح الغرض من الدراسة فقط لمن يطلب ذلك.

5. **توفر الإمكانات المادية التي تعين الباحث لإجراء بحثه تعني:**

أ. توفر المال اللازم لإجراء البحث.

ب. توفر الوقت اللازم لإجراء البحث.

ج. كلا من الاجابتين السابقتين. ✓

د. لا شئ مما سبق.

6. **فروض البحث العلمي هي:**

أ. حلول مقترحة لمشكلة البحث وتعتبر تخمين علمي يعتمد على معرفة الباحث وسعة إطلاعه. ✓

ب. الاهداف الاساسية للبحث العلمي.

ج. حلول نهائية لمشكلة البحث العلمي ولايجب أن تخضع للاختبار أو التجريب.

د. لاشئ مما سبق.

7. **من صفات مقدمة البحث العلمي:**

أ. أن تتسم بالسهولة والإيجاز. ✓

ب. أن تتسم بالاسهاب.

ج. لا يجب أن تتعرض للدراسات السابقة بالنقد.

د. لاشئ مما سبق.

8. **ليست من أهداف البحث العلمي:**

أ. تطوير الصناعات، والمشاريع المحلية والعمران.

ب. بث الثقافة ونشر الدين والعقيدة.

ج. استغلال القدرات والإمكانيات الذاتية.

د. عدم تطور الخطط التعليمية والتأهيلية والمعرفية. ✓

ه. بناء المخابر والمعامل وتحديثها.

و. تنمية الخبرات الفنية وبناء القدرات والتنمية البشرية.

9. البحث العلمي التطبيقي أو التطويري، أو العملياتي، أو الآني، أو الموجه:

أ. يراعى فيه إيجاد حلول لمشاكل وقضايا معاشة مرتبطة بالجهة المنتفعة بنتائج البحث العلمي، أو مرتبط بخطة التنمية بالدولة.

ب. يراعى فيه إيجاد حلول لمشاكل وقضايا معاشة مرتبطة بخطة التنمية بالدولة.

ج. مراعاة الموازنة بين السرعة المتخذة لإعداد المعلومات وتحليلها لاتخاذ القرار السليم.

د. مراعاة الموازنة بين السرعة المتخذة لسلامة المعلومات لاتخاذ القرار السليم.

ه. لخدمة قضايا العلم البحت، والاكتشاف العلمي، وتفسير الظواهر والمشاكل. ✓

10. ليست من الصفات والخصائص الأساسية والمهمة للباحث:

أ. الفحص المتعمق لكل ما يقرأ ولا يسلم بما قرره غيره من نتائج بل يخضعها للدراسة.

أ. حب العلم وحب الاستطلاع الذي لا يقف عند حد.

ب. العزيمة والتأهب لمجابهة الصعاب والتغلب عليها والمثابرة والصمود والإصرار والشجاعة في وجه الفشل المتكرر.

ج. الاصغاء إلى الآخرين وإحترام رأيهم حتى لو تعارض مع أرائه الشخصية.

د. عدم الدقة في جمع الأدلة والملاحظات وعدم التسرع في الوصول إلى قرارات ما لم تدعمها الأدلة الدقيقة الكافية. ✓

11. من الأخطاء التي يقع فيها الباحثون:

أ. التأني والتؤدة.

ب. مراجعة النظريات والدراسات كاملة.

ج. الاعتماد فقط على المصادر الثانوية. ✓

د. التركيز على نتائج عدة دراسات.

ه. الإطلاع على المصادر المفيدة بمختلف اللغات.

12. من الجوانب الأخلاقية التي تتعلق بإجراءات البحث العلمي:

أ. تزييف البيانات التي جمعها الباحث تلغي صحة البحث وتجعله مرفوضاً.

ب. صياغة الفروض عقب إستخلاص نتائج البحث.

ج. عدم الأمانة العلمية في تقرير نتائج البحث.

د. البحث غير الموضوعي وتقديم المعرفة بالإساءة للأعراف والتقاليد والمعتقدات.

ه. لكل فرد مشارك في البحث الحق كاملاً في أن يبقى مجهول الهوية وأن تبقى البيانات المتجمعة عنه سرية ولا تقع في متناول أي جهة رسمية كانت أو غير رسمية. ✓

13. مفهوم المشكلة في البحث العلمي:

أ. سهولة السؤال.

ب. صعوبة ملاحظة الخطأ.

ج. الموقف البين والواضح.

د. التيقن من حقيقة ما.

ه. النقص في شئ ووجود عقبة تحول دون تحقيقه. ✓

14. من مستلزمات تحليل المشكلة البحثية:

أ. قلة المعرفة الواسعة بالمشكلة.

ب. سطحية التدقيق والتسرع وقلة الاستغراق في جوانب المشكلة المختلفة.

ج. جمع المعلومات التي قد تتعلق بالمشكلة وإدراك خصائصها واستبصار المواقف التي تبدو أنها مرتبطة بها. ✓

د. عدم تحليل كل العناصر ليصل الباحث إلى حقائق.

ه. ضعف النظر في علاقة الحقائق مع بعضها وتفسير تلك الحقائق.

15. ليست من متطلبات مراحل أو خطوات خطة البحث:

أ. المرونة.

ب. حرية الحركة والإبداع.

ج. الترابط والتداخل.

د. الموضوعية.

ه. تكلفة التنفيذ. ✓

16. ليست من مضامين ومحتويات مقدمة البحث العلمي:

أ. توضيح مشكلة البحث ومجالها.

ب. توضيح أهمية البحث.

ج. توضيح مدى النقص الحاصل في الدراسات والجهود السابقة التي قام بها الآخرون من هذا النوع.

د. توضيح الأسباب الموجبة لاختيار الباحث للمشكلة.

ه. عرض المراجع والمصادر المنتقاة والمستخدمة في البحث. ✓

17. من المصادر الأولية للحصول على البيانات والمعلومات:

أ. الكتب.

ب. المجلات.

ج. الدوريات.

د. الأفراد موضوع الدراسة. ✓

ه. التقارير التي توجد في المكتبات العامة والأكاديمية.

18. ليست من أقسام العينات غير العشوائية:

أ. العينة الحصصية.

ب. العينة العمدية.

ج. العينة الميسرة.

د. العينة التحكمية.

ه. العينة الطبقية. ✓

19. من إيجابيات استخدام الإستبانة في جمع البيانات عن مواقف واتجاهات الأفراد وعن معتقداتهم:

أ. صعوبة تطبيقها في حالة إتساع المجال المكاني والبشري للبحث.

ب. توفيرها لوقت كافي للمبحوث للإجابة على الأسئلة. ✓

ج. يصعب عن طريقها تفريغ وتصنيف البيانات.

د. موضوعها واسع وغير محدد.

ه. إثارتها لأسئلة ذات تأثيرات انفعالية لدى المستفتي.

20. لا يفيد استخدام الحاسوب لتحليل البيانات الميدانية في الحالات التالية:

أ. خزن كميات ضخمة من البيانات الإحصائية وسهولة استرجاعها واستخدامها.

ب. تنوع الأساليب الإحصائية المساعدة في تحليل البيانات الإحصائية.

ج. القيام بالعمليات الرياضية المعقدة وتحليل البيانات طبقاً لهذه العمليات في زمن وجيز.

د. تنوع أساليب الأنمذجة والمحاكاة لتمثيل البيانات الإحصائية.

ه. فرز البيانات وتبويبها وتسجيلها وعرض النتائج وتحقيق فروض البحث. ✓

21. ليست من مشاهير وصف التوزيع التكراري ومقاييس الوضع للتعرف على النزعة المركزية للبيانات ولإجراء المقارنة:

أ. الوسط الحسابي المعدل.

ب. المتوسط.

ج. الوسيط.

د. المنوال.

ه. حجم العينة. ✓

22. من مراحل المشروع البحثي:

أ. الدراسات السابقة وتحديد المشكلة وبناء الأنموذج والمساهمة البحثية وتوثيق الدراسة وعرض الأطروحة والأرشيف، والتطبيق.

ب. الدراسات السابقة وبناء الأنموذج والمساهمة البحثية وتوثيق الدراسة وعرض الأطروحة والأرشيف، والتطبيق.

ج. الدراسات السابقة وتحديد المشكلة والمساهمة البحثية وتوثيق الدراسة وعرض الأطروحة والأرشيف، والتطبيق.

د. الدراسات السابقة وتحديد المشكلة والمساهمة البحثية وتوثيق الدراسة والأرشيف، والتطبيق.

ه. كل ما سبق ذكره. ✓

23. من المؤسسات البحثية التي تقوم بإجراء البحوث العلمية المتخصصة:

أ. الجامعات والكليات والمعاهد.

ب. مراكز البحث الحكومية.

ج. مؤسسات البحث التجارية.

د. جميع ما سبق. ✓

24. يمكن صياغة مشكلة البحث عن طريق استخدام:

أ. عبارة لفظية تقريرية فقط.

ب. عبارة استفهامية (في شكل سؤال) فقط.

ج. إما عبارة لفظية تقريرية أو عبارة استفهامية. ✓

د. لاشئ مما سبق.

25. تمثل فروض البحث علاقة بين متغير مستقل وآخر تابع ويمكن أن يصور الفرض العلاقة بينهما بـ:

أ. علاقة طردية.

ب. علاقة عكسية.

ج. لا يصور الفرض علاقة بين المتغيرين.

د. جميع ما سبق. ✓

26. ليست من العوامل المؤثرة على البحث العلمي:

أ. التقانة المتاحة.

ب. المعرفة المكتسبة.

ج. الأولويات المنتقاة.

د. التنمية المرجوة.

هـ. الاعلام. ✓

27. تتعدد أقسام البحث العلمي وتتنوع طبقاً لعدة متغيرات مؤثرة منها:

أ. المعرفة النوعية.

ب. التكنولوجيا المتاحة.

ج. الأطر المعرفية.

د. الكفاءات المهنية والفنية والهندسية.

هـ. غياب المعينات والمادة الخام، ... الخ. ✓

28. من أنماط الدراسات الوصفية:

أ. الدراسات المسحية.

ب. دراسة الحالة.

ج. دراسات النمو والتطور.

د. الدراسات الارتباطية.

هـ. البحث في بيئة مصطنعة. ✓

29. من أخلاقيات البحث العلمي:

أ. عدم الحفاظ على سرية الإجابة الفردية.

ب. عدم تعريف أفراد العينة بالرموز والأسماء.

ج. أخذ المعلومات بالقوة من المفحوصين.

د. منع الفرد المشترك من حقه في معرفة أهداف البحث قبل أو بعد المشاركة.

ه. حق الفرد في تحديد الوقت الذي يلائمه للمشاركة في البحث. ✓

30. من طرق اختيار مشكلة البحث العلمي:

أ. غياب الخبرة العملية.

ب. قلة القراءات والدراسات.

ج. النظر في الأبحاث والأطروحات. ✓

د. عدم تخصص الباحث.

ه. قلة المشكلات والأزمات الاجتماعية.

31. من أهم دواعي اختيار مشكلة البحث:

أ. غياب الاهتمام الشخصي والرغبة لحل مشكلة البحث.

ب. ضعف التفكير العلمي المتجرد (الابداع المميز).

ج. أهمية الموضوع نفسه. ✓

د. قدم الموضوع نفسه وكثرة البحث فيه.

ه. صعوبة تطبيق ما تكشف عنه نتائج البحث على مجتمع عريض.

32. اختبار الفروض test hypotheses في البحوث العلمية بالوظائف التالية:

أ. لا تمكن من تحديد المشكلة.

ب. لا توجه سير البحث.

ج. تقدم تفسيرات محتملة لحل المشكلة. ✓

د. لا تقدم الإطار المناسب لمعطيات البحث.

ه. لا تعد مصدر إلهام لبحوث جديدة.

33. لا تعد مقدمة خطة البحث العلمي على أنها:

أ. العمود الفقري الذي ترتكز وترتبط به باقي أركان البحث العلمي.

ب. المدخل الأساسي لتوضيح أركان أي بحث علمي.

ج. استراتيجية البحث.

د. تعرض فيها جزئيات نقاش الموضوع وتحليل نتائجه. ✓

ه. المرآة التي تعكس قوة البحث أو ضعفه.

34. البحث مهمة علمية صعبة وكل أعماله محفوفة بالمخاطر والصعاب ومن معوقاته:

أ. السعة الفكرية والثقافة والمهارات الفنية المتوفرة في الباحث.

ب. وجود الموارد المالية للطباعة والتصوير وتوزيع الاستبانات وجمعها.

ج. توفر المراجع التي يمكن إن تعين الباحث بالرجوع إليها.

د. غياب المضايقات الفنية والإدارية للباحث.

ه.   مستوى الشريحة التي يتعامل معها الباحث ووعيها الثقافي ودرجة فهمها
     وتجاوبها معه. ✓

35. من أسباب استخدام العينة المنتقاة من المجتمع الاصل لجمع البيانات والمعلومات
    الأولية:

أ.   يسر التطبيق عند دراسة المجتمع الاصل. ✓

ب.   فداحة التكاليف عن دراسة المجتمع الاصل.

ج.   إمكانية دراسة الجزء عن طريق دراسة الكل بشرط أن تكون العينة كبيرة نسبياً
     وممثلة للمجتمع المأخوذة منه.

د.   سهولة إستخدام التحليل الإحصائي فيها.

ه.   تعتمد على الحكم الشخصي للباحث.

36. تستخدم العينات الحقلية في:

أ.   الدراسات الزراعية. ✓

ب.   اختيار المشروع التجاري.

ج.   الدراسات الهندسية والمعمارية.

د.   الدراسات الطبية.

ه.   الدراسات الأدبية.

37. ليست من أنواع الاستبانة:

أ.   الاستبيان المقيد المقفل.

ب.   الاستبيان المقيد الحر.

ج.   الاستبيان المقفل المفتوح.

د.   الاستبيان المصور.

ه.   الاستبيان الخطابي. ✓

38. اختر المرجع العلمي الذي رصد في قائمة المراجع حسب قواعد كتابة المصادر
    والمراجع:

أ.   عبد الماجد، ع. م.، التلوث: المخاطر والحلول، المنظمة العربية للتربية والثقافة
     والعلوم، القباضة الأصلية، تونس، 2002.

ب.   عبد الماجد، ع. م.، التلوث: المخاطر والحلول، المنظمة العربية للتربية والثقافة
     والعلوم، ص. ب. 1120، 2002.

ج.   عبد الماجد، ع. م.، التلوث: المخاطر والحلول، تونس، القباضة الأصلية،
     2002.

د. عبد الماجد، ع. م.، المنظمة العربية للتربية والثقافة والعلوم، تونس، القباضة الأصلية، ص. ب. 1120، 2002.

ه. عبد الماجد، التلوث: المخاطر والحلول، المنظمة العربية للتربية والثقافة والعلوم، تونس، القباضة الأصلية، 2002.

39. البحث العلمي الشخصي:

أ. هو بحث يهتم بالأمور الشخصية للباحث.

ب. هو بحث مشترك بين المراكز البحثية والصناعة.

ج. يبنى على فكرة من مسئول البرنامج البحثي لوضع إطاره وأهدافه وممارسة تنفيذه. ✓

د. لا شئ مما سبق.

40. من الأخلاقيات التي يجب أن يتبعها الباحث العلمي:

أ. عدم إيذاء المفحوصين بأي طريقة سواء أكانت بدنية أو نفسية في سبيل العلم.

ب. حق الفرد المشارك في العينة في رفض المشاركة في عينة البحث.

ج. أخذ موافقة أولياء الأمور أو المعلمين حول مشاركة الصغار في البحوث.

د. جميع ما سبق. ✓

41. من الأسس التي تنير طريق الباحث لاختيار مشكلة البحث ضمن الاطار الشخصي:

أ. اهتمام الباحث شخصياً بالمشكلة. ✓

ب. قدرة الباحث الفنية والمهارات العلمية للقيام بالبحث.

ج. توفر الإمكانات المادية التي تعين الباحث لإجراء بحثه.

د. جميع ما سبق.

42. الملاحظة عنصر أساسي في البحث العلمي. فمن عوامل تتبع الباحث العلمي لملاحظة الظواهر:

أ. الانتباه و الإحساس و الإدراك و التصور الذهني. ✓

ب. الامكانات المادية.

ج. توفر مصادر المعلومات الأولية والثانوية.

د. جميع ما سبق.

43. الفرض الصفري هو أحد أنواع فروض البحث العلمي وهو:

أ. الذي يحتوي فقط على متغير مستقل.

ب. الذي يشير الى وجود علاقة بين المتغير المستقل والمتغير التابع.

ج. الذي ينفي العلاقة بين المتغير المستقل والمتغير التابع. ✓

د. جميع ما سبق.

44. من أهداف البحث العلمي:

أ. تدني الكفاءة الأمنية والغذائية والصحية.

ب. تقليل الثروة القومية والإنتاج والدخول، وتعظيم وطأة الانعكاسات السلبية على الاقتصاديات الوطنية، وزيادة نسبة الفقر.

ج. ضعف إدارة الموارد الاقتصادية وتقليل مردودها وتنميتها (التعليم، والصحة، والإعلام، والتدريب).

د. تدني التقانة المستحدثة والمستدامة وعدم توطينها.

ه. تطوير الصناعات، والمشاريع المحلية والعمران. ✓

45. من فوائد المنهج الوصفي للبحث العلمي:

أ. تقديم حقائق وبيانات دقيقة عن واقع الظاهرة المعينة أو الحدث.

ب. تقديم توضيح للعلاقات بين الظواهر المختلفة.

ج. تفسير وتحليل للظواهر المختلفة بما يكشف عن فهم العوامل التي تؤثر عليها.

د. يساعد على التنبؤ بمستقبل الظواهر المختلفة من خلال تقديم صورة عن معدل التغيير السابق في ظاهرة بما يسمح بالتخطيط لبعض جوانب المستقبل.

ه. تحليل علاقات السبب والنتيجة بسرعة وثقة. ✓

46. من الصفات والخصائص الأساسية والمهمة للباحث:

أ. ضيق الخيال وضعف الملكة الإبداعية والاستقلال الفكري.

ب. عدم إثبات آراء الآخرين والتشكك الكبير وضعف الثقة بالنفس والقدرات الذاتي.

ج. عدم الإيمان بدور العلم والبحث العلمي في حل المشكلات التي تواجه الحياة الاجتماعية والتربوية والاقتصادية والإنسانية والعلمية وتوجيه البحث لتحقيق الرفاه للبشرية.

د.   ضعف القدرة على الابتكار، وقلة الاطلاع وسطحية التفكير والتبصر في الأمور.

ه.   تقبل النقد الموجه إلى أرائه والاستعداد لتغيير الفكرة أو الرأى إذا ثبت خطؤها في ضوء حقائق وأدلة مقنعة. ✓

47. من صفات البحث العلمي الجيد أنها عملية:

أ.   غير منظمة تسعى وراء الحقيقة للحصول على الحلول المطلوبة لمشكلة علمية أو اجتماعية أو تطبيقية.

ب.   غير منطقية حيث يأخذ الباحث خلالها على عاتقه التقدم في حل مشكلته بحقائق وخطوات متتابعة متناغمة يدعم بعضها البعض.

ج.   تجريبية تنبع من الواقع وتنتهي به من حيث ملاحظاته وعملياته وتنفيذه وتطبيق نتائجه. ✓

د.   غير موثوقة وغير قابلة للتكرار والوصول لنفس النتائج أو نتائج متشابهة.

ه.   غير موضوعية تتطلب من الباحث خبرة عالية ليكون قادراً على تخطيط البحث وتنفيذه وتقويم نتائجه، وعدم الانانية بل يتطلب التضحية وإنكار الذات.

48. من أهم الأسس الاجتماعية لاختيار مشكلة البحث:

أ.   الفائدة العلمية للمجتمع. ✓

ب.   قلة المساهمة والاضافة لتقدم المعرفة.

ج.   عدم تعميم نتائج الدراسة.

د.   ضعف إثارة البحث لمواضيع تنشئ بحوثاً أخرى.

ه.   غياب الإنجاز العلمي.

49. مفهوم تحديد مشكلة البحث يعني أن تصاغ المشكلة في عبارات:

أ.   غير واضحة.

ب.   غير محددة.

ج.   غير مفهومة ومبهمة.

د.   تعبر عن مضمون المشكلة ومجالها. ✓

ه.   تربطها بسائر المجالات الأخرى.

50. ليست من مستلزمات تحليل المشكلة البحثية:

أ. تحديد الأسباب الحقيقية للمشكلة.

ب. رصد المجموع الكلي للحقائق المتعلقة بالمشكلة وتفسيراتها ثم إعادة التفسير وتوضيح علاقاتها مع بعضها وتصنيفها إلى مجموعات اساسية ومجموعات ثانوية.

ج. عدم صياغة سؤال أو أسئلة محددة والإجابة عليها لحل مشكلة البحث. ✓

د. استبعاد الأفكار التي لا تتعلق بالمشكلة وابراز الحقائق والتفسيرات الملائمة والمتضمنة في مشكلة البحث.

ه. تحديد معاني المصطلحات التي يستخدمها ويلتزم بها في سير البحث كله.

51. ليست من سمات المقدمة:

أ. الصياغة الواضحة والمنطقية لرسالة البحث.

ب. الصعوبة والاسهاب. ✓

ج. الإضافة النوعية إلى معلومات القارئ.

د. تحاشي التكرار لما جاء في عنوان البحث أو في الملخص.

ه. التحلي بالأمانة العلمية وعدم تجاهل عمل الآخرين.

52. ليست من مناهج البحث العلمي:

أ. المنهج الوصفي (المسح الاجتماعي).

ب. المنهج التجريبي.

ج. المنهج التاريخي.

د. دراسة الحالة.

ه. الحوار الفني. ✓

53. ليست من أنواع العينات العشوائية:

أ. العينة البسيطة.

ب. العينة المنتظمة.

ج. العينة الطبقية.

د. العينة متعددة المراحل.

ه. العينة الحصصية. ✓

54. ليست من الوسائل التي يستخدمها الباحث في جمع البيانات اللازمة:

أ. الاعلانات. ✓

ب. المقابلة.

ج. الملاحظة.

د. الإختبارات.

هـ. تحليل المحتوى أو المضمون.

55. ليست من مزايا الملاحظة كوسيلة من وسائل جمع المعلومات:

أ. لا تتطلب جهداً كبيراً يبذل من قبل المجموعة التي تجري ملاحظتها مع طرق بديلة أخرى.

ب. تمكن الباحث من جمع البيانات تحت ظروف سلوكية مألوفة تمكن من جمع حقائق سلوكية في وقت حصولها.

ج. لا تعتمد كثيراً على الاستنتاجات.

د. تسمح بالحصول على بيانات ومعلومات من الجائز أن لا تكون قد فكر بها الأفراد موضوع البحث حين إجراء مقابلات شخصية معهم.

هـ. تعيقها بعض الأشياء غير المرئية. ✓

56. ليست من طرق عرض بيانات نتائج التحليل الاحصائي:

أ. طريقة الجداول.

ب. طريقة المستطيلات أو الأعمدة.

ج. طريقة الخط المنكسر (الخط البياني).

د. طريقة المجسمات والنماذج. ✓

هـ. طريقة الدائرة (اللوحة الدائرية).

57. أي طريقة تفضل لجمع البيانات والمعلومات لاختيار المرشحين للوظائف والمهن والأعمال؟

أ. الاستبانة.

ب. المقابلة. ✓

ج. الملاحظة.   د. الإختبارات.   هـ. تحليل المحتوى أو المضمون.

190

مرفق (1): المبادئ التوجيهية لإعداد الأطروحة[25]

لقد كتبت هذه المبادئ التوجيهية وأعدت فقط لمساعدة الطلاب (الدبلوم، والبكالوريوس، والماجستير، والدكتوراه) في وضع الخطوط العريضة ولرسم اقتراح خطة أبحاثهم.

1) المبادئ التوجيهية العامة لإعداد الأطروحة والرسالة العلمية

- يجب أن تكون الرسالة واضحة وموجزة ومتوافقة مع معايير البحث العلمي والنشر المجازة للجهة الداعمة والمختصة.

- لابد من أن تكتب الاطروحة باللغة المطلوبة للبحث خالية من الاخطاء اللغوية والنحوية والاملائية في أسلوب رصين مع كتابة صحيحة وجيدة.

- يجب أن تكون الرسالة قصيرة ولكن مكتفية ذاتياً، مع تركيزها على النتائج الجديدة، أو وصف المستحدث من التقنيات والنظم، أو أن تكون مناسبة لتسجيل نتائج التحقيقات الصغيرة الكاملة، أو أن تعطي تفاصيل عن النماذج الجديدة أو الفرضيات المكتشفة، أو الأساليب والتكنولوجيا والأجهزة المبتكرة. مع العناية بتأكيد النتائج.

- ينبغي توضيح إجراءات التجارب والاختبارات بتفصيل كاف يمكن الآخرين من التحقق من طريقة العمل والبحث العلمي المنتج.

- المواد التكميلية، مثل مجموعات البيانات، وتصوير الرسوم المتحركة، وما إلى ذلك، ينبغي أن تقدم جنبا إلى جنب مع المخطوطة للمراجعة والتقويم.

- طول المخطوطة يجب أن لا يقتصر على عدد صفحات الرسالة. ومع ذلك، فينبغي أن يكون للأطروحة الحد الأدنى من الطول المطلوب لوصف العمل وتفسيره بشكل واضح وجلي.

- ينبغي أن تضاف قائمة الاختصارات غير القياسية. وبشكل عام ينبغي أن تستخدم الاختصارات غير القياسية فقط عندما يكون المصطلح الكامل طويلاً جداً ويكثر ويتكرر استخدامه في البحث. كل اختصار ينبغي توضيحه وذكره كاملا وتقديمه بين قوسين لأول مرة يستخدم فيها داخل النص. ينبغي أن يستخدم فقط النظام العالمي للوحدات SI.

- ينبغي أن تقدم النتائج بوضوح ودقة. ويجب أن تكتب النتائج بالفعل الماضي عندما توصف نتائج تجارب المؤلف واختباراته المعملية. نتائج الدراسة التي نشرت سابقاً يجب أن تكون مكتوبة بصيغة المضارع. ينبغي شرح النتائج، ولكن إلى حد كبير دون الاشارة إلى أدبيات

---

[25] Translated from: Abdel-Magid, I.M. and Abdel-Magid, T.I.M., (2015), Guidelines for Thesis Preparation, unpublished document.

الموضوع. المناقشة والمقارنة والاستنباط وتفصيل تفسير البيانات ينبغي أن لا يدرج في النتائج، ولكن يجب وضعها في قسم المناقشة.

- المناقشة ينبغي أن تفسر النتائج على ضوء النتائج التي حصل عليها في هذا العمل وفي البحوث والدراسات السابقة حول هذا الموضوع. يجب أن تذكر الاستنتاجات في بضع جمل في نهاية الرسالة. يمكن أن تشمل أقسام النتائج والمناقشة العناوين الفرعية، وعند الاقتضاء، كلا الفرعين يمكن الجمع بينهما.

- الشكر وتقدير الناس والمنح والأموال، وما الى ذلك ينبغي أن يكون وجيزاً.

- يجب أن تبقى الجداول إلى أدنى حد ممكن، وتكون مصممة لتكون بسيطة قدر الإمكان. يجب أن تكتب الجداول بتباعد أسطر مزدوج في جميع أجزاء الرسالة، بما في ذلك العناوين والحواشي. يجب أن يكون لكل جدول رقم بالتتابع في الأرقام وأن يحمل عنواناً ومفتاحاً. الجداول يجب أن تفسر نفسها بنفسها دون الرجوع إلى النص. تفاصيل الأساليب المستخدمة في التجارب يفضل وصفها في المفتاح بدلا من المتن والنص. نفس البيانات يجب أن لا تعرض في كل من الجدول والرسم البياني والشكل أو أن تتكرر في النص.

- يجب كتابة مفاتيح الشكل بالترتيب العددي على ورقة منفصلة. يجب أن تعد الرسومات باستخدام التطبيقات التي تنتج صيغاً عالية الدقة مثل: GIF, TIF, JPEG أو باستخدام محرر البوربوينت قبل لصقها في ملف مخطوطة وورد لمايكروسوفت. يبدأ كل مفتاح بعنوان ويشمل وصفاً كافياً حتى يتسنى فهم الشكل دون قراءة النص من المخطوطة. المعلومات الواردة في المفتاح لا ينبغي أن تتكرر في النص.

- المراجع تكتب بطريقة هارفارد. يذكر اسم الكاتب وتاريخ المرجع داخل المتن والنص بين قوسين. عند وجود أكثر من مؤلفين ينبغي أن يذكر فقط اسم المؤلف الأول، تليه كلمة "وآخرون" et al. في حال أن المؤلف المستشهد به له عملين منشورين أو أكثر نشرت خلال العام نفسه، فينبغي أن يذكر المرجع – سواء في النص أو في قائمة المراجع – بحرف أبجدي مثل "أ" و "ب" بعد تاريخ النشر للتمييز بين الأعمال. يجب أن يتم سرد المراجع في نهاية البحث على حسب الترتيب الأبجدي. المقالات في طور الإعداد أو المواد المقدمة للنشر، والملاحظات غير المنشورة، والمقابلات الشخصية والاتصالات، الخ لا ينبغي أن تدرج في قائمة المراجع ولكن يجب أن تذكر فقط في نص المقال (على سبيل المثال، عبد الماجد، جامعة الدمام، المملكة العربية السعودية، اتصالات شخصية). تختار أسماء المجلات لمستخلصات المواد الكيميائية. المؤلف مسؤول مسؤولية كاملة عن دقة المراجع.

2) عنوان الرسالة

يجب أن يكون العنوان عبارة موجزة تصف محتويات الرسالة.

3) مستخلص الرسالة

المستخلص يجب أن يكون مفيداً ويفسر نفسه بشكل كامل، ويقدم الموضوع في ايجاز، ذاكراً نطاق التجارب، ومشيرا للبيانات المهمة، ومبيناً النتائج والاستنتاجات الرئيسة. المستخلص يجب أن يكون في حدود 100-200 كلمة. يجب أن تستخدم جمل كاملة، وأفعال نشطة بصيغة الغائب. ويجب أن يكتب المستخلص في الزمن الماضي. يجب أن تستخدم التسميات القياسية وينبغي تجنب الاختصارات. يجب أن لا تقتبس الأدبيات ولا تسرق أعمال الغير.

4) الفصل التمهيدي من الأطروحة Introductory chapter of the thesis

من المتوقع أن يحتوي الفصل التمهيدي من الأطروحة أو الرسالة على الأقسام التالية:

أ) مقدمة أو خلفية: الخلفية أو المقدمة ينبغي أن تقدم بيانا واضحا عن المشكلة البحثية، والدراسات السابقة وأدبيات الموضوع ذات الصلة بالبحث، والنهج المقترح للحل. وينبغي أن تكون مفهومة للباحثين من مجموعة واسعة من التخصصات العلمية.

ب) بيان مشكلة البحث statement of research problem: بيان مشكلة البحث تعد وصفاً موجزاً أو كتابة وجيزة لشرح المشكلة أو القضية التي تحتاج إلى معالجة وحلول، وينبغي أن تقدم أو تنشأ قبل محاولة حل المشكلة. بصفة عامة، فإن بيان مشكلة البحث تبين الخطوط العريضة والحقائق الأساسية للمشكلة، وتشرح أهمية المسألة والمشكلة، وتحدد الحل في أسرع وقت وبصورة مباشرة قدر الإمكان. يتكون بيان مشكلة البحث من جملة واحدة أو جملتين في الطول توضح وتحدد المشكلة التي تتناولها الدراسة. ومن ثم فعلى هذه الفقرة من الرسالة أن تطرح في إيجاز السؤال البحثي: ما المشكلة التي سيتناولها البحث؟.

ج) أهمية الدراسة: أهمية الدراسة يجب أن تعالج وتشرح أو تناقش: منطق البحث المجرى، وتوقيته، و/أو أهمية الدراسة للظروف القائمة، والحلول الممكنة للمشاكل القائمة، والمستفيدين من الدراسة، والمساهمة الممكنة للبحث في المجال المعرفي، والآثار المحتملة، وأسباب المشاكل التي اكتشفت ووقف عليها البحث.

د) أهداف البحث (الرئيسة العامة والمحددة المفصلة): أهداف البحث ينبغي أن ترتبط ارتباطاً وثيقاً ببيان المشكلة، وأن تلخص المؤمل تحقيقه من خلال هذه الدراسة. يجب ذكر الأهداف باستخدام الأفعال العملية والتي يجب أن تكون محددة بما يكفي لقياسها، ويجب تجنب

استخدام الأفعال الغامضة وغير النشطة لأنه من الصعب تقييم ما إذا كانت قد تحققت وانجزت.

- ✓ هدف البحث الرئيس: هذا الهدف العام يبين ما يتوقع تحقيقه بشكل عام.
- ✓ الأهداف البحثية المحددة والنتائج المتوقعة: تعمل على تجزئة الهدف العام إلى أهداف أصغر مرتبطة منطقياً ببعضها لتعالج بصورة منتظمة الجوانب المختلفة للمشكلة. الأهداف المحددة يجب أن تحدد بالضبط ما سيتم القيام به في كل مرحلة من مراحل الدراسة، وكيف وأين ومتى ولأي سبب. كما ويجب أن تكون الأهداف المحددة لا لبس فيها ولا غموض (يجب أن تكون دقيقة ويكون لها تفسير واحد فقط).

ه) فرضية البحث: هي التفسير المقترح لظاهرة معينة. وهي بيان للتوقع أو التنبؤ الذي سيختبر من قبل البحث والدراسة. هذا البيان للفرضية ينشأ للتكهن بنتائج البحث أو التجربة.

و) نطاق للمشروع ودافعه: نطاق المشروع ينطوي على الحصول على المعلومات المطلوبة لبدء المشروع، وتحديد وتوثيق قائمة الإنجازات المحددة للبحث، والمهام والمواعيد النهائية وميزات المنتج العلمي التي تلبي احتياجات أصحاب المصلحة.

ز) منهجية البحث (المواد والطرق): منهجية البحث هي عملية منظمة لجمع المعلومات والبيانات والتحليل النظري للأساليب والمبادئ المطبقة لمجال الدراسة أو المعرفة. وتشمل مفاهيماً مثل النموذج النظري، مراحل العمل، والنظم الكمية أو التقنيات النوعية، ونشر البحث، والمقابلات، والمسوحات، وتقنيات البحث الأخرى، ويمكن أن تشمل كلاً من المعلومات الحاضرة والتاريخية. ينبغي أن تكون المواد والأساليب كاملة بما فيه الكفاية لتسمح للتجارب أن تغدو مستنسخة ويمكن تكرارها. ومع ذلك، ينبغي فقط أن توصف التفاصيل للإجراءات الجديدة، ويجب الاشارة للمنشورات السابقة، ويجب ذكر التعديلات المهمة من الإجراءات المنشورة باقتضاب. توضح الأسماء التجارية لتشمل اسم الصانع وعنوانه. يجب استخدام العناوين الفرعية. لا يلزم أن توصف الأساليب العامة الاستخدام بالتفصيل.

ح) النتائج المتوقعة من البحث والمخرجات: النتائج المتوقعة من المشروع البحثي هي منجزاته العملية. هذه الإنجازات يمكن أن تكون: إعداد تقارير، وتنفيذ الإجراءات داخل مؤسسة ما، وتصميم قطعة من معدّة وجهاز، وتقديم عمل في معرض للفنون، وإنشاء محطة للتجارب الميدانية، وإنتاج لخرائط، الخ، كل هذه الأنشطة يمكن اعتبارها النتائج التي لها تأثير ملموس ويمكن تحقيقها في نهاية المشروع البحثي ضمن المدة الزمنية المحددة من خلال مقترح الدراسة. تظهر النتائج كمعالم داخل خطة البحث.

ط) خطة البحث ونشاط المشروع: خطة العمل هي خطة تفصيلية تحدد الإجراءات اللازمة للوصول إلى واحد أو أكثر من الأهداف الموضوعة والمجازة. وهي استراتيجية تنظيمية لتحديد

الخطوات اللازمة نحو تحقيق هدف ما. يبدأ العمل التخطيطي بمنظومة SWOT للتحليل. والتي هي عبارة عن أداة للتدقيق كجزء من عملية التخطيط الاستراتيجي وتساعد على التركيز على القضايا الرئيسة. وبمجرد تحديد القضايا الرئيسة يمكن أن تصاغ الأهداف. نقاط القوة والضعف عوامل داخلية بينما الفرص والتهديدات (المخاطر) هي عوامل خارجية. يساعد SWOT[26] للنظر في توازن القوة والضعف في حالة معينة. ولذلك، فإنها تساعد على إعادة تنظيم الاحتياجات التنموية. من ثم يجب التعبير عن خطة عمل لتلبية تلك الاحتياجات التنموية. ويمكن تحقيق ذلك عن طريق تحديد الأهداف وفقا لطريقة SMART[27]. يمكن تقسيم العمل البحثي للمشروع ضمن دورات أو فصول دراسية مختلفة أو فترات أكاديمية محددة لتتضمن المقترح المتوقع أن يتناول المهام والنشاط على النحو التالي (انظر الشكل 1):

- تحديد منطقة موضوع البحث والمشكلة.
- مخطط تفصيلي لأهداف البحث والفرضيات.
- تحديد أسئلة البحث.
- إجراء مراجعة شاملة لأدبيات الموضوع والدراسات السابقة من المصادر الرئيسة.
- التخطيط ووضع استبيان جيد التنظيم وصالح لجمع البيانات اللازمة من منطقة محددة واستكشاف قبوله وآراء عامة الناس والمستفيدين حوله.
- إتمام جمع البيانات وإنجاز نماذج العمل.

---

[26] نقاط القوة Strengths: أي من الأصول والموارد والقدرات الداخلية التي يمكن استخدامها كأساس لتطوير الميزة التنافسية والقيمة المقترحة وتفادي المخاطر والتهديدات.

نقاط الضعف Weaknesses: عدم وجود قوة معينة أو غياب الموارد أو ضعف القدرات الضرورية للقدرة على المنافسة والتمييز عن المنافسين. وتتناول العجز الداخلي الذي يعوق المنظمة والمشروع في تلبية المطالب.

الفرص Opportunities: الفرص الجديدة التي توجد في البيئة الخارجية. وتتحمل أي ظرف خارجي أو الاتجاه الذي تفضل الطلب على اختصاصات محددة للمؤسسة.

التهديدات Threats: التغيرات في البيئة الخارجية والتي تمثل تهديدات ومخاطر للمشروع والشركة. التهديدات لأي ظرف خارجي أو اتجاه مما سيؤثر سلباً على الطلب وتنافسية المؤسسة.

[27] محدد Specific: يعني تحديد الهدف بشكل واضح وكيفية التعرف عليه إذا تحقيق.

متحكم فيه manageable: في الحالة التي يعمل فيها المشروع والشركة.

يمكن تحقيقه achievable: في متناول اليد.

ذو صلة relevant: بالنسبة للوضع الخاص بك واحتياجات التطوير المهني.

الوقت ذات الصلة time related: حتى يكون هناك التزام لتقويم التقدم المحرز وتجنب الزلل.

- تفسير البيانات وتحليلها.
- إجراء الاختبارات المطلوبة والجوانب التحليلية.
- إقتراح سيناريوهات مناسبة لتصميم وتركيب وتشغيل وصيانة لموضوع المشروع الرئيس والمحدد.

ي) المراجع والاستشهادات المستغلة:

- محركات البحث المعتمدة (Scopus, Engineering village2, Sciencedirect, SUMMON) ...الخ.
- المكتبة الالكترونية والمكتبات الافتراضية والتقليدية من المؤسسات البحثية والجامعات وأطروحات البحوث والمجلات البحثية (مثل مكتبة جامعة الدمام، ethos.bl.uk, ezp.ud.edu.sa, kfu.edu.sa وما إلى ذلك).
- مواقع المنظمات الهندسية للكودات الممارسة والمعايير القياسية، (على سبيل المثال المواصفات البريطانية، وما إلى ذلك).
- شركات الهندسة والمؤسسات (مثل الهيئة السعودية للمهندسين، معهد المهندسين المدنيين البريطاني، وكالة حماية البيئة في الولايات المتحدة، وما إلى ذلك).
- مقابلات مع السلطات وأفراد مختارين (على سبيل المثال بعض الموظفين أو سلطة في المجال).
- القطاعات الحكومية والبلديات المعنية والإدارات والوزارات ذات الصلة في منطقة الدراسة (مثل المملكة العربية السعودية والاتحاد الأوروبي).
- استشارة السلطات وشركات التصميم المتخصصين.
- المنتديات المتخصصة (WHO, arab-eng.org, arab-training.com) وما إلى ذلك).
- كيانات التصنيع والصيانة والمجالات والمؤسسات، وما إلى ذلك.

Activity

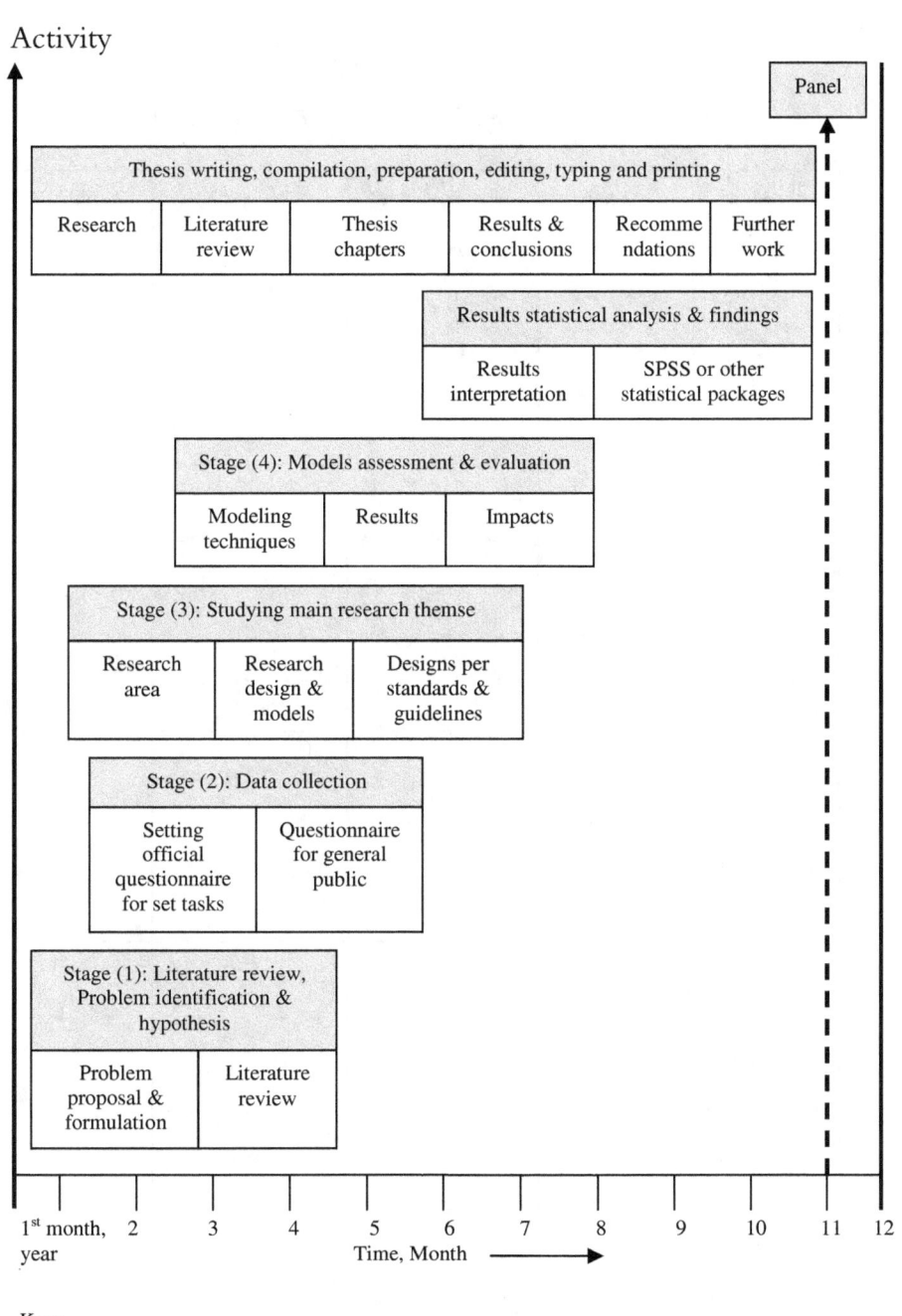

Fig. (A1) Research Work Plan

Key:
Major activity
Activity sub-divisions

197

مرفق (2) نموذج لتقييم ورقة بحثية
Rubric for research paper evaluation

المعيار	نموذجية، مميزة، تجاوزت المعيار، خبيرة (5)	جيدة، بارعة، تفي بالمعيار (4)	مقبولة، أساسية، تقارب مستوى المعيار، مبتدئة (2-3)	غير مقبولة، لا تلبي المعايير، ضعيفة (0-1)
تقارب مجال البحث مع تخصص المؤلف ومؤهلاته المهنية.	أظهرت الورقة البحثية أن المؤلف مؤهل تأهيلاً عالياً وعلى استعداد للعمل وفق مؤهله ويرتبط مباشرة ومهنياً به.	يعمل المؤلف وفق مؤهله بشكل جيد، ولكن لا تزال هناك بعض الأسئلة حول المؤهلات أو تأثير المهنية التي يمكن حلها من خلال المتابعة.	يناقش المؤلف معايير لمؤهلات المهنية التطوير، ولكن لا تتوفر معلومات كافية لحد ما لتقييم هذه المعايير.	لم يوفر المؤلف معلومات عن المؤهلات ذات الصلة بالعمل البحثي، ولا عن التأثير المحتمل لبحث على التطوير المهني.
الأصالة ونوعية المعلومات أو الأدلة.	بحث استثنائي مع مراعاة التفاصيل البحثية والدقة التاريخية بأدلة حاسمة من مجموعة واسعة من المصادر. ورقة فريدة من نوعها، لا تبدو مثل الأخريات. ويظهر	ورقة مدروسة جيداً بالتفصيل مع أدلة دقيقة وحرجة من مجموعة متنوعة من المصادر. عمل جميل، ولكن ليست فريدة من نوعها. وتحتوي على عناصر مشابهة	بعض جوانب الورقة مبحوثة مع بعض الأدلة الدقيقة من مصادر محدودة. صعوبة الورقة تحد من المتابعة. لديها	معلومات محدودة عن الموضوع مع عدم وجود بحوث وتفاصيل تاريخية أو أدلة دقيقة.

198

	العمل غرابة الإبداع والاثارة والجدة.	لغيرها من الأوراق والدراسات البحثية.	الكثير من الأجزاء الغريبة ولا تخدم أي غرض. حاولت أن تكون خلاقة غير أنها لم تفلح.	
التقديم والتنظيم والعرض والكتابة ووضوح اللغة (الإملاء والنحو، ومهارات الاتصال).	رتبت الأفكار منطقياً لدعم الغرض أو الهدف أو الجدل والنقاش وتدفقت بسلاسة وترتبط ارتباطاً واضحاً ببعضها البعض. بإمكان القارئ تتبع خط التفكير. خلت من الأخطاء الإملائية والنحوية. نظمت الورقة بدقة حسب التنسيق التوجيهي القياسي. المستخلص يكفي لجذب القارئ لمتابعة بقية التقرير. تمكنت الورقة من تقديم معلومات بمنطق قويم وبطريقة جذابة وميسرة	رتبت الأفكار منطقياً لدعم هدف البحث ومحوره بربط واضح ببعضها البعض. يسهل على القارئ تتبع خط من التفكير بالنسبة للجزء الأكبر من الورقة. الحد الأدنى من الأخطاء الإملائية والنحوية. ونظّم التقرير حسب الطرق القياسية مع وجود بعض الأخطاء الطفيفة. المستخلص قد مكن القارئ من متابعة ما تبقى من الورقة. تمكنت الورقة من تقديم	بشكل عام رتبت الكتابة منطقياً، على الرغم من أن الأفكار مبهمة في بعض الأحيان. إلى حد ما واضح للقارئ ما ينوي الكاتب أن يقوله. الأخطاء الإملائية والنحوية ملحوظة. يتضح الوصف من الخطوات المطلوبة لإجراء البحث. المخطط والجدول	لم تنظم الكتابة منطقيا. في كثير من الأحيان الأفكار مبهمة. القارئ لا يمكنه تحديد خط المنطق ويفقد الاهتمام. هناك عدد غير مقبول من الأخطاء الاملائية والنحوية. لم تنظم الورقة بالطرق القياسية. العمل غير

	للقارئ. الرسومات والنصوص واضحة. ومما يعزز سهولة قراءة الورقة اختيار اللغة واستخدام الكلم وتنوع النحو وجودة الإملاء وعلامات الترقيم، وبناء الجملة وغيرها. الكتابة واضحة ودقيقة، وليست مبهمة أو غامضة. أي أخطاء نحوية أو لغوية لا تغير معنى الجملة ولا تعيق بشكل كبير فهمها.	معلومات بطريقة منطقية يمكن متابعتها من دون أي أخطاء إملائية وقليل من أخطاء النحو. الرسومات والنصوص واضحة. عرض البحث بلغة جيدة مع اختيار مناسب للكلمات واللغة مع بعض الأخطاء الطفيفة في الإملاء والنحو وبناء الجملة وعلامات الترقيم. الأخطاء لا تلهي كثيرا أو تعطي معنى غامض. الكتابة عادة واضحة ومهنية. هناك بعض الأخطاء النحوية أو اللغوية التي تغير معنى الجمل أو تجعل الورقة صعبة الفهم.	الزمني غير واضح لتنفيذ الفكرة. الكتابة نسبياً واضحة ومهنية. هناك كثير من الأخطاء النحوية والاملائية التي تغير معنى الجمل أو تجعل الورقة عصية على الفهم.	قادر على تقديم معلومات عن البحث الذي أجري. الرسومات والنصوص ليست واضحة. النص المكتوب به أخطاء متعددة في النحو وبناء الجملة والهجاء. عدم كفاية مهارات الكتابة واضحة مما يعيق القراءة ويساهم في إيجاد بحث غير فعال.
منهجية البحث وخطة العمل واستراتيجية الحل	خطوات إجراء الأنشطة المخطط لها واضحة. المخطط شامل ومنظم	تتضح قلة أدبيات الموضوع والمراجعة وفهم المعلومات الأساسية العلمية	أوصاف محدودة للخطوات المطلوبة لإجراء	الورقة غير قادرة على إظهار الخطوات

	تنظيماً جيداً حسب الجدول الزمني المعد لتنفيذها. منهجية أو خطة العمل مطورة ومعقولة ومفهومة ومتسقة مع المعايير؛ وتشمل خططاً للتعامل مع الحالات غير المتوقعة والطارئة.	والهندسية لمعالجة مشكلة البحث المصاغة. قدمت الورقة أدلة قوية على معايير المنهجية وخطة العمل.	الأنشطة البحثية. المخطط والجدول الزمني للتنفيذ غير مكتمل. قدمت الورقة أدلة حسنة لمعايير المنهجية وخطة عمل.	اللازمة لإجراء الأنشطة البحثية. تخلو من مخطط وجدول زمني لتنفيذ العمل. قدمت الورقة أدلة ضعيفة أو معدومة لمعايير المنهجية وخطة العمل.
الإسهام في مجال البحث والأثر.	حددت جميع الاحتياجات والأهداف. ساهم العمل جيداً بالعلوم والتكنولوجيا؛ تحسين القدرة التنافسية للحصول على منح خارجية أو عقود، وصف النتائج بشكل جيد. عرضت معلومات جديدة ونهج مثير للمناقشة. قام البحث على المعايير والتحليل والقيود. قدم العمل معلومات جديدة ونهج حول التطبيق	حددت جميع الاحتياجات وقيمت ولكن لم تكتمل بعض الأهداف. عرضت بعض المعلومات الجديدة ونهج للمناقشة. الورقة معقولة؛ مزيد من التحليل لبعض البدائل أو القيود قد يؤدي لتوصية مختلفة. قدم العمل بعض المعلومات الجديدة والنهج حول التطبيق العملي له. ناقشت الورقة المساهمات	لم تعرف الورقة على كثير من المتطلبات والأهداف ولم تقيم أو تكمل. لم تعرض معلومات جديدة أو نهج للموضوع قيد المناقشة. حللت بعض الاعتبارات وتجاهلت الورقة العوامل الأخرى أو لم تحلل بشكل كامل. العمل	ليس من الواضح أن الورقة أسفرت عن مساهمات ذات مغزى أو تأثير بالمقارنة مع معايير المساهمات والتأثير القوية.

	العملي له.	وتأثيرها، ولكن لا تزال هناك بعض الأسئلة.	لم يكتمل ولم تعرض أية معلومات جديدة أو نهج حول التطبيق العملي لها. ناقشت الورقة المساهمات والتأثير، ولكن الحجج أو الأدلة تبدو ضعيفة أو لا تزال الأسئلة الكبيرة موجودة.	
أهمية الاستنتاجات والتوصيات والخلاصة.	الاستنتاج ممتاز وانخرط مع العمل البحثي الذي أجري.	الاستنتاج أعاد صياغة العمل البحثي الذي أجري.	الاستنتاج لا يكفي العمل البحثي الذي أجري.	غير مكتملة وغير مركزة.
حداثة المراجع الموجودة في البحث ونوعية الاستشهادات.	في المقام الأول المراجع أساسية، ومن المجلات المهنية، والمصادر المعتمدة. القارئ على ثقة من أن المعلومات والأفكار يمكن الوثوق بها.	على الرغم من أن معظم المراجع مهنية، غير أن قليل منها مشكوك فيها (على سبيل المثال الكتب التجارية، ومصادر الإنترنت والمجلات الشعبية ... الخ). القارئ غير متأكد من مصداقية بعض	معظم المراجع من مصادر غير معتمدة وذات موثوقية غير مؤكدة. القارئ يشك في دقة كثير من المواد المقدمة.	تقريبا لا توجد مصادر يمكن الاعتماد عليها مهنياً. القارئ يشك بجدية في قيمة المواد وتوقف عن القراءة.

		المصادر.		
جودة وعاء النشر وسعة انتشاره وتداوله.	المحتويات تحدد العناصر التي تعتبر مهمة ومثيرة للاهتمام. التفاصيل تركز على أهم المعلومات. مدخل المجلة منطقي وفعال. مجلة مصقولة للغاية. لا توجد أخطاء لغوية أو إملائية أو نحوية. واسعة التوزيع والتداول والانتشار.	المحتوى يختار العناصر التي تعتبر مهمة. مدخل المجلة عموما منطقي وفعال مع بعض المشاكل الطفيفة. المجلة مصقولة. الحد الأدنى من الأخطاء الإملائية والهجائية. معقولة التوزيع والتداول والانتشار.	تحدد العناصر والتفاصيل التي تناقش الأنشطة، ولكنها قد لا تكون مهمة جداً. مدخل المجلة غير منطقي إلى حد ما ومربك في بعض الأماكن. المجلة مناسبة؛ توجد قلة من الأخطاء الإملائية وقواعد اللغة والهجاء. قليلة التوزيع والتداول والانتشار.	اختيار العناصر والتفاصيل ليست مهمة ولا تمت بصلة للموضوع. مدخل المجلة يفتقر إلى الترتيب المنطقي والتنظيم. مناقشة غير كافية؛ تكثر الأخطاء الإملائية والنحوية. محدودة التوزيع والتداول والانتشار.

مرفق (3) منظومة تقويم البحث Evaluation Rubric

جانب التقييم	فقير، أقل بكثير من الأساسي 5 نقاط	مقبول، عادل، أساسي 10نقاط	جيد، بارع 15 نقطة	ممتاز 20 نقطة	النقاط المكتسبة
القدرة على تحديد وصياغة المشكلة البحثية	غير قادر على تحديد المشكلة البحثية وصياغتها.	حددت المشكلة البحثية وصيغت بطريقة محدودة.	حددت المشكلة البحثية ووضعت بشكل واضح، غير أن القليل من التفسير قد يغطي بعض جوانب البحث.	حددت المشكلة البحثية ووضعت بشكل واضح دون لبس، لا حاجة لمزيد من التوضيح للمشكلة.	
الفهم المعرفي لأدبيات الموضوع والدراسات السابقة	لم يظهر أي شئ في استعراض وفهم المعلومات الأساسية من العلوم والدراسات المتصلة بالمشكلة المصاغة.	أظهر البحث القليل جداً من الاستعراض وفهم المعلومات العلمية الأساسية من الدراسات السابقة المتعلقة بالمشكلة.	أظهر بعض المراجعة والفهم للمعلومات الدقيقة والخلفية من الدراسات العلمية المتصلة بالمشكلة المصاغة.	أظهر استعراضاً كافياً وفهماً دقيقاً للمعلومات العلمية الأساسية والشاملة من أدبيات الموضوع المتصلة بالمشكلة المصاغة.	

نهج مخطط لحل المشكلة المحددة (المنهجية واستراتيجية الحل)	غير قادر على إظهار الخطوات المطلوبة لإجراء أنشطة البحث، لا يوجد مخطط وجدول زمني لتنفيذ البحث.	يوجد وصف محدود للخطوات المطلوبة لإجراء أنشطة البحث، المخطط والجدول الزمني لتنفيذ البحث غير مكتملين.	أظهر قليل من الاستعراض وفهم المعلومات العلمية الأساسية من الدراسات السابقة المتعلقة بالمشكلة المصاغة.	أظهر وصف واضح للخطوات اللازمة لإجراء أنشطة البحث، المخطط والجدول الزمني شاملين لتنفيذ البحث ومنظمين تنظيماً جيداً.	
تقرير البحث المكتوب	التقرير غير منظم حسب معيار التنسيق التوجيهي، غير قادر على تقديم المعلومات عن البحث، الرسومات والنصوص ليست مرئية للعرض.	أوضح وصفاً كافياً للخطوات المطلوبة لإجراء أنشطة البحث، المخطط والجدول الزمني ليسا كافيين جدا لتنفيذ المشروع.	التقرير منظم ويتبع التنسيق حسب المعيار التوجيهي القياسي، مع بعض الأخطاء الطفيفة، المستخلص يمكن القارئ من متابعة بقية التقرير، قادر على تقديم المعلومات بطريقة منطقية يمكن أن يتتبعها القارئ من دون أي أخطاء إملائية مع أخطاء نحوية طفيفة،	التقرير منظم بدقة ويتبع التنسيق التوجيهي القياسي، المستخلص يكفي لجذب القارئ لمتابعة بقية التقرير، قادر على تقديم المعلومات بطريقة منطقية ومثيرة للاهتمام مما يمكن للقارئ متابعتها بسهولة، الرسومات والنصوص	

			الرسومات والنصوص واضحة ويمكن أن تفسر وتعزز العرض.	واضحة للعيان وتشرح العرض وتعززه.	
	مجموع النقاط المكتسبة				

مرفق (4) تحديد حجم العينة[28]

1) مقدمة

من أجل إثبات التحسن الطارئ على أي عملية بحثية أو مشروع دراسي، يجب أن تقاس قدرة العملية قبل تنفيذ التحسينات التي أجريت عليها وبعدها. وهذا يسمح بقياس مدى التحسين الذي طرأ على العملية. ومن ثم تترجم الآثار المترتبة على ذلك إلى النتائج المالية التقديرية والمتوقعة. عند صعوبة إتاحة البيانات والمعلومات اللازمة لهذه العملية، ينبغي إختيار عدد مناسب من أفراد المجموعة للتأكد من التمثيل الصحيح للبيانات. كما يتيح أخذ العينات اتخاذ القرار الصائب بشأن صلاحيتها عند جمعها. إن تحديد حجم العينة مسألة في غاية الأهمية لأن العينات الكبيرة جداً قد يضيع معها الوقت والإمكانات والموارد المالية وما شاكلها، في حين أن العينات الصغيرة جداً قد تؤدي إلى نتائج غير دقيقة. وفي كثير من الحالات، يحتاج للحد الأدنى لحجم العينة لتقدير عوامل العملية، مثل ايجاد متوسط عدد المجموعة السكانية μ بسهولة {1}. عندما تجمع بيانات العينة ويحسب متوسط العينة 'x، فإن متوسط العينة يختلف عادة من متوسط عدد المجموعة السكانية μ. هذا الفرق بين متوسطات العينات والسكان يمكن وصفه أنه خطأ error[29]. وهامش الخطأ E هو الحد الأقصى للفرق بين المتوسط الظاهري الملحوظ للعينة 'x والقيمة الحقيقية لمتوسط السكان μ كما ممثل على المعادلة (1) والشكل (م-4-1) {1}.

$$E = {z_\alpha}/{2} \cdot \frac{\sigma}{\sqrt{n}} \qquad (1)$$

حيث:

E = الخطأ.

$z_{\alpha/2}$ = القيمة الحرجة، وقيمة Z الموجبة التي تقع في الحدود الرأسية للمساحة α/2 في الذيل الأيمن من التوزيع الطبيعي القياسي standard normal distribution

μ = متوسط المجموعة السكانية

σ = الانحراف المعياري للسكان standard deviation of population

n = حجم العينة.

---

[28]   How to Determine Sample Size, Determining Sample Size, http://www.isixsigma.com/tools-templates/sampling-data/how-determine-sample-size-determining-sample-size/.

[29]   Increasing sample size reduces standard error. Sample most likely becomes more representative of the population.

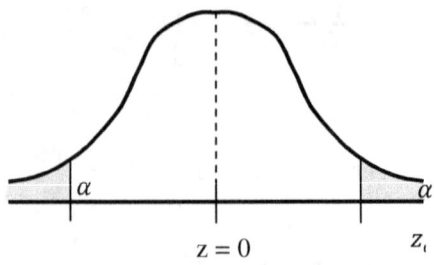

$z = 0$ z_{l}

شكل (م‏4-1) متوسط عدد المجموعة السكانية والقيمة الحرجة (المنحنى المعياري العادي، أو منحنى Z) {1}.

ويمكن تقدير الانحراف المعياري للمجموعة السكانية σ من:

- الدراسات السابقة باستخدام نفس المجموعة السكانية المهتم بها.
- إجراء دراسة تجريبية لتحديد عينة أولية.
- عن طريق حكم ما أو "أفضل تخمين" للانحراف المعياري σ. التخمين الاكثر شيوعا هو لمدى بيانات (ربما عالي أو منخفض) مقسوما على العدد 4.

بإعادة ترتيب المعادلة (1)، يمكن ايجاد حجم العينة اللازم لتحقيق نتائج دقيقة وهامش من الخطأ، بدرجة محددة من الثقة. لتصبح المعادلة (1) كما هو مبين في المعادلة (2).

$$ n = \frac{\left[z\alpha_{/2} \right]^2 \sigma^2}{E^2} \qquad (2) $$

حيث:

n = حجم العينة

$z_{\alpha/2}$ = القيمة الحرجة، وقيمة Z الموجبة التي تقع في الحدود الرأسية للمساحة α/2 في الذيل الأيمن من التوزيع الطبيعي القياسي standard normal distribution

σ = الانحراف المعياري للسكان standard deviation of population

E = الخطأ.

يمكن أن تستخدم المعادلة (2) عندما معرفة لتحديد حجم العينة الضروري أخذها، مع معامل ثقة يعادل (1-α) والقيمة للمتوسط μ في حدود E ± .

يمكن أيضا استخدام المعادلة (2) حتى لو لم يعرف الانحراف المعياري للمجموعة السكانية σ وعندما يكون حجم العينة صغيراً.

على الرغم من أنه من غير المحتمل أن يعرف الانحراف المعياري للمجموعة السكانية σ عندما يكون المتوسط السكاني مجهولا وغير معروف، غير أنه يمكن ايجاد قيمة σ من عملية مماثلة أو من الاختبار التجريبي أو عبر المحاكاة.

2) حساب حجم عينة ما لمجموعة سكانية:

1. يختار عشوائيا عدد من المجموعة المبحوثة بطريقة تجعل من المؤكد أن 95٪ من متوسط العينة في حدود وحدة واحدة (1) من متوسط المجموعة السكانية. وعلى سبيل المثال أن هذا المتوسط وجد من دراسة استطلاعية سابقة يساوي 7.
2. على افتراض درجة الثقة 95٪ تتوافق مع $\alpha = 0.05$. فان كلا من الذيول المظللة في الشكل (م4-1) تبلغ مساحتها $\alpha/2 = 0.025$. المنطقة على يسار $z_{\alpha/2}$ فيما هي على يمين $z = 0$ هي $0.5 - 0.025$ أو 0.475. ومن جدول (z) للتوزيع المعياري العادي فان المساحة 0.475 تعادل وتتوافق مع قيمة z تساوي 1.96. وبالتالي فإن القيمة الحرجة هي $z_{\alpha/2} = 1.96$.

الجدول (م1-1) يبين درجة الحرية degree of freedom ومستوى الثقة confidence level{7}.

جدول (م4-1): درجة الحرية ومستوى الثقة {7}

درجة الحرية	مستوى الثقة % 50	90	95	98
1	1.000	6.314	12.706	31.821
2	0.861	2.920	4.303	6.965
3	0.756	2.353	3.182	4.541
4	0.741	2.132	2.776	3.747
5	0.727	2.015	2.571	3.365
6	0.718	1.943	2.447	3.143
7	0.711	1.895	2.365	2.998
8	0.706	1.860	2.306	2.896
9	0.703	1.833	2.262	2.821
10	0.700	1.812	2.228	2.764
15	0.691	1.753	2.131	2.602
20	0.687	1.725	2.086	2.528
25	0.684	1.708	2.060	2.485
30	0.683	1.697	2.042	2.457
40	0.681	1.684	2.021	2.423

2.390	2.000	1.671	0.679	60
2.358	1.980	1.658	0.677	120
2.326	1.960	1.645	0.674	∞

3. بأخذ هامش للخطأ E = 1 وانحراف معياري = 7 وباستخدام صيغة ايجاد حجم العينة في المعادلة (2)، يمكن حساب حجم العينة ن على النحو التالي:

$$n = \frac{\left[Z\frac{\alpha}{2}\right]^2 \sigma^2}{E^2} = \frac{[1.96]^2 7^2}{1^2} = 188.2$$

ومن ثم، هناك حاجة لأخذ على الأقل حوالي 189 عينة تختار عشوائيا للمجموعة المبحوثة. مع هذا العدد للعينات سوف يكون معامل الثقة 95٪ بأن متوسط العينة ’x سوف يكون في حدود وحدة واحدة 1 من العدد الحقيقي للسكان.

3) <u>حساب حجم العينة لتحديد أعداد الاستبيان:</u> بغرض توزيعه بين أفراد العينة السكانية للحصول على إجاباتهم وردود أفعالهم وتصوراتهم حول القضية المبحوثة.

1. عدد الموظفين أو المجموعة المبحوثة المطلوب إجراء مقابلات معهم يمكن تحديده من المعادلة (3) .{3}

$$n = \frac{N}{1+Ne^2} \qquad (3)$$

حيث:

n = حجم العينة

N = إجمالي عدد المجموعة المبحوثة (السكان أو الموظفين أو الافراد)

e = خطأ = 1 – مستوى الثقة

2. على هذا النحو، فان عدد الاستبيانات التي ينبغي توزيعها داخل منطقة الدراسة تعتمد على حجم عدد السكان. وبمعرفة العدد الكلي للمجموعة السكانية (ربما من سنة التعداد)، وقيمة الخطأ المحتمل يمكن تحديد حجم العينة وتقدير عدد الاستبانات المطلوبة.

المراجع

1) http://www.youtube.com/watch?v=x_H-dr7s1zU
2) http://www.youtube.com/watch?v=Fevu674sLOA
3) http://www.youtube.com/watch?v=Hyi8JiDJaMU&feature=youtu.be
4) https://controls.engin.umich.edu/wiki/index.php/Comparisons_of_two_means

المؤلفون في سطور

المهندس/ أبو القاسم عبد القادر صالح

- من مواليد قرية جبر النموذجية بولاية الجزيرة 1966.
- اختصاصي التعليم الفني والهندسي، حصل على بكالريوس الهندسة الميكانيكية من جامعه السودان.
- عمل بالتعليم الفني والهندسي بوزارة التربية والتعليم إلى أن ترقى لوكيل الوزارة للتعليم الفني.
- عمل بعدة جامعات وبالقطاع الخاص مديراً لشركة فنية.
- للمؤلف عدة مقالات وأوراق علمية وكتب منشورة.
- البريد الإلكتروني: AlsadigAlhadi@sustech.edu; elsaddig-h@yahoo.com، التلفون: 00249912930058.

الدكتور/ أحمد الشيخ حمد

- من مواليد مدينة الفاشر في 9 سبتمبر 1969 م.
- نال الدكتوراه في التربية من جامعة السودان للعلوم والتكنولوجيا.
- عمل بكلية التربية بجامعة السودان للعلوم والتكنولوجيا، وجامعات أخرى وتقلد مناصب رئاسة أقسام في عدة كليات وعميد لكلية التربية.
- للمؤلف عدة مقالات وأوراق علمية وكتب منشورة.
- البريد الإلكتروني ahmedelshiekh@sustech.edu .

الأستاذ الدكتور/ سليمان يحي محمد عبد الله

- تخرج في كلية الموسيقى والدراما، ونال دكتوراة جامعة السودان للعلوم والتكنولوجيا.
- عمل بعدة جامعات محلية وإقليمية.
- للمؤلف عدة مقالات وأوراق علمية وكتب منشورة وأسهب حول الفولانيين وقدماء المصريين وقدماء بلاد النوبة ودراسات التراث بغرب السودان والسرد الشعبي الشفاهي والقصص الشعبي السوداني.
- البريد الالكتروني: Suleimanyahia@sustech.edu التلفون: 00249912253122.

الأستاذ المشارك/ عبد الوهاب عبد الله محمد

- ولد في مدينة شندي بشمال السودان.
- تخرج في كلية الدراسات الزراعة بجامعة السودان للعلوم والتكنولوجيا بالخرطوم.
- عمل بعدة معاهد عليا وجامعات محلية وإقليمية وعمل عضواً في مجلس كلية التكنولوجيا وعضواً في كثير من لجانها وتقلد منصب أمين الشئون العلمية ومدير مركز المعلومات والتوثيق بجامعة السودان للعلوم والتكنولوجيا.
- للمؤلف عدة مقالات وأوراق علمية وكتب منشورة.
- البريد الالكتروني: abdelwahababdallah@sustech.edu التلفون: 00249185311082.

الأستاذ الدكتور/ على عبد الله محمد الحاكم

- حاز على دكتوراة الدراسات التجارية بجامعة السودان للعلوم والتكنولوجيا.
- عمل بعدة معاهد عليا وجامعات محلية وإقليمية.

- للمؤلف عدة مقالات وأوراق علمية وكتب منشورة حول التفويض الاداري في الدول النامية، والتخطيط الاستراتيجي، والجودة الشاملة، والإبداع الإداري بالمؤسسات السودانية.
- البريد الالكتروني: aliielhakem@sustech.edu
التلفون: 0183765636.

الدكتورة/ عفاف عبد الرحيم محمد

- نالت دكتوراة التربية البدنية من كلية التربية البدنية والرياضة بجامعة السودان للعلوم والتكنولوجيا.
- عملت بعدة معاهد عليا وجامعات محلية وإقليمية.
- للمؤلفة عدة مقالات وأوراق علمية وكتب منشورة.
- البريد الالكتروني: aliielhakem@sustech.edu
التلفون: +249904152628.

الدكتور أخصائي الباطنية/ محمد عصام محمد عبد الماجد

- ولد في مستشفى سوبا الجامعي في الخرطوم في يوم الأحد 15 يوليو 1984م – 17 شوال 1404هـ، درس بمدارس الإمارات العربية المتحدة وسلطنة عمان والخرطوم.
- اختصاصي الباطنية الدكتور الشاعر (MBBS، BLS، ALS، MRCP-UK) تخرج في كلية الطب بجامعة الخرطوم بالسودان 2008. أكمل التدريب الأساسي مع وزارة الصحة السودانية، ثم عمل كطبيب في قسم الطب الباطني بمستشفى جامعة الرباط بالسودان، ومستشفى أملج بوزارة الصحة بالمملكة العربية السعودية، ومستشفى ومجمع عيادات خصب بسلطنة عمان.
- درس في دورات التعليم والتعلم القائم على حل المشاكل في قسم الطب الباطني بجامعة السودان الدولية بالسودان.

- طبيب مسجل لممارسة المهنة لدى المجلس الطبي السوداني، وهيئة الصحة في أبو ظبي بالأمارات العربية المتحدة (HAAD)، والهيئة السعودية للتخصصات الصحية (SCHS) بالمملكة العربية السعودية ووزارة الصحة بسلطنة عمان.

- عضو كامل العضوية في جمعية الطب الحرج في المملكة المتحدة (SAM)، والجمعية الأوروبية لطب الطوارئ (EuSEM)، والجمعية الأوروبية للجهاز التنفسي (ERS).

- المؤلف هو أحد المراجعين النظراء مع مجلة العلوم الطبية والتجارب السريرية، والمجلة الإفريقية للعلوم الطبية.

- للمؤلف عدة براءات اختراع في برمجة أنظمة الحواسيب مفتوحة المصدر وهو عضو كامل العضوية .بمنظمة البرامج الحرة Free Software Foundation كما أنه عضو فاعل ومبرمج بنظام جنو GNU System وفيدورا لينكس Fedora Linux.

- التلفون: 0096896705308، البريد الالكتروني: mohammed_isam1984@yahoo.com ، فيسبوك: https://www.facebook.com/Mohammed.Isam، موقع الكتروني: http://sites.google.com/site/mohammedisam2000

الأستاذ الدكتور المهندس المستشار/ عصام محمد عبد الماجد أحمد

- من مواليد مدينة رفاعة بالريف السوداني في 19 يوليو 1952 م.

- تلقى تعليمه الأولي برفاعة، والمتوسط بأبي حراز، والثانوي برفاعة.

- تخرج في قسم الهندسة المدنية بجامعة الخرطوم (السودان) .بمرتبة الشرف الأولى، 1977. نال دبلوم الري من جامعة بادوفا (إيطاليا)، 1978. حصل على ماجستير الهندسة البيئية من جامعة دلفت (هولندا)، 1979. نال الدكتوراه في الهندسة البيئية من جامعة استراثكلايد (بريطانيا)، 1982

- للمؤلف جملة من البحوث والأوراق العلمية المتخصصة والكتب الدراسية والمراجع العلمية والمهنية المتخصصة (باللغتين العربية والإنكليزية) فاز بعض منها بالجوائز التقديرية الرفيعة.

- عمل مهندساً بالمؤسسة العامة للري والحفريات بوزارة الري والموارد المائية (مينا)، وأميناً عاماً للمجلس القومي لرعاية الثقافة والفنون بوزارة الثقافة والإعلام (الخرطوم)، وأستاذاً جامعياً في جامعات: الخرطوم (الخرطوم)، والإمارات العربية المتحدة (العين)، والسلطان قابوس (مسقط)، وأم درمان الإسلامية (أم درمان)، والسودان للعلوم والتكنولوجيا (الخرطوم)، وجوبا (الخرطوم)، ومركز البحوث والاستشارات الصناعية وأكاديمية السودان للعلوم (الخرطوم) بوزارة العلوم والتقانة (السودان) وجامعة الملك فيصل وجامعة الدمام (المملكة العربية السعودية). وتنقل في مؤسسات التعليم العالي والبحث العلمي متقلداً مناصباً إدارة الشعبة، و رئاسة القسم، ونائب العميد، والعميد، ووكيل الجامعة، ويعمل حالياً رئيساً لقسم المراجعة بمركز النشر العلمي بجامعة الدمام.

- التلفون: 00966530310018، 0024911620909 البريد الالكتروني: isam.abdelmagid@gmail.com

isam@enginormatics.com،iahmed@uod.edu.sa :تويتر

twitter.com/IsamAbdelmagid، :فيسبوك

researchgate: https://www.facebook.com/isam.m.abdelmagid،

google scholar: https://www.researchgate.net/profile/Isam_Abdel-Magid،

linkedin: https://www.facebook.com/isam.m.abdelmagid،

https://authorcentral. الامازون: https://www.linkedin.com/nhome/?trk=،

amazon.com/author/isamabdelmagid، موقع الكتروني:

http://sites.google.com/site/isamabdelmagid